MG动画+UI动效从入门到精通

Ae Ai Ps

李耀辉 编著

机械工业出版社
CHINA MACHINE PRESS

本书是一本关于MG动画和UI动效制作的实操案例教程。全书将理论知识、软件操作和案例实战相结合，共8章内容，涵盖了MG动画的基础知识、制作MG动画常用的多款软件（如AE、AI、PS和C4D等）以及与MG动画相关的多个商业实战应用项目，内容极具实用性和参考性。

随书附赠书中案例的素材源文件及教学视频（扫码即可实时观看）。

本书适合零基础的读者阅读，即使之前并未接触过AE等相关软件，通过学习本书也可以轻松地掌握这些软件的基本操作技能和设计思路，从而具备独立完成MG动画制作的能力。

图书在版编目（CIP）数据

MG动画＋UI动效从入门到精通 /李耀辉编著. —北京：机械工业出版社，2022.7
ISBN 978-7-111-70390-7

Ⅰ.①M… Ⅱ.①李… Ⅲ.①动画制作软件 Ⅳ.①TP391.414

中国版本图书馆CIP数据核字（2022）第046510号

机械工业出版社（北京市百万庄大街22号 邮政编码100037）
策划编辑：丁 伦 责任编辑：丁 伦
责任校对：徐红语 责任印制：李 昂
北京中科印刷有限公司印刷
2022年7月第1版第1次印刷
185mm × 260mm · 15.25印张 · 684千字
标准书号：ISBN 978-7-111-70390-7
定价：89.90元

电话服务 网络服务
客服电话：010-88361066 机 工 官 网：www.cmpbook.com
010-88379833 机 工 官 博：weibo.com/cmp1952
010-68326294 金 书 网：www.golden-book.com

机工教育服务网：www.cmpedu.com

前言

MG 动画，英文全称为 Motion Graphics（动态图形或图形动画），涉及视频设计、多媒体 CG 设计和电视频道包装等方面。它融合了平面设计、动画设计和电影语言，表现形式丰富多样，具有极强的包容性，能和各种表现形式以及艺术风格混搭，主要应用领域集中于电视频道包装、电影电视片头、商业广告、MV、现场舞台屏幕和互动装置等。

UI 动效，顾名思义即用户界面中的动态效果，在用户界面上所有运动的效果，都可以视其为界面设计与动态设计的交集。在 MG 等主流动画设计中，一个优秀的动效设计可以提升 UI 界面与用户的交互体验，让其中的画面更具生命力，甚至能带给用户一种“眼前一亮”的感觉。

本书介绍

本书是一本 MG 动画和 UI 动效制作的实操案例教程。全书将理论知识、软件操作和案例应用相结合，共 8 章内容，涵盖了 MG 动画和 UI 动效的基础知识、制作 MG 动画和 UI 动效常用的多款软件（如 AE、AI、PS 和 C4D 等）以及 MG 动画和 UI 功效的多个商业实战应用项目，内容极具实用性和参考性，部分实例可经过二次加工直接应用于实际工作中。

赠送资源

本书通过扫码下载资源的方式为读者提供海量增值服务，这些资源包括全书所有实例的源文件、素材以及相关的高清视频教程，方便读者循序渐进地进行练习，并在学习过程中随时调用素材。其中，全书所有实例旁均配备了专属二维码，读者扫码即可实时观看该实例相关教学视频。

本书特色

本书内容丰富、结构清晰、技术参考性强，讲解由浅入深且循序渐进，知识涵盖面广又不失细节，既可以作为喜爱影视特效及动画制作的初、中级读者的学习参考书，也可以作为后期特效处理、影视动画制作等相关从业人员的辅助工具手册，还可以作为教育行业及培训机构相关专业师生的动画特效制作培训教程。

本书由云南艺术学院设计学院动画系教授、西安凤凰艺术研究院首席设计师李耀辉编写。由于作者水平有限，书中不足之处在所难免，欢迎广大读者批评指教。

作　者

目录

CONTENT

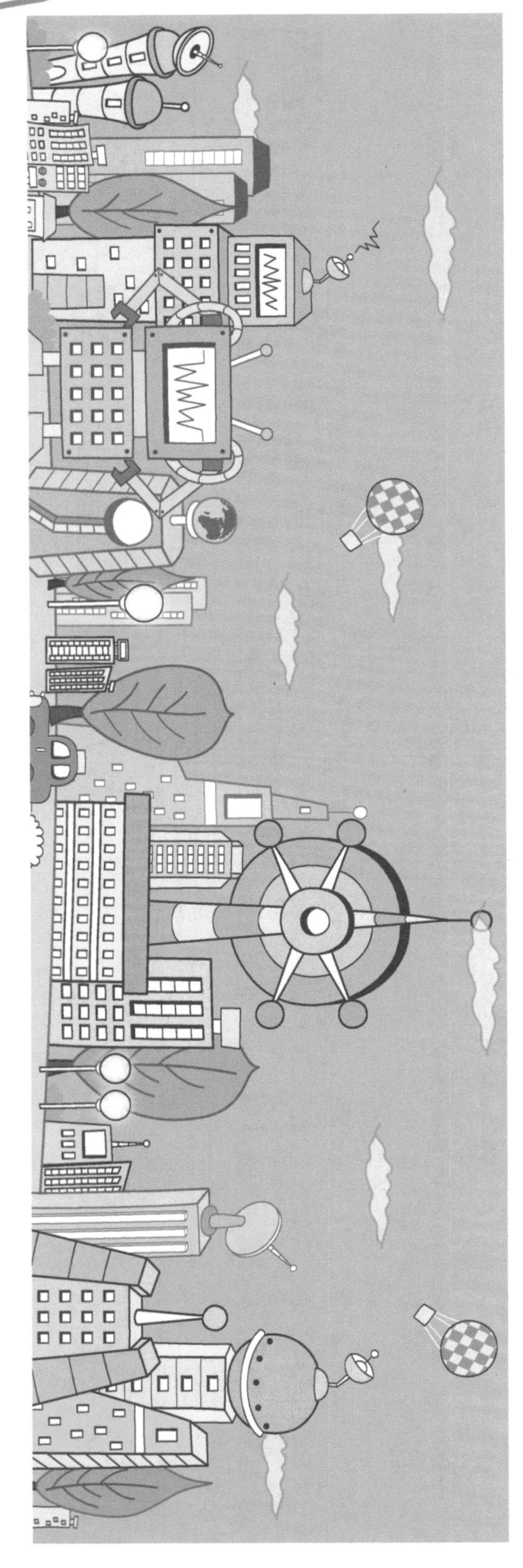

►►► Chapter

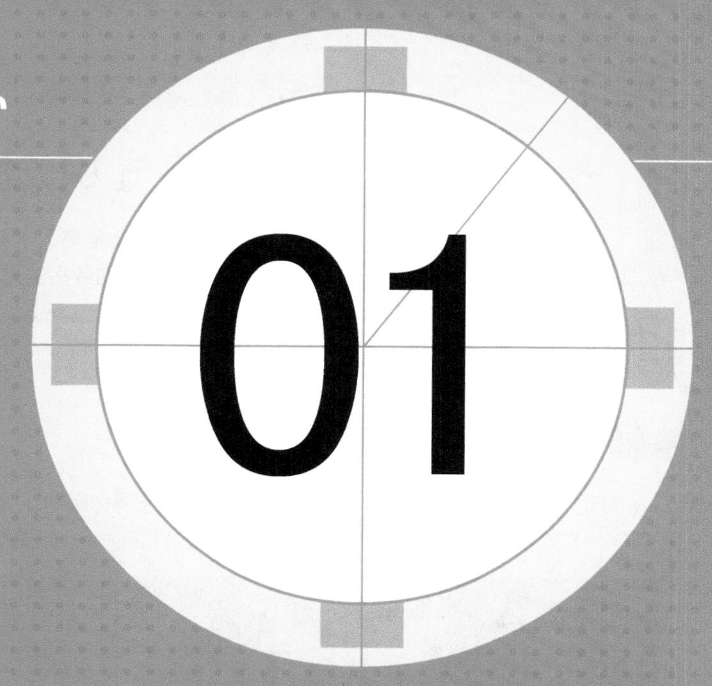

第 1 章　MG 动画设计概念

本章从对 MG 动画设计的认识开始，依次介绍了 MG 动画和 UI 动效的概念、应用领域、制作流程、相关制作软件，并展示了相关案例。MG 动画是一个分层制作的动画综合体，巧妙运用时间节点可以将单一的动态叠加成精彩的故事叙述。

MG 动画与 UI 动效

MG 动画，英文全称为 Motion Graphics，直接翻译为动态图形或者图形动画。UI 动效指的是产品界面的动态效果。本节将介绍 MG 动画与 UI 动效的基本知识。

1.1.1 什么是 MG 动画

MG 通常指的是视频设计、多媒体 CG 设计和电视包装等。 动态图形指的是“随时间流动而改变形态的图形”，简单来说，动态图形可以解释为会动的图形设计，是影像艺术的一种。01为 MG 动画效果。

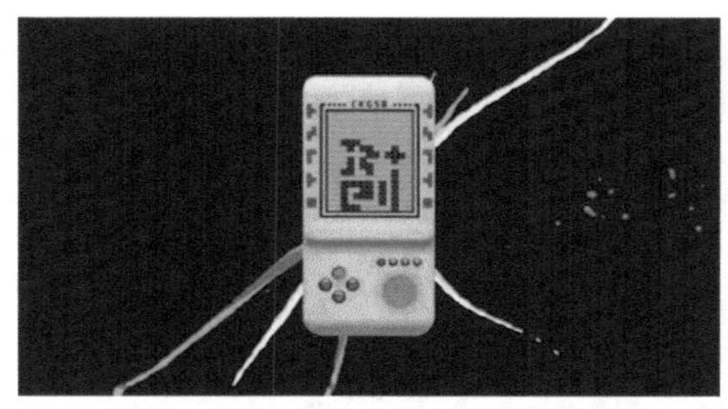

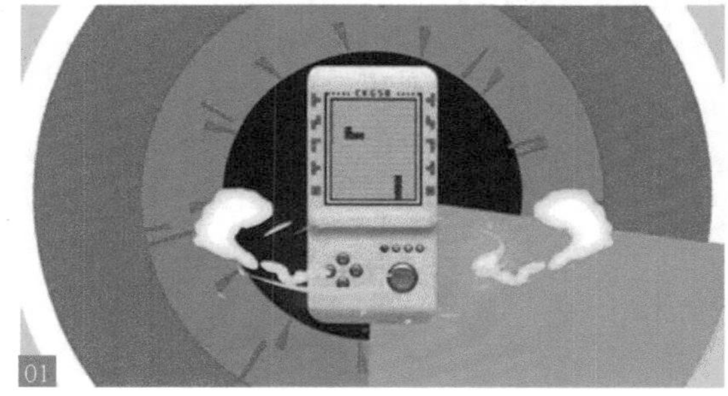

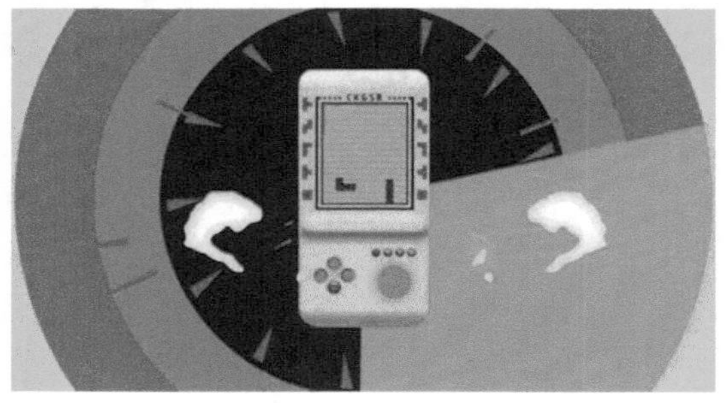

01

动态图形融合了平面设计、动画设计和电影语言，它的表现形式丰富多样，具有极强的包容性，总能和各种表现形式以及艺术风格混搭。动态图形的主要应用领域集中于企业宣传片、节目频道包装、电影电视片头、商业广告、MV、现场舞台屏幕和互动装置等。02为 MG 的商业应用。

02

1.1.2 MG动画的历史

广义来讲，MG动画是一种融合了电影与图形设计的语言，是基于时间流动而设计的视觉表现形式。动态图形有点像平面设计与动画片之间的一种产物，其在视觉表现上使用的是基于平面设计的规则，在技术上使用的是动画制作手段。

传统的平面设计主要是针对平面媒介的静态视觉表现，而动态图形则是站在平面设计的基础上去制作一段以动态影像为基础的视觉符号。动态图形和动画片的不同就好像平面设计与漫画，即使同样是在平面媒介上来表现，但不同的是，平面设计是设计视觉的表现形式，而漫画则是叙事性的运用图像来为内容服务。03为传统的MG动态设计。

03

随着动态图形艺术的风靡，美国三大有线电视网络ABC、CBS和NBC率先开始在节目应用动态图形，不过在当时，动态图形只是作为企业标识出现，而不是创意与灵感的表达。20世纪80年代，随着彩色电视和有线电视技术的兴起，越来越多的小型电视频道开始出现，为了区分于三大有线电视网络的固有形象，后起的电视频道纷纷开始使用动态图形作为树立其自身形象的宣传手段。

除了20世纪80年代有线电视的普及外，电子游戏、录像带以及各种电子媒体的不断发展所产生的需求也为动态图形设计师创造了更多的就业机会，能够在当时的技术制约下创作动态图形的设计师或为稀缺人才。在20世纪90年代之后，动态图形开始广泛应用在电影中，动画师将印刷设计中的手法应用在动态图形设计中，从而把传统设计与新的数字技术结合在了一起。MG动画大多数运用在电影、电视剧片头中，其中以007系列电影《皇家赌场》的片头最具代表性04。

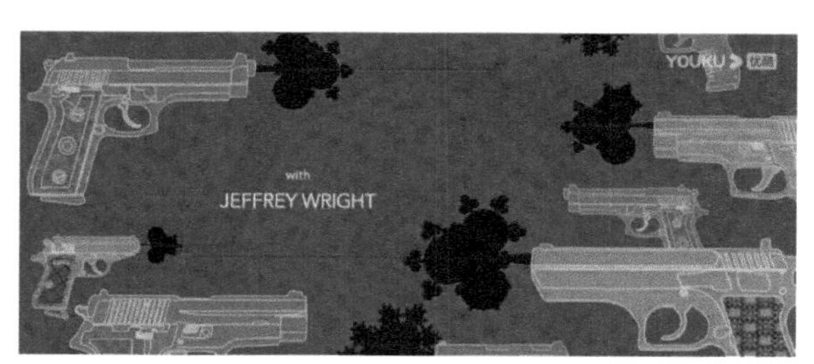

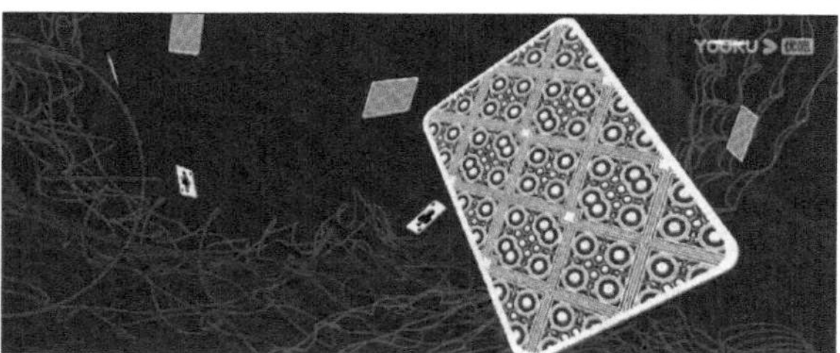

04

Chapter 01 MG动画设计概念

随着科技的进步，动态图形的发展日新月异。在 20 世纪 90 年代初，大部分设计师只能在价值高昂的专业工作站上开展工作。随着计算机技术的进步和众多软件厂商在个人计算机系统平台的软件开发，到了 20 世纪 90 年代中后期，很多的 CG 工作任务从模拟工作站转向了数字计算机，这期间出现了很多的独立设计师，快速推动了 CG 艺术的进步。特别是数码影像技术革命性的发展，将动态图形推到了一个新的高点。

如今，动态图形在任何的播放媒体上已经随处可见了。

1.1.3 MG 动画原理

MG 动画的原理就是在 Photoshop（简称 PS）或 Adobe Illustrator（简称 AI）等平面软件中设计出造型并分层，然后在 After Effects（简称 AE）或 Premiere（简称 PR）等动画软件中将这些分层图进行动态制作，用关键帧将分层图运动起来。其根本效果在于动画故事脚本的设计。05 为从动画形象设计到动画脚本，再到 MG 动画制作的全流程。

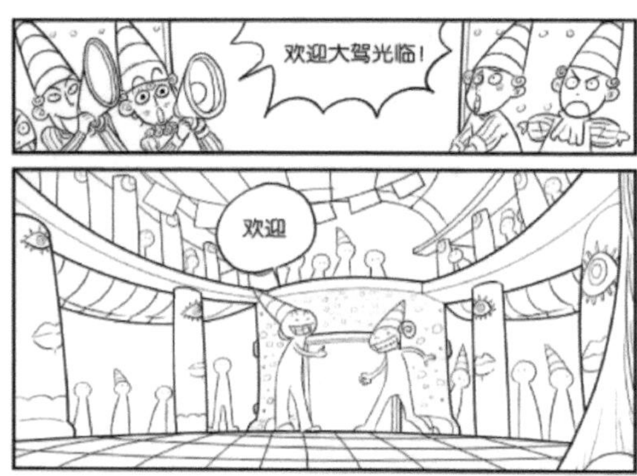

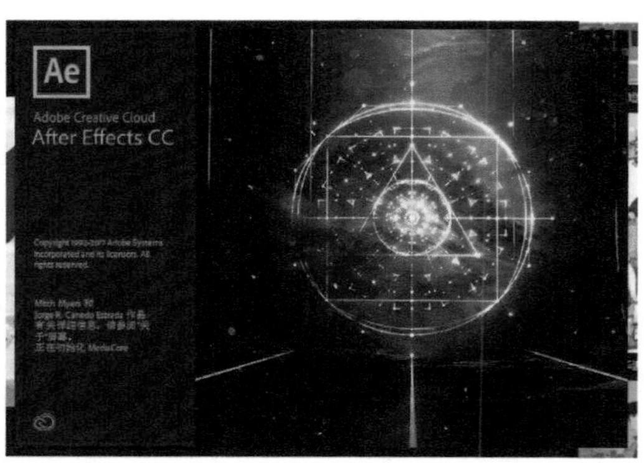

05

在 After Effects 中制作动画就相当于一个导演在指挥图层的动画形象做运动，不同的时间进行不同的动态，如放大、缩小、旋转和移动等。06 为 AE 的时间线编辑器，在这个编辑器中进行动画关键帧的安排。

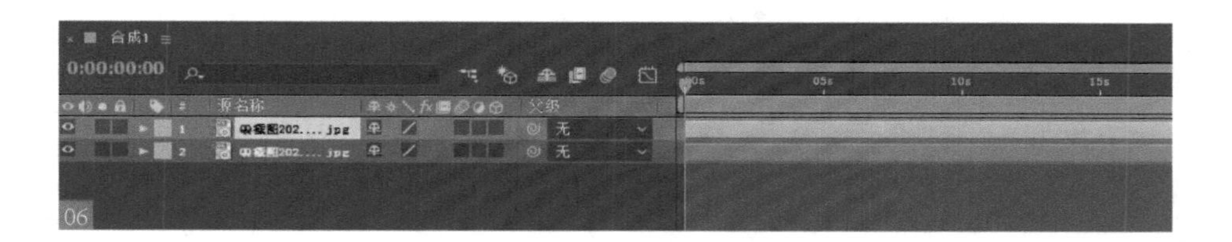

06

1.1.4 什么是 UI 动效

随着计算机硬件和软件性能的提升，动态的 UI 界面已经成为主流方式。如果交互页面中只有单纯的语言或者图片，那么多多少少会让用户感觉比较枯燥。这个时候只要我们选择加个动效，就能立马拉进与观看者的距离，要是在其中再加些趣味性的元素，用户对产品的黏性就会更高。07所示为 UI 动效。

07

通过在 UI 设计中使用 UI 动效，能够更好地去传递品牌理念与表达品牌特色，用这种讨喜的方式去展示和宣传，不失为一种好的选择。08所示为一组手机 UI 动态。

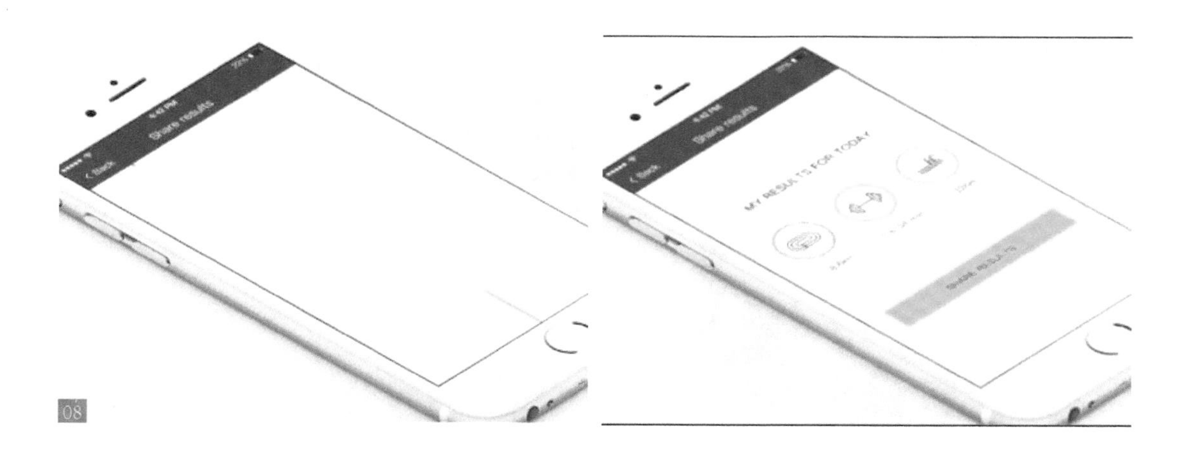

08

动态的效果会和用户实际的操作更加贴近，可以更加清晰地展示产品的功能、界面和交互操作等细节，从而让用户更加清楚产品功能的实现流程，更直观地了解一款产品的核心特征、用途和使用方法等细节。

1.1.5 MG 动画的应用领域

下面介绍 MG 动画的应用场景，我们知道 MG 在动态展示时效果非常酷炫，很容易让人对视觉产生好感，那么哪些场合适合使用 MG 动画呢，接下来给读者展示一下其应用领域。

1. 动态海报

用动态元素让海报产生动态视觉效果，动态元素取决于海报的主题内容 09。

09

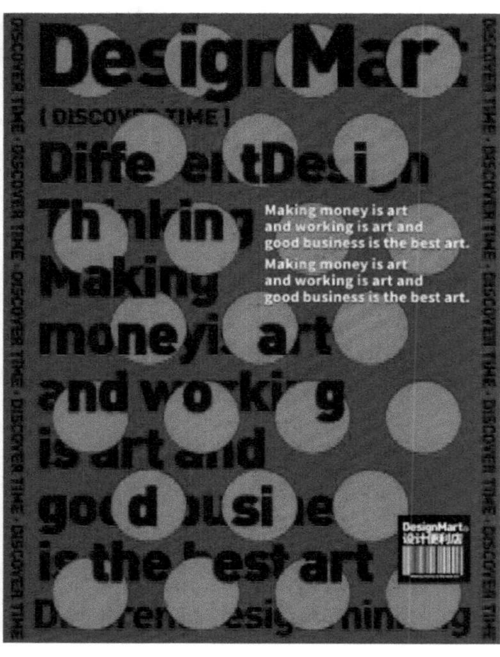

2. 动态 Logo

动态的 Logo 可以设计成两种动画表现方向：一个表现方向是 Logo 的含义，即将其动态表现出来，以让人深刻理解 Logo 的深层意思；另一个表现方向是 Logo 的生成过程，这个过程做成动画会很有视觉冲击力，可以让人感受到设计师的设计理念 10。

10

3. 动态网页

这里所说的动态网页是指用动效制作的视觉交互效果[11]，如滚动的字幕或动态翻页等。随着设计行业的不断进步和发展，动态网页设计已经成为设计师必须掌握的重要技能之一。对于许多设计师来说，缺乏创作灵感和动效技术是阻碍其设计的主要问题。

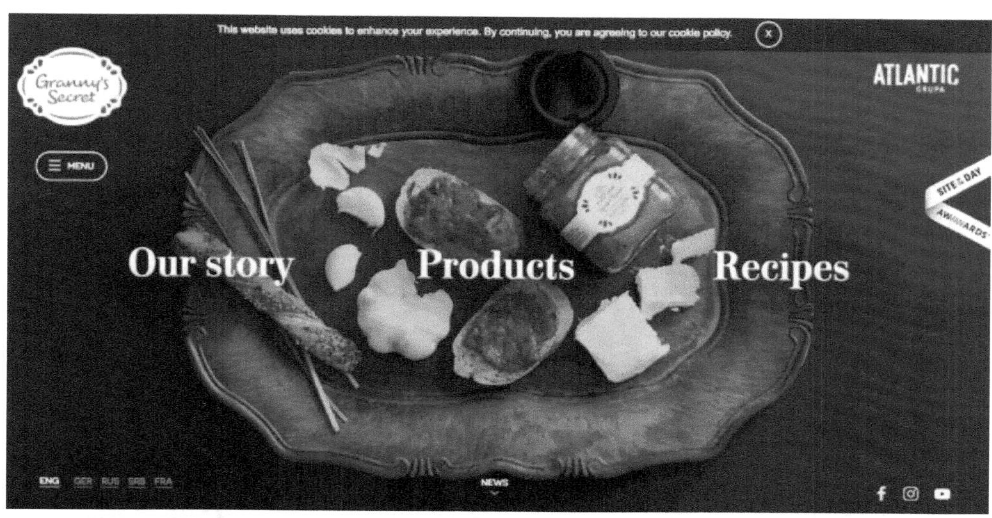

4. 产品广告

MG 动画能将产品或者服务具象化传递给消费者，同时还可以展示更多的产品细节。动画内容在媒体渠道上被分享的概率远远高于图片和文本。即使是惰性最高的用户都可能被解说式 MG 动画打动，发现广告产品和服务的每一个细节。

在短短的几分钟观看时间里就能够提取以前两三个小时才能得到的信息，这个效率无疑是高的。MG 动画可以展现设计者的想法，详细地讲解产品或服务，还可以通过动画高效地传递想要表达的信息，因此可以在更少的时间里获取后者传递的更多信息。

新产品解说动画一方面可以清晰有趣地将事物介绍清楚，另一方面可以覆盖上百万未被开发的潜在客户。优秀的新产品解说动画会包含所推广的产品和服务，这样会让受众更深刻地了解相关的产品和服务，从而将更多的观众转变为客户 12。

12

5. 科普宣传

MG 动画运用在科普宣传栏目上是再合适不过了，精彩的图文配合动效演示，能将信息有效地传达给观众，还能随时分享，从而最大化进行科普宣传。目前使用 MG 动画进行这类科普制作的公司非常多，此外，MG 动画在医疗保健、教育培训、政务媒体、金融法律方面的应用也非常广泛13。

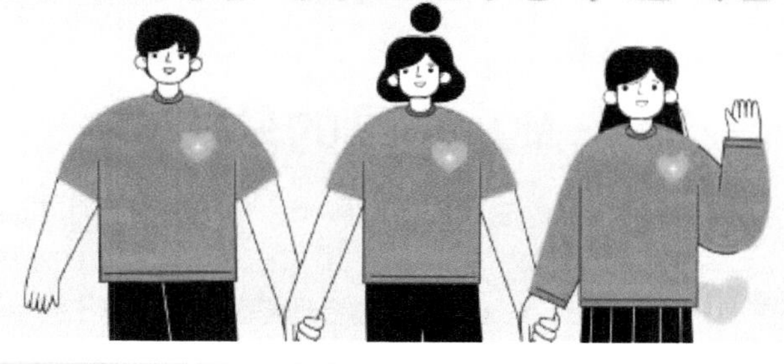

1.1.6 MG 动画的学习误区

MG 动画的实现离不开设计者对平面和视频制作软件的熟练掌握，但是不要以为学会了几个软件的操作技能就能轻松驾驭 MG 动画制作了。下面我们讨论一下大家对与 MG 动画学习的一些误区。

1. 学会 AE 软件就等于学会了 MG 动画

学习软件仅仅是掌握 MG 动画的一种手段，其实 MG 动画的精髓在于策划和动画节奏的把控。一个优秀的 MG 动画是由多方面构成的，主要包括主题、文案、美术、动画效果和音乐音效等。在精进软件学习的基础上要把脚本策划放在第一位。

2. 过于依赖软件功能

软件只是 MG 动画制作的工具，很多人热衷于搜集网络素材、叠加特效和模板库里的内容，而忽略了原创和文案，这些都是不提倡的，设计师要有自己的设计灵魂和原创精神。

3. AE 的功能挖掘

很多人认为 AE 是制作 MG 动画的利器，其实制作 MG 动画用到的 AE 功能主要在于将动态操作赋予每个图层，并在时间线中安排好“演出”的顺序，用节奏来打动观众，那些高深的动画制作手法（如脚本、插件等）可以选择性使用。脚本、插件只是提供了个别特效，切不可过于依赖这些软件功能特效而忽略了动画设计的本质内容。

4. 忽略节奏的把控

动画最重要的是节奏，学好视听语言是做好 MG 动画的根本，让动画在几分钟内牢牢吸引观众的眼球才是 MG 动画的最终目的。MG 动画主要就是位移、旋转、缩放和透明度等参数的变化，重要的是把控每个图层的出场顺序，让其跟音乐很好地配合起来，做出有韵律的动画，这才是最难的。

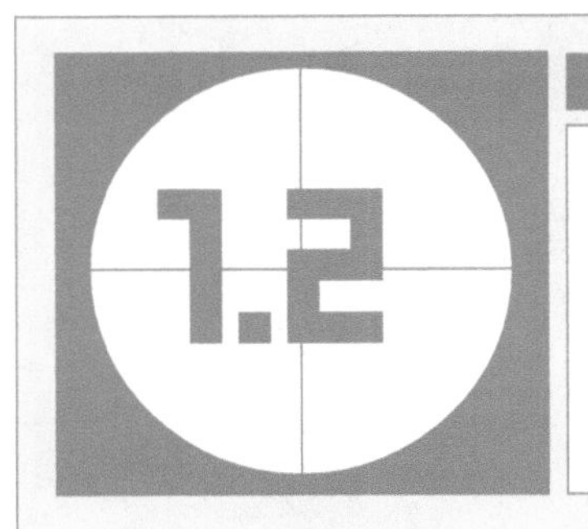

1.2 制作 MG 动画的软件

制作 MG 动画的应用软件非常多，常用的平面软件有 Photoshop 和 Illustrator，动画软件有 After Effects 和 Premiere，三维软件有 C4D、3ds max 等，通过合理搭配可以制作出符合我们需要的效果。

1.2.1 Photoshop 软件

Photoshop 是非常强大的位图软件，其应用领域很广泛，涉及图像、图形、文字、视频、摄影和出版等领域，多用于平面设计、艺术文字、广告摄影、网页制作、照片后期处理、图像合成和图像绘制的操作。Photoshop 的优势在于图像的处理，而不是图形的创作，在了解 Photoshop 的基础知识时，有必要区分这两个概念。

1. 平面设计

平面设计是 Photoshop 应用最为广泛的领域，无论是一本杂志封面，还是商场里的招贴、海报，都是具有丰富图像的平面印刷品，这些基本上都需要 Photoshop 软件对图像进行处理 01。

2. 照片处理

Photoshop 具有强大的图像修饰功能。利用这些功能，可以快速修复一张破损的老照片，也可以修复人脸上的斑点等缺陷02。

原图

修复之后

3. 插画作品

插画是现在比较流行的一种绘画风格，现实中添加了虚拟的意象，会给人一种完美的质感，更为单纯的手绘画添加了几分生气与艺术感，也是大家所喜爱的一种绘画效果03。

4. UI 设计

网络和游戏的普及使得 UI 设计变得越发重要，从而促使更多人需要掌握 Photoshop，因为在制作 UI 时，Photoshop 是必不可少的图像处理软件 04。

1.2.2 Adobe Illustrator 软件

Illustrator 是 Adobe 公司开发的基于矢量图像制作的优秀软件，它在矢量绘图软件中占有一席之地，并且对位图具有一定的处理能力。使用 Illustrator 可以创建一些无损放大的插图，如矢量插画、大画幅广告图形等。Illustrator 与 Photoshop 有着类似的操作界面和快捷键，并能共享一些插件和功能，是众多设计师、插画师的常用软件制作工具。

Illustrator 支持多种文件格式，其中包括常用的 AI、BMP、CDT、EPS、GIF、JPG、PSD 和 TIF 等，另外，Illustrator 也支持多种色彩模式，包括 CMYK、RGB、HLS、LAB 和 HSB 等，并支持多种图层管理，可以灵活调整图片的色彩效果，还可以利用交互式工具绘制出写实的图像效果。

1. 广告设计

广告设计是从创意到制作的这个中间过程中，通过各种媒介使更多受众知晓产品、品牌或企业等对象，它的最终目的是通过广告宣传达到吸引眼球的效果。广告的表现手段是多种多样的，但是目的都是一样的。05 的广告设计运用了 Illustrator 中排列文字的功能，将文字排列成类似笔记本电脑的横屏形态，其创意令人一目了然。

2. CI 设计、Logo 设计

CI 也称 CIS，是英文 Corporate Identity System 的缩写，目前一般译为“企业视觉形象识别系统”。CI 设计，即有关企业视觉形象识别的设计，包括企业名称、标识、标准字体、色彩、象征图案、标语和吉祥物等方面的设计。Logo 是一个企业或产品的抽象画视觉符号，它是 CI 设计中最基本的元素。06 所展示的 Logo 设计运用了 Illustrator 中的绘图功能。

3. 招贴海报设计

招贴也叫海报或宣传画，属于户外广告，在国外也被称为瞬间艺术。它是广告艺术中比较大众化的一种载体，用来完成一定的宣传鼓动任务，或是为报道、广告、劝喻和教育等目的服务。在我国用于公益或文化宣传的海报招贴，称为公益或文化招贴；用于商品目的的海报招贴，则称为商品广告招贴或商品宣传画。07 所展示的招贴海报设计运用了 Illustrator 的绘图功能和色彩填充功能。

4. 插画、漫画绘制

在现实生活中，插画和漫画越来越受广大群众的喜爱与欢迎。Illustrator 的应用使用插画及漫画作品具有更多的表现形式和手法。08中的插画作品绘制运用了 Illustrator 中的排版和绘图功能。

08

1.2.3 After Effects 软件

After Effects 为 Adobe 公司开发的一个视频剪辑及设计软件09，是制作动态影像设计不可或缺的辅助工具，也是视频后期合成处理的专业非线性编辑软件。After Effects 应用范围广泛，涵盖电影、广告、多媒体以及网页等，时下流行的一些视频和游戏，很多都是使用它进行合成制作的。

09

1. 视频制作平台

After Effects 提供了一套完整的工具，能够高效地制作电影、录像、多媒体以及 Web 使用的动态图片和视觉效果。和 Adobe Premiere 等基于时间轴的程序不同，After Effects 提供了一条基于帧的视频设计途径，可以实现高质量像素定位，通过它能够实现高度平滑的运动。After Effect 为多媒体制作者提供了许多有价值的功能，包括出色的蓝屏融合功能、特殊效果的创造功能和 Cinpak 压缩等。

After Effect 支持无限多个图层，能够直接导入 Illustrator 和 Photoshop 文件。After Effect 也有多种插件，其中包括 MetaTool Final Effect，它能提供虚拟移动图像以及多种类型的粒子系统，用它还能创造出独特的迷幻效果。

2. 折叠影视媒体表现形式

影视媒体已经成为当前最具大众化且具有影响力的媒体表现形式之一。从好莱坞创造的幻想世界，到电视新闻所关注的现实生活，再到铺天盖地的广告，无一不影响着人们的生活。

过去，影视节目的制作是专业人员的工作，对大众来说似乎还蒙着一层神秘的面纱。现在，数字合成技术全面进入影视制作过程，计算机逐步取代了原有的影视设备，并在影视制作的各个环节中发挥了巨大的作用。以前，影视制作所使用的一直是价格极为昂贵的专业硬件和软件，非专业人员很难见到这些设备，更不用说用它来制作自己的作品了。现在，随着计算机性能的显著提高，价格的不断降低，影视制作从以前的专业硬件设备逐渐向计算机平台上转移，原来那些不常见的专业软件也逐步移植到计算机平台上来了，价格日益大众化，同时影视制作的应用也扩大到游戏、多媒体和网络等更为广阔的领域，这些行业的人员或业余爱好者都可以利用手中的计算机制作自己喜欢的作品了。

3. 合成技术

合成技术指将多种素材混合成单一复合画面的一种方法。早期的影视合成技术主要在胶片、磁带的录制过程及胶片洗印过程中实现，工艺虽然落后，但效果是不错的。诸如“抠像”“叠画”等合成的方法和手段，都在早期的影视制作中得到了较为广泛的应用。与传统合成技术相比，数字合成技术利用先进的计算机图像学的原理和方法，将多种源素材采集到计算机中，并用计算机将这些素材混合成单一复合图像，然后输入到磁带或胶片上。

理论上，我们把影视制作分为前期和后期。前期主要工作包括策划、拍摄及三维动画创作等工序；当前期工作结束后我们得到的是大量的素材和半成品，将它们有机地通过艺术手段结合起来就是后期合成工作。

After Effects 是用于高端视频特效系统的专业特效合成软件，隶属 Adobe 公司。它借鉴了许多优秀软件的成功之处，把视频特效合成上升到了新的高度。比如，引入了 Photoshop 中“层”的功能，使 AE 可以对多层的合成图像进行控制，制作出天衣无缝的合成效果；关键帧、路径的引入，使我们对高级的二维动画控制游刃有余；高效的视频处理系统确保了高质量视频的输出；令人眼花缭乱的特技系统使 AE 能实现使用者的多数创意。AE 同样保留了 Adobe 优秀的软件相互兼容性，可以非常方便地调入 Photoshop 和 Illustrator 的层文件；Premiere 的项目文件也可以近乎完美地再现于 AE 中，甚至还可以调入 Premiere 的 EDL 文件。目前还能将二维和三维物体在一个合成中灵活混合起来，也可以在二维或者三维中工作或者混合起来并在层的基础上进行匹配。使用三维的帧切换可以随时把一个层转化为三维的；二维和三维的层都可以水平或垂直移动；三维层可以在三维空间里进行动画操作，同时保持与灯光、阴影和相机的交互影响。AE 支持大部分的音频、视频和图文格式，甚至还能将记录三维通道的文件调入并进行更改。10所示为 AE 与 C4D 结合使用的案例效果。

10

UI 动效在产品设计中的重要性

动画效果是 UI 设计中必不可少的部分，简称 UI 动效，这也是每一位 UI 设计师必须具备的设计技能。下面介绍一下 UI 动效在一款 App 中的作用以及重要性。

1.3.1 善于展示产品特色

随着支持 UI 动效的移动设备越来越多，其优势不仅仅是靠新奇来吸引用户的好奇心了。UI 动效可以在传统静态 UI 设计的层面上，给 App 界面更清晰的展示，提升用户与界面之间便易操作细节，让用户更真实全面地了解一款 App 的核心价值、用途和独特。01为一款软件 UI 动效。

01

1.3.2 利于产品推广

自从 UI 动效出现之后，各大品牌 Logo 都开始倾向于选择 UI 动效来建立自己品牌的独特效果，其中优酷和谷歌的 Logo 就是比较鲜明的 UI 动效。品牌可以通过动画化，把品牌的理念、特色更清晰地传达给用户。02为优酷和谷歌的 Logo 动效设计。

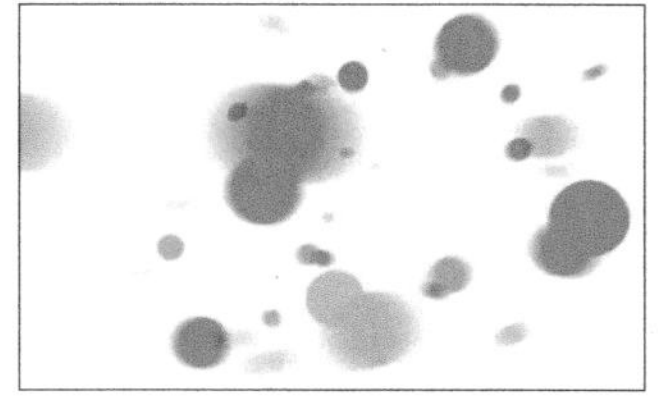

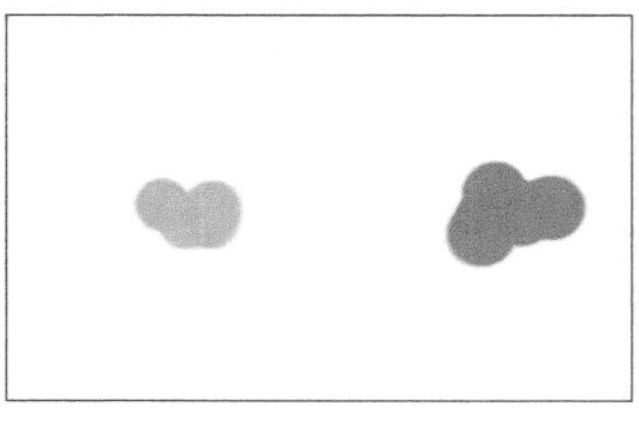
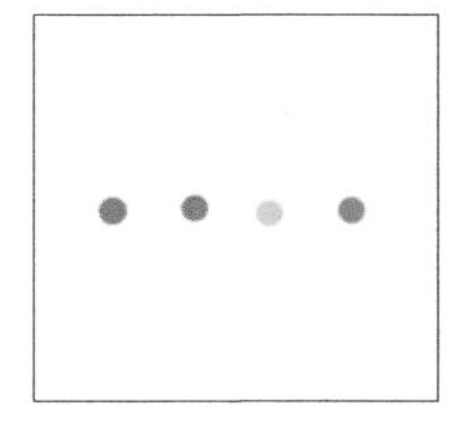
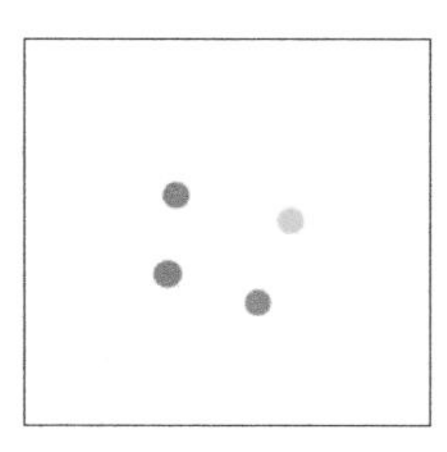
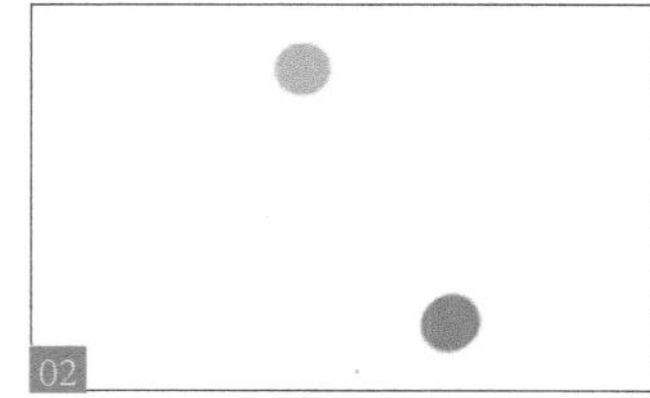
02

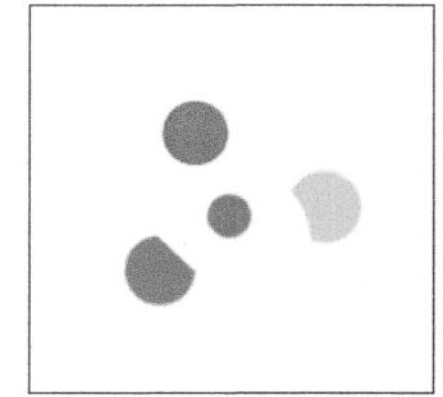

1.3.3 降低使用成本

UI 动效可以做到最大程度吸引、引导和取悦用户，增加用户在 App 界面体验时的耐心和兴趣，降低心理成本。同时每一个 App 都有自己独特的 UI 动效设计，很轻易就可以区分。03为几款 UI 动效案例。

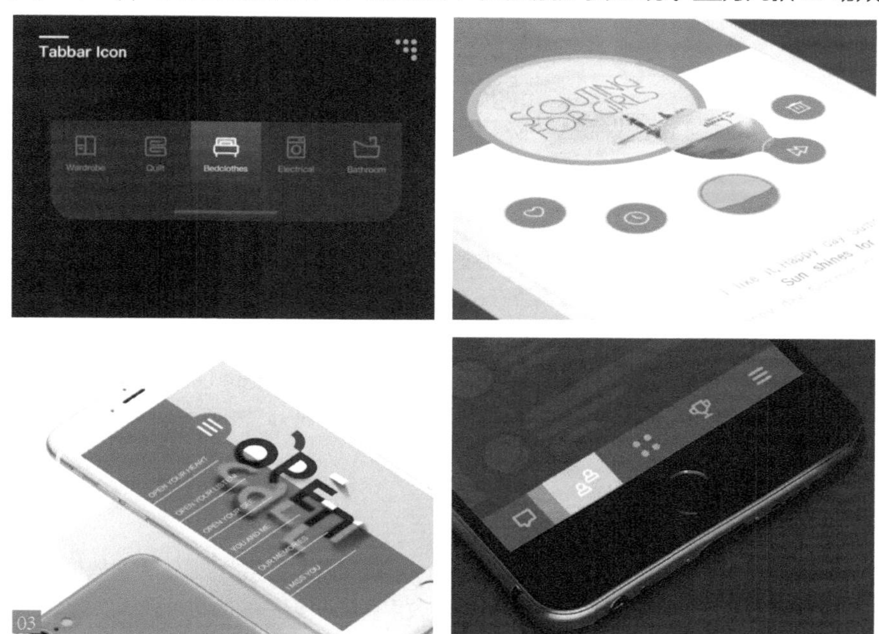

随着时代的进步，人们不再只靠语言和文字来表达设计的想法，静态的设计图已经无法让用户完全了解设计师的想法。所以，我们需要时刻考虑客户的兴趣点和痛点，有时候只要在一个小地方加上一个动效，就能立即拉近设计师与用户的距离。04为不同公司的 UI 动效经典案例。

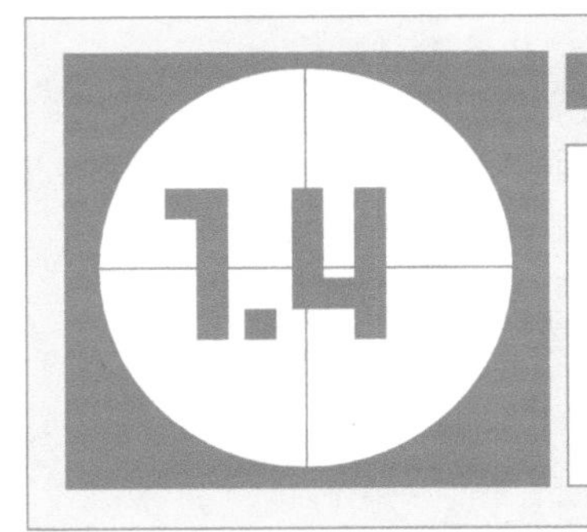

1.4 UI 动效的运动规律

在任何界面设计中，动画不一定是最佳选择，插入动画效果的前提是不要影响人对于动态的正常认知。UI 动效有一些约定俗成的规则，下面就来认识一下。

UI 运动规律对于 UI 动效设计非常重要，我们要善于运用动画的加速度、滑动、抖动、运动模糊、转场切换和摩擦力等动力学特征，当这些自然界真实存在的运动特征加载到 UI 时，用户就会被深深地吸引，并对这款产品的设计产生好感。

对于 UI 设计人员来讲，掌握和熟知一些正确的动效运动规律，对于交付 UI 设计是事半功倍的大事。下面我们就从 UI 动效的优劣对比来介绍一下常用的 UI 动效运动效果，并以此为规范制作后面的案例。

1.4.1 持续时长和速度

动效的速度是设计师首要注意的事项之一，当元素的位置和状态发生改变时，一定要让用户感受 UI 动效的变化，但此时要控制好动画进程，不能让缓慢的动画效果影响了用户的体验（就像影片前面的字幕一样，如果非常冗长就会挑战观众的耐心）。

动效的最佳持续时长是 200 毫秒到 400 毫秒，这个研究数字是基于人脑的认知方式和信息消化速度得出来的。任何低于 100 毫秒的动效对于人的眼睛而言，很难被识别出来，而超过 500 毫秒的动效会让人有迟滞感01。

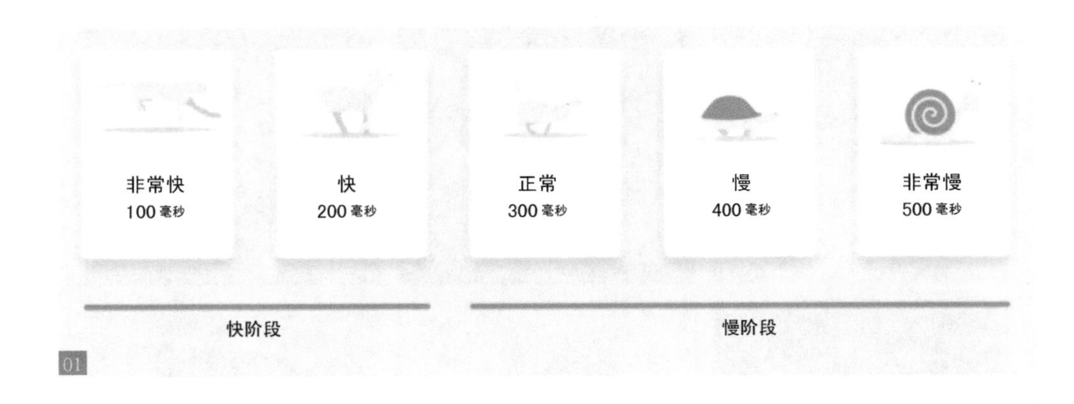

01

在手机这样的移动端设备上，动效时长建议控制在 200~300 毫秒。在平板电脑上，动效时长建议在 400~450 毫秒。

原因很简单，在可穿戴设备的小屏幕上（如运动手表），屏幕尺寸越小，元素在发生位移的时候，跨越的距离越短，速度一定的情况下，时长自然越短。相反，在大屏幕的设备上（如 iPad），这个时长应该适当延长02。

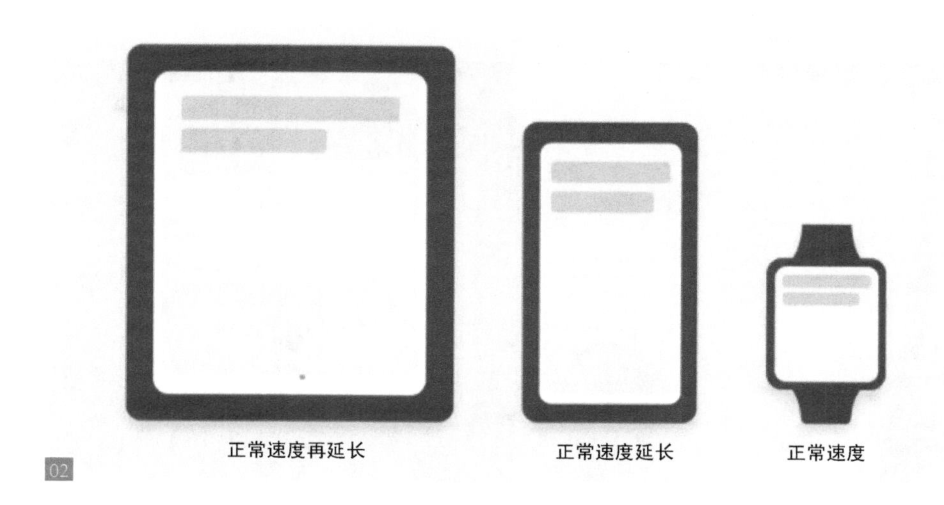

02

网页动效的处理方式也不一样，由于人们习惯在浏览器中直接打开网页，考虑浏览器性能和大家的使用习惯，用户对于浏览器中动效变化速率的预期还是比较快的。相比于移动端中的动效速度，网页中的速度会快上一倍03。

03

1.4.2 缓动

缓动是动画制作的术语，指的是物体在物理规则下，渐进加速或减速的现象。在动效中加入缓动的效果能够让运动显得更加自然，这是运动的基本原则之一。为了不让动效看起来特别匀速（匀速显得很呆板），元素的运动应该有渐进加速和渐进减速的特征，就像现实世界中物体运动要遵循自然动力学一样。

1. 加速运动

当元素加速飞出屏幕的时候，可以使用这种加速动画，比如界面中被用户使用滑动手势甩出去的图片。只有当运动对象需要完全离开界面的时候才会这么使用，如果它还需要再回来，则需要用减速，如关闭程序或删除条目的动效04。

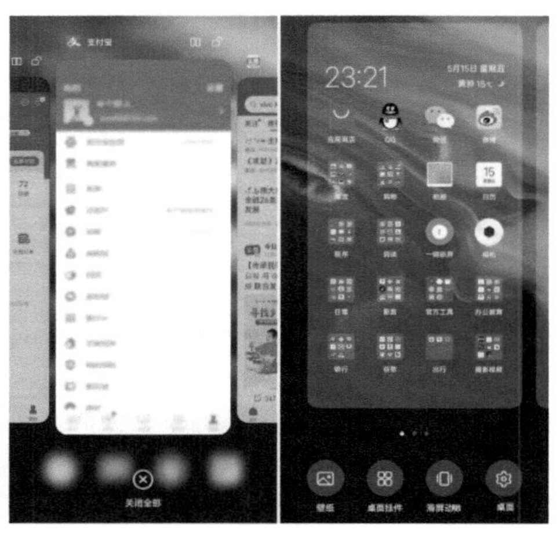

04

2. 减速运动

当元素从屏幕外运动到屏幕内的时候，动效应该遵循这类曲线的运动特征。从全速进入屏幕开始，速度降低，直到完全停止。如移动某程序到另一个区域时，要用减速动效。05所示为速度曲线示意图和苹果产品打开软件的缓动效果。

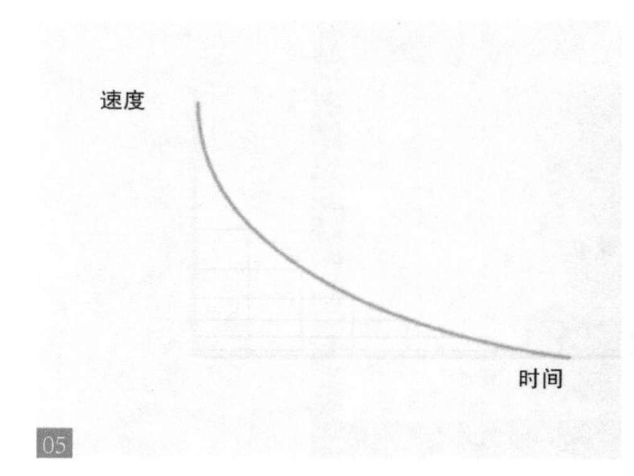

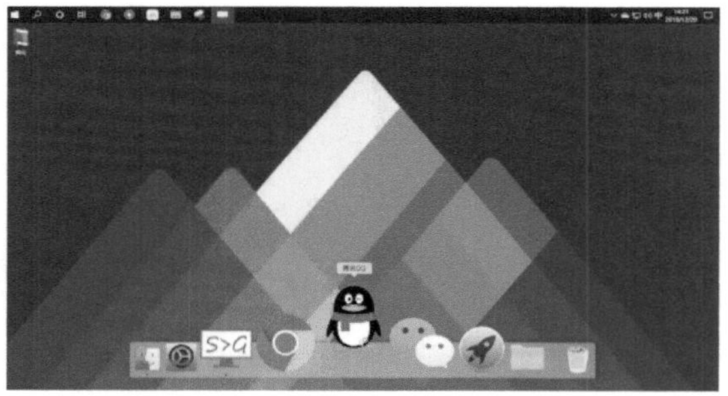

05

减速动效可以适用于多种不同的 UI 控件和元素，包括从屏幕外进入屏幕内的卡片、条目等06。

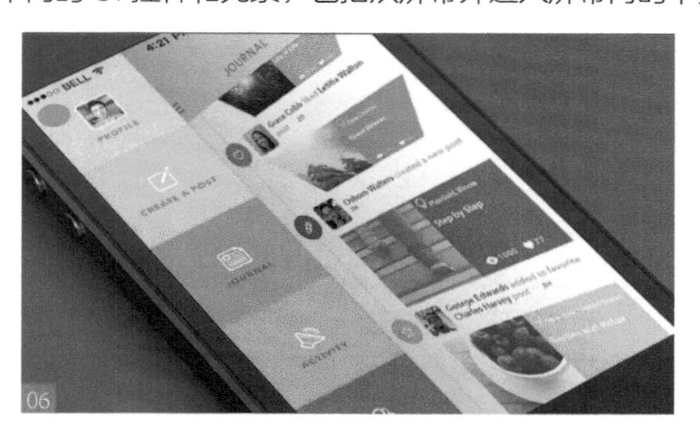

06

3. 缓动标准曲线

在这种曲线之下，物体从静止开始加速，到达速度最高点之后开始减速直到静止。这种类型的元素在 UI 界面中最为常见，每当用户不知道要在动效中使用哪种运动方式时，可以尝试标准曲线。钟摆就属于慢慢加速到峰值再减速的运动形式07。

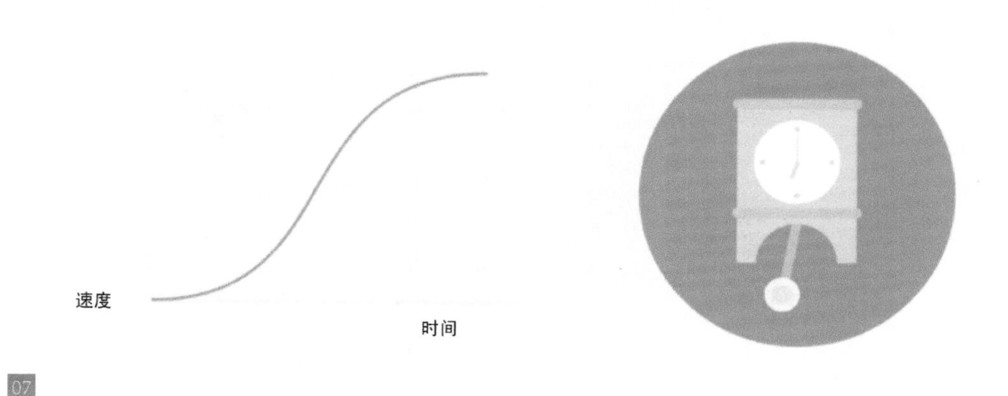

07

1.4.3 界面编排

界面编排动效起到了吸引用户的目的，当一屏 App 或一屏菜单打开时，需要考虑如何展示它们。编排有两种不同的方式：一种是均等交互，另一种是从属交互。

1. 均等交互

均等交互意味着所有的元素都遵循一个方向来引导用户的注意力，在08所示的例子中，卡片自上到下地次第加载。相反，没有按照这样清晰的规则来加载，用户的注意力会被分散，元素的外观排布也会显得比较糟糕。

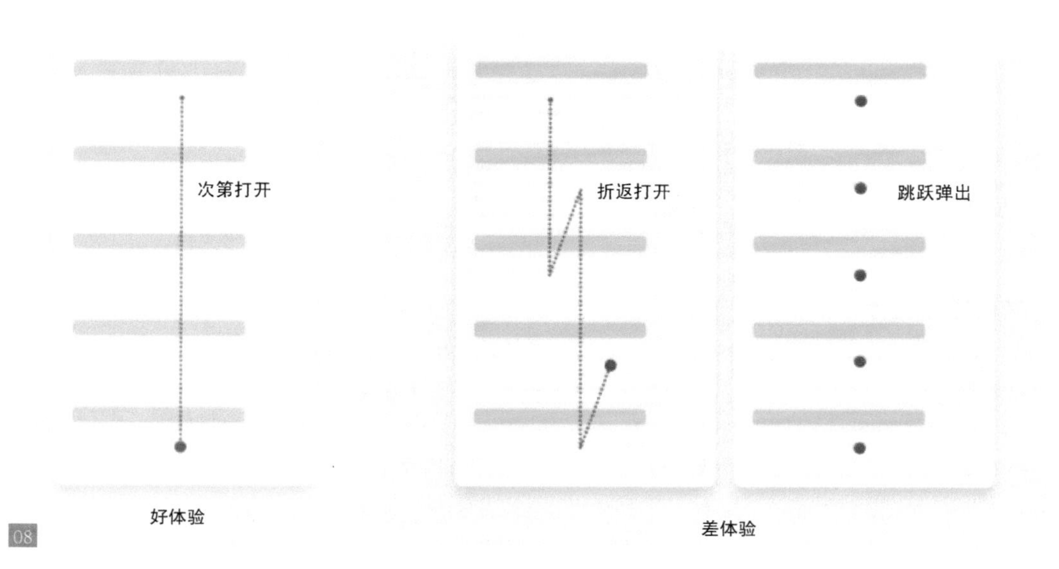

08

如果是整屏的表格，打开方式要统一，不要逐个显示或以锯齿状的方式展开，一方面耗时太长，另一方面会让人觉得内容有从属关系，所以这种方式并不合理09。

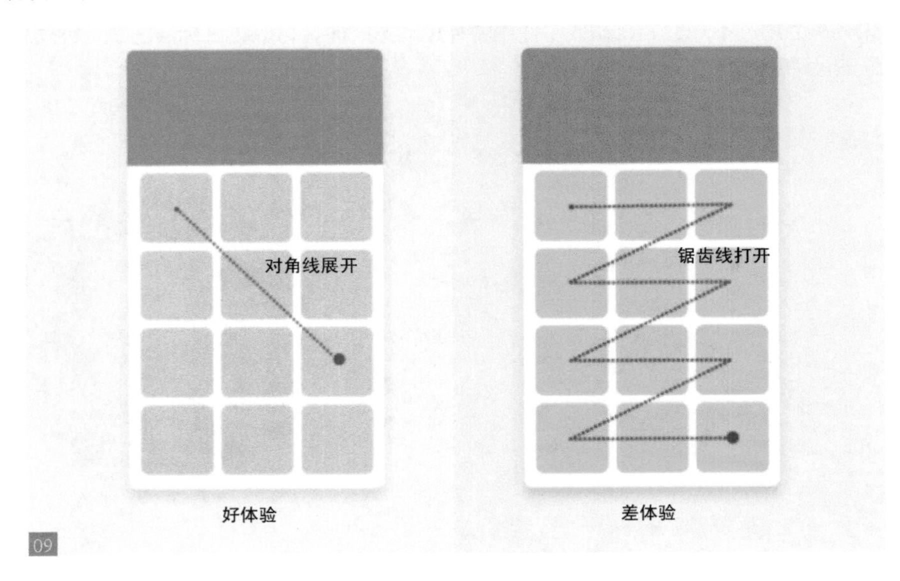

2. 从属交互

从属交互指的是使用一个主体作为主要表现对象，就像影视剧中的主角，而其他的元素从属于它来逐步呈现。这样的动画设计能够创造更强的秩序感，让主要的内容更能体现父子级从属关系，使用户容易理解层级10。

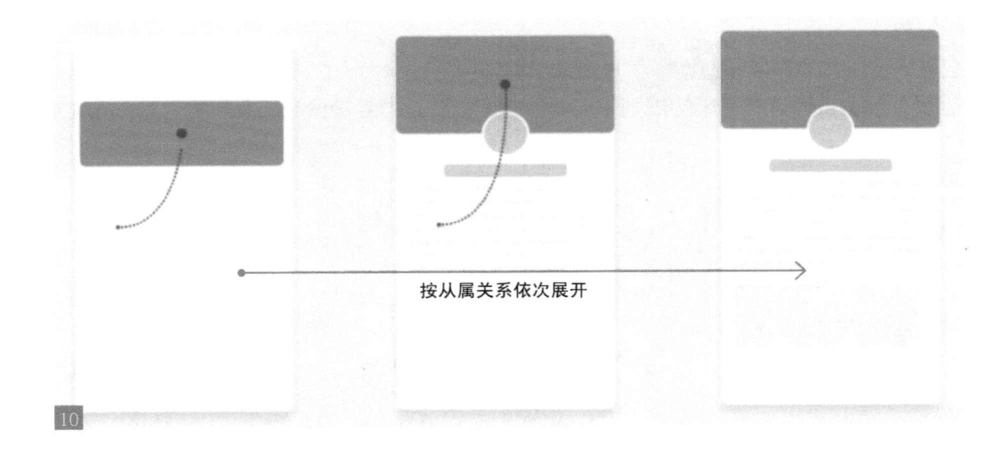

3. 其他运动规则

根据视觉体验，当元素不成比例地变幻尺寸时，它应该沿着弧线运动，而不是直线运动，这样有助于让它看起来更加自然。所谓“不成比例”地变化指的是元素的长和宽的变化并不是按照相同比例来缩放或者变化的，换句话来说，变化的速度也不一样，如方形变成圆形。相反，如果元素是按照比例改变大小的，应该沿着直线移动，这样不仅操作更加方便，而且更符合均匀变化的特征。

如果几个不同元素的运动轨迹相交，那么它们不能彼此穿越。如果每个元素都必须通过某个交点，抵达另外一个位置，那么应该次第减速，依次通过这个点，给彼此留出足够的空间。另外一种选择是元素不相交，而是像实体一样在靠近的时候彼此推开。

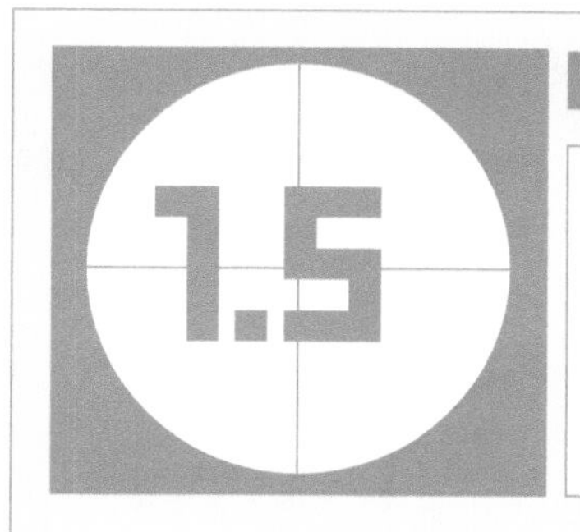

制作 MG 动画的基本流程

制作 MG 动画的流程绝不仅仅是使用软件那么简单，它相当于一个影视剧的制作流程，要合理安排前期与后期的工作顺序，团队作业更要合理安排人员的分工01。

MG动画制作流程

1. 撰写文稿 决定影片内容质量
2. 绘制图形 决定影片视觉风格
3. 完成配音 决定影片情绪风格
4. 剪辑声音 决定影片节奏
5. 完成动画 决定影片视觉效果
6. 音效剪辑 增强影片质感

01

1.5.1 撰写文稿

MG 动画成功的关键在于内容的打造，剧本的策划过程就如同写一篇作文02，需要具备主题思想、开头、中间及结尾，情节的设计就是丰富剧本的组成部分，也可以看成小说中的情节设置。一部成功且吸引人的小说必定少不了跌宕起伏的情节，剧本也是一样。在进行剧本策划时，需要注意以下两点。

在剧本构思阶段就要思考什么样的情节能满足观众的需求，好的故事情节应当是能直击观众内心，引发强烈共鸣的。掌握观众的喜好是十分重要的一点。

注意角色的定位，在台词的设计上要符合角色性格，并且有爆发力和内涵。

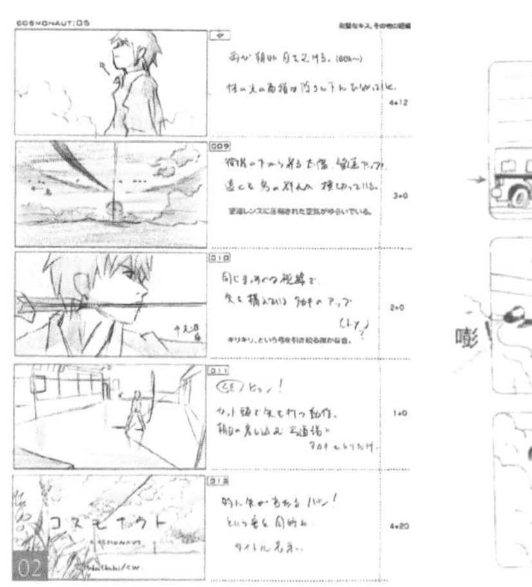

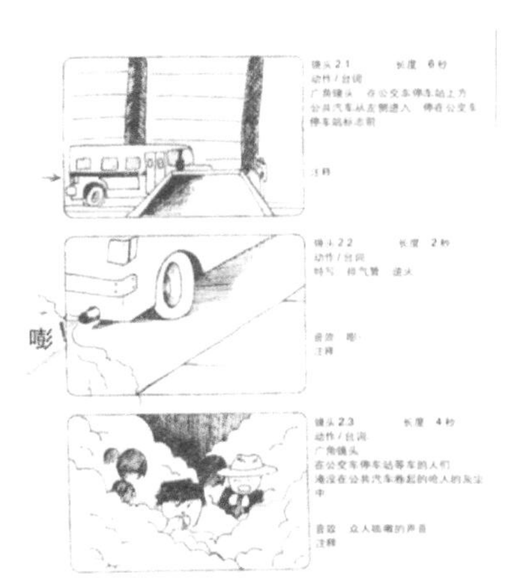

02

1.5.2 设计卡通造型

再复杂的作品也是从简单开始的03，拿起铅笔画出想要的卡通造型（当然也别忘了找参考素材），草图绘制完成后需要在 Photoshop 或 Illustrator 里面进行线稿绘制和上色，最好将头部、身体、四肢以及需要做动画的五官进行分层。这样就可以在 AE 中分别设置动画了。

03

1.5.3 动画制作和剪辑

对于 MG 动画而言，剪辑是不可或缺的重要环节，在后期剪辑中，需要注意的是素材之间的关联性，如镜头运动的关联、场景之间的关联、逻辑的关联及时间的关联等。剪辑素材时，要做到细致、有新意，使素材之间衔接自然又不缺乏趣味性。

在对 MG 动画进行剪辑包装时，不仅仅是保证素材之间有较强的关联性就够了，其他方面的点缀也是必不可少的，剪辑包装 MG 动画的主要工作包括以下几点。

- 添加背景音乐，用于渲染视频氛围。
- 添加特效，营造良好的视频画面效果，吸引观众。
- 添加字幕，帮助观众理解视频内容，同时完善视觉体验。

MG 动画的上传和发布渠道众多，操作也比较简单。如果是已经保存在手机里的 MG 动画，那么上传和发布就更加便捷简单。以抖音平台为例，在剪辑完成后，会进入视频“发布”界面，在上方可以输入与 MG 动画内容相关的文案，或者添加话题、提醒好友，以吸引更多人观看，设置完成后点击“发布”按钮。

待视频上传成功后，可在动态中预览上传的 MG 动画，并进入分享界面，将 MG 动画同步分享到其他社交平台上。

MG 动画的发展趋势

MG 动画目前已经逐渐向扁平化短片方向发展，这是一种新兴的互联网内容传播方式，随着新媒体行业的不断发展，其内容和播放形式有不同的革新和创新。

1.6.1 MG 动画的优势

MG 动画与传统的动画视频不同，它具备生产流程简单、制作门槛低和参与性强等特性，同时，又比直播更便于传播，因此深受视频爱好者及新媒体创业者的青睐。作为一种影音结合体，MG 动画是能够给人带来更为直观感受的一种表达形式，它利用网民的碎片化时间，极大地满足了用户的信息和娱乐需求。

1. 制作门槛低

以前的动画制作是一项具有细致分工的团队工作，个人难以制作，但 MG 动画的出现降低了制作门槛，用户不需要经过太多专业训练就可以上手 01。对于创作者而言，无论是几十秒的生活小片段，还是几分钟的工具小技能，甚至是更长时间的动画都可以随意上传。

01

2. 易于传播分享

随着 MG 动画的大热，越来越多的视频平台开始重视 MG 动画（短内容）领域，在抖音、快手这种专注于短视频创作的 App 中，MG 动画内容也日益增加，这些 App 不仅具备丰富的自定义编辑功能，还支持创作者将动画实时分享到微博等社交平台 02。

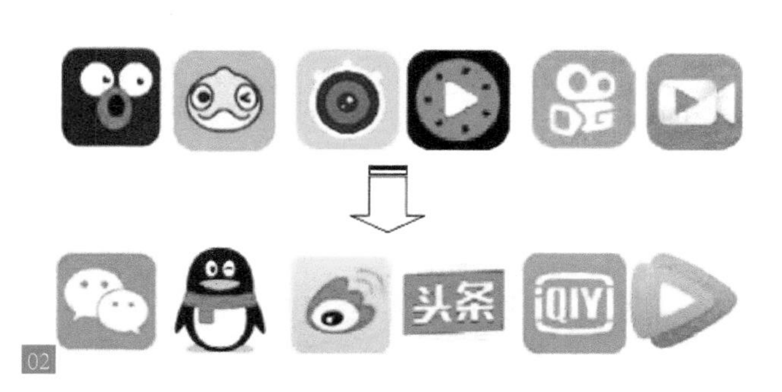

02

3. 视频时长短

MG 动画时长相比传统视频要短，基本保持在 5 分钟以内。视频整体节奏较快，视频内容一般都比较紧凑、充实。

1.6.2 开启自媒体时代

自媒体是一种私人化、普遍化的信息传播者，其依托于网络社交平台，向不特定的用户传递信息。自媒体注重内容打造，MG 动画就是自媒体表现内容的一种方式。常见的 MG 动画自媒体包括个人自媒体、新闻自媒体和企业自媒体。

1. 个人自媒体

想要在众多个人自媒体中脱颖而出，首先需要进行自我包装，找到自身与众不同的特点，将其融入 MG 动画的内容当中，采用夸张等方式不断放大，从而使观众能够更容易地产生印象；其次是有针对性地打造内容，可以从目标用户或专业领域层面进行内容的筛选。

2. 新闻自媒体

政务信息和新闻宣传作为政府部门展示工作成效和自身形象的重要渠道，可以为政府决策做参谋，也能反映基层动态。很多城市在抖音等短视频平台上利用 MG 动画进行宣传推广，使政府工作变得生动，易于理解，取得了显著的效果，各地方政府也把 MG 动画作为了打造地方名片工作中的重点内容 03。MG 动画表现已成为政府部门新媒体的新内容形式。

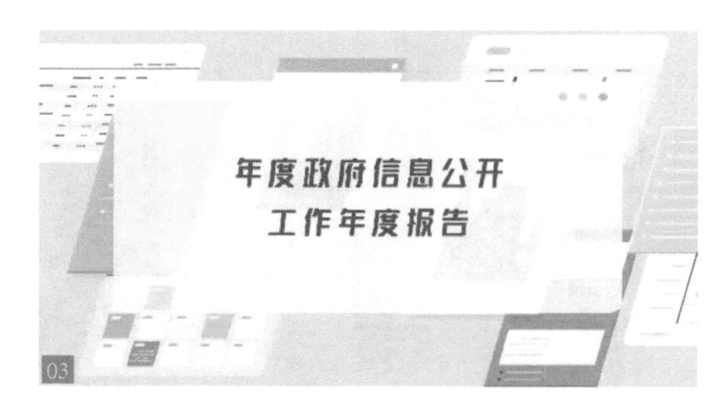

03

3. 企业自媒体

企业自媒体所制作的 MG 动画 04 凸显的是其品牌文化，其传播的过程就是打造 IP 的过程。为了与用户更加贴近，企业自媒体在策划过程中往往采用拟人化的方法，为自媒体账号赋予一个人格，使得用户对其产生感情，从而拉近与用户之间的关系。

04

制作我的第一个 MG 动画

这是一个很简单的 MG 动画，先使用 PS 制作 Logo 分层图，再用 AE 制作 UI 动效。通过动画的学习，希望可以起到抛砖引玉的作用。

1.7.1 设计一个 UI 图标

扫码看本节视频

我们将在 Photoshop 中制作图标，AI 和 PS 都可以制作图标，这里因为大量使用了特效，所以还是在 PS 中制作比较方便。

01 打开 Photoshop 软件，按下 <Ctrl+N> 快捷键，弹出“新建”对话框，设置“宽度”和“高度”分别为 1440 和 900 像素，设置“分辨率”为 72 像素 / 英寸，单击“确定”按钮 01，新建一个空白文档 02。

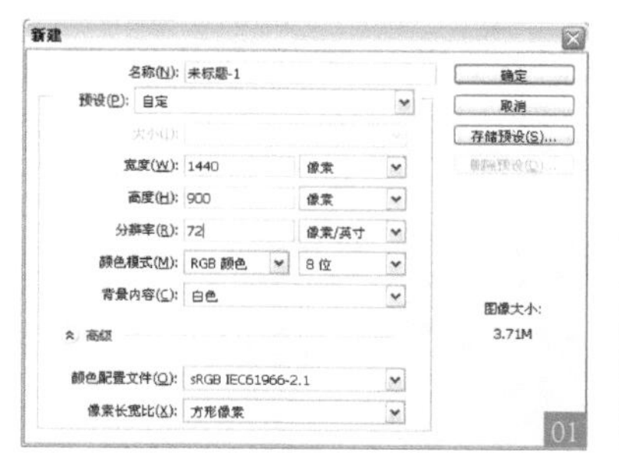

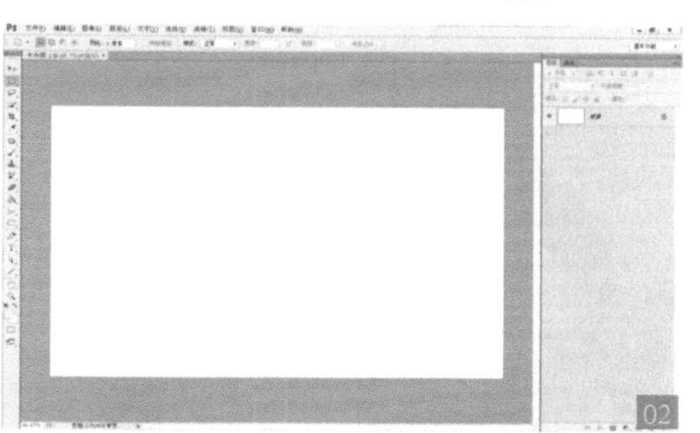

02 选择工具箱中的“椭圆工具” 03，在画布上方显现椭圆工具的选项栏中选择“形状”选项 04，按住 <Shift> 键的同时在画布上单击鼠标左键不放进行拖动，可在画布上绘制一个正圆 05。

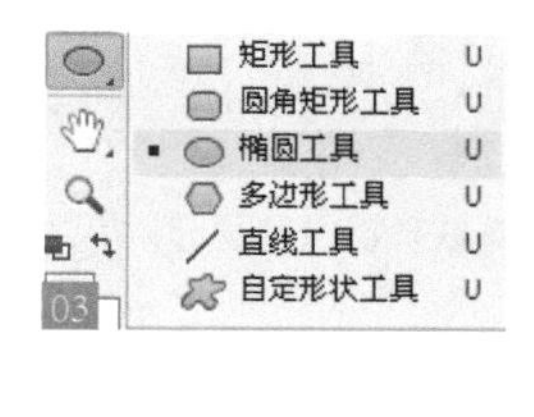

03 再次选择“椭圆工具”，在选项栏中选择“合并形状”命令 06，按住 <Alt+Shift> 快捷键在正圆中心点的位置进行拖动，可以绘制同心圆 07。这一步比较简单，主要注意路径的关键点卡位。

04 接下来会遇到本案例的第一个难题，即如何将整体的圆形制作出缺口？选择“矩形工具”，在选项栏中选择“减去顶层形状”选项08，在图像上绘制形状，按下 <Ctrl+T> 快捷键，旋转角度09，这样做也是使用路径的加减运算法则。

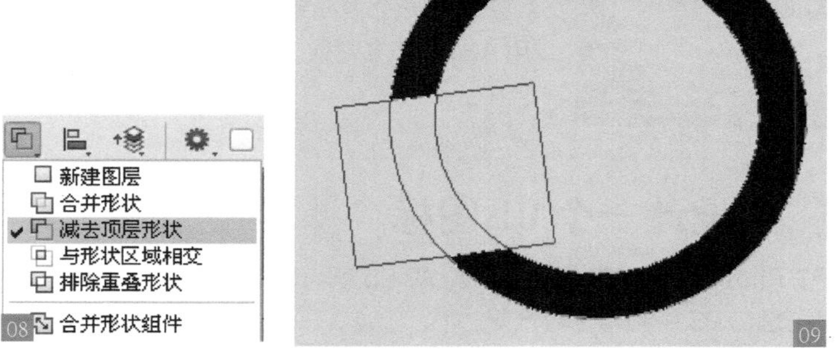

05 现在来绘制箭头，选择“多边形工具”，在选项栏中设置边数为 3 10，画出三角形，按下 <Ctrl+T> 快捷键，调整大小和方向11，“图层”面板中将自动生成“多边形 1”图层12。

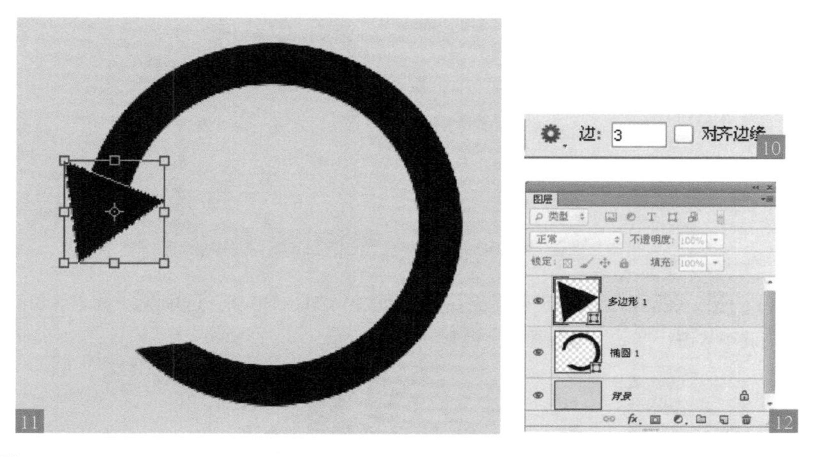

06 使用“椭圆工具”，在圆形中央的位置按住 <Alt+Shift> 快捷键绘制圆形，得到图标13，在“图层”面板将生成“椭圆 2”图层14。

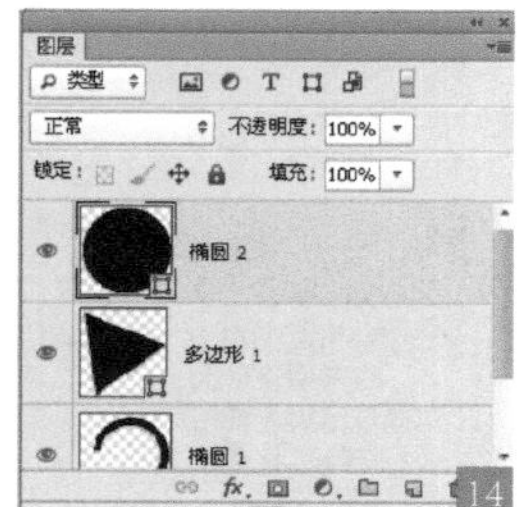

07 这是绘制过程中遇到的第二个难题，即如何为图标制作背景？选择工具箱中的“圆角矩形工具”，在图像上方显示的选项栏中设置参数15，在图像上拖曳绘制出圆角矩形框16，在“图层”面板生成“圆角矩形 1”图层17。

08 为圆角矩形添加效果，这一步是至关重要的，图标的质感、立体感等都是由这一步决定的。打开该图层的“图层样式”对话框，分别设置“斜面和浮雕”18、“内阴影”19、“光泽”20、“渐变叠加”21、“内发光”22和“投影”23选项的参数，为圆角矩形添加效果，使背景富有立体感24。此时的“图层”面板相应添加了诸多效果25。

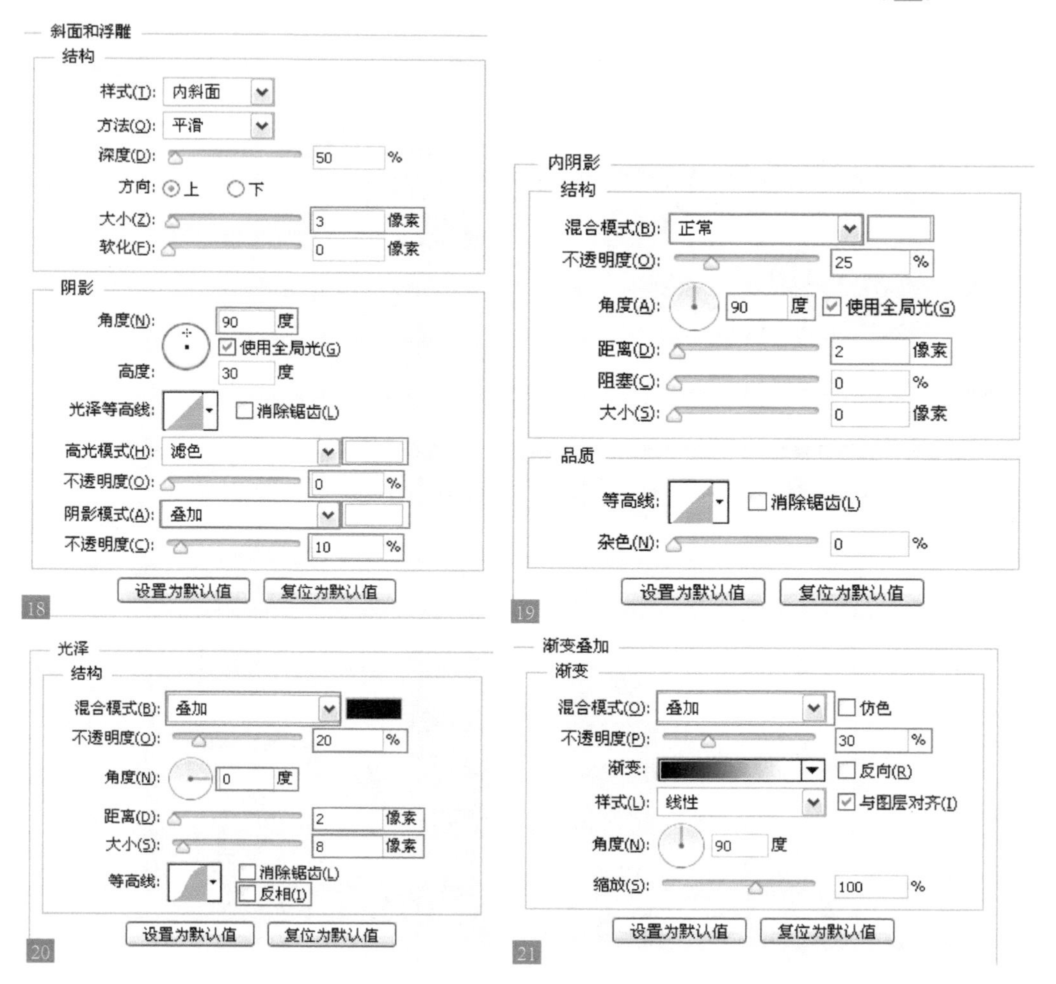

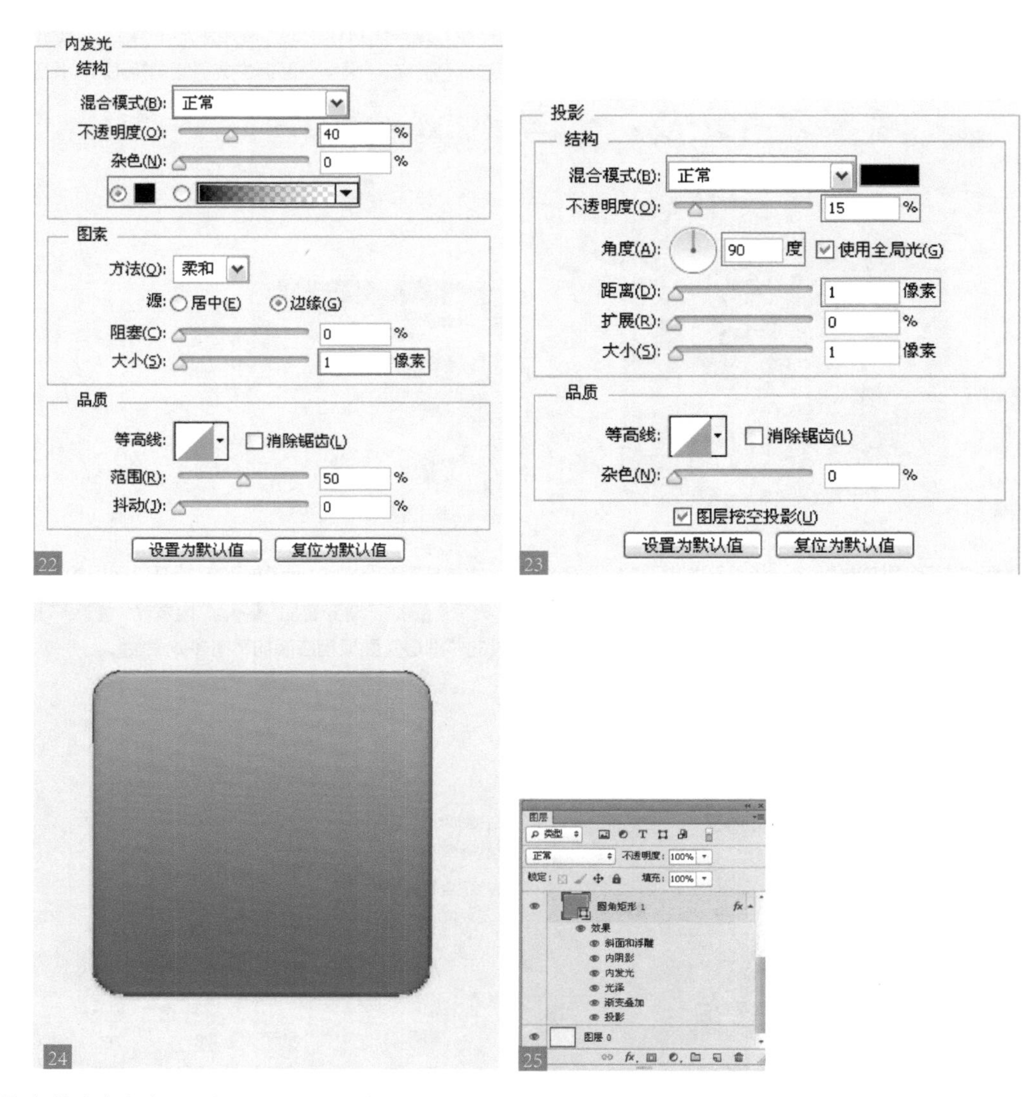

09 细节决定成败，往往最细小的部分才是成功的关键。这一步为背景添加高光。选择工具箱中的“钢笔工具”，在图像上绘制高光形状26。将“填充”参数设置为0%，效果为27。

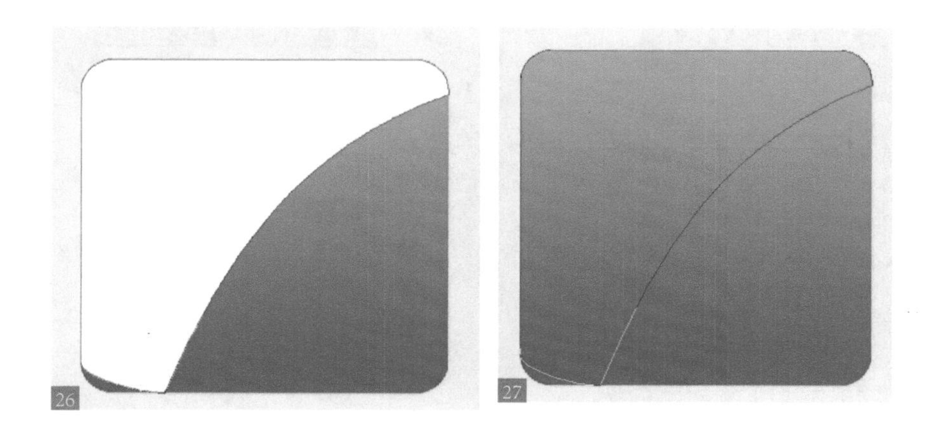

10 双击该图层，打开“图层样式”对话框，在左侧列表中分别为“斜面和浮雕”28和“渐变叠加”29选项设置参数，为该形状添加效果，表现图标强烈的质感30。

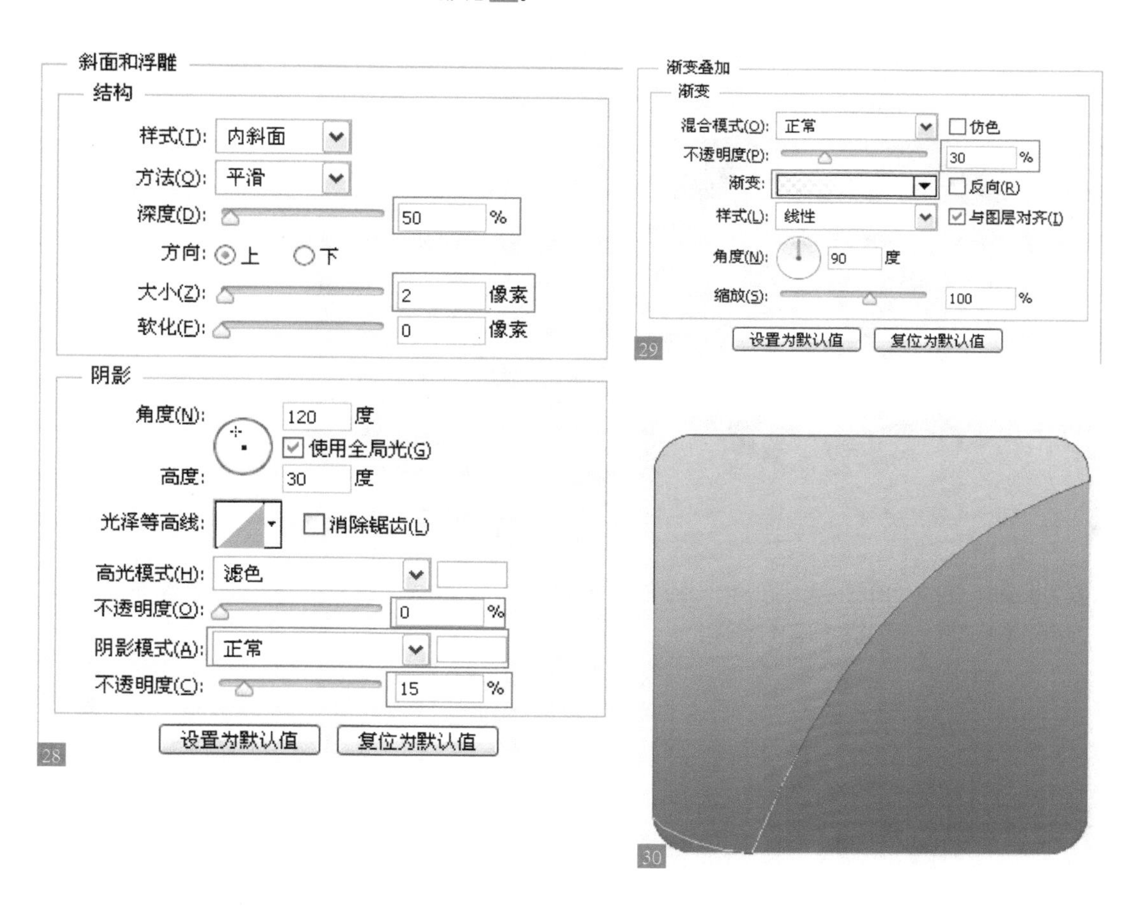

11 单击图层面板下方的“添加图层蒙版”按钮，为该图层添加图层蒙版。选择工具箱中的“画笔工具”，设置前景色为黑色，在该形状上进行涂抹，将形状下方的区域进行隐藏31，使整个背景看起来过渡得非常自然32。

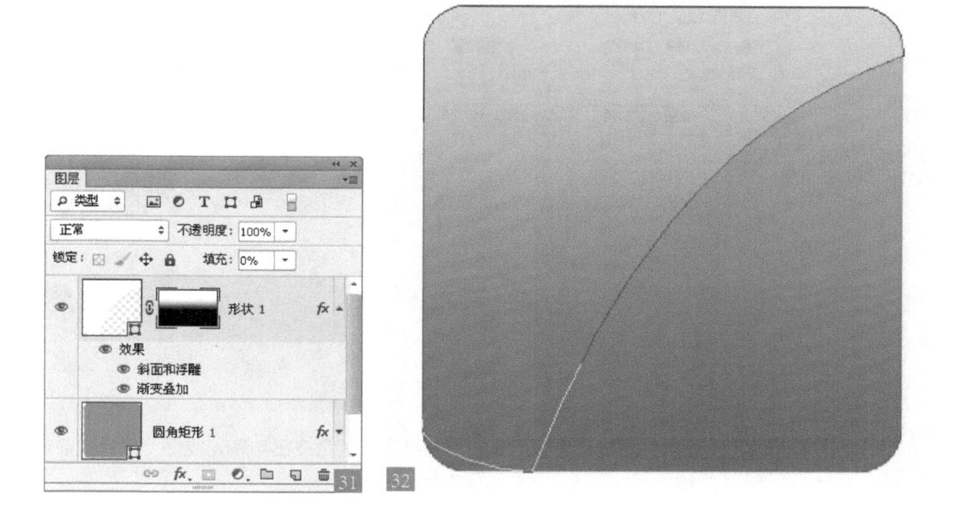

12 使用“移动工具”将绘制完成的背景移动到图标的下方，将背景与图标整合33。然后选中图标所在的图层，单击鼠标右键，在弹出的快捷菜单中选择“合并形状”命令，将其合并后得到“椭圆 2”图层34。

33

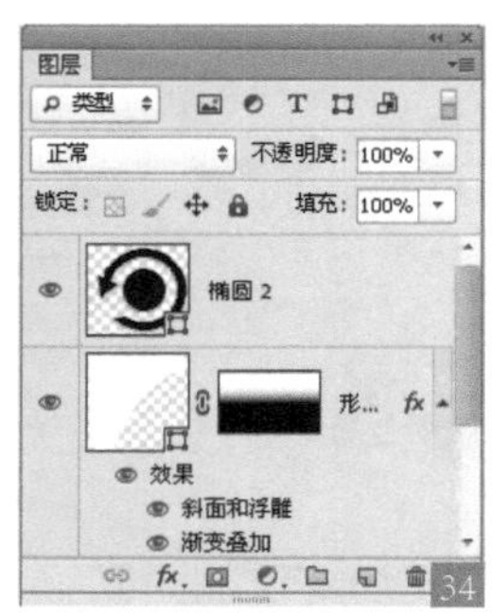

34

13 双击该图层，打开“图层样式”对话框，在左侧列表中分别为“斜面和浮雕”35和“投影”36选项设置参数，为图标添加效果，表现图标的立体感37。

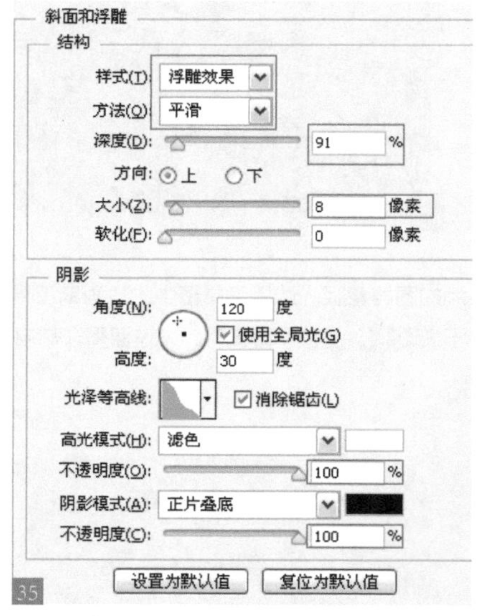

35

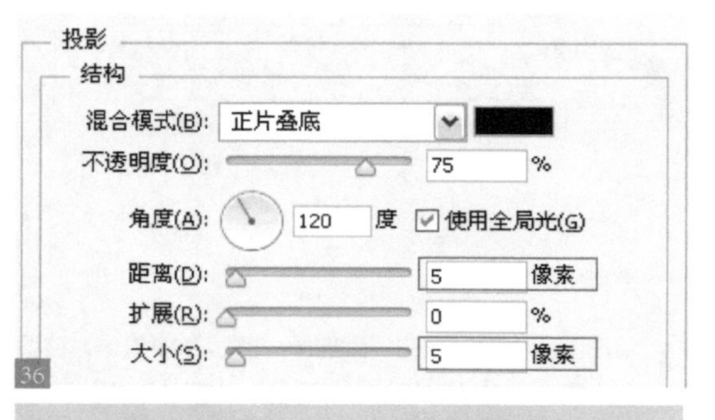

36

37

14 在图层面板将黑色箭头图标单独成组，并合并该组，蓝色按钮与高光成组，并合并该组。现在有两个图层，将该文件保存为 PSD 格式，下面将在 AE 中制作动画。

1.7.2 制作图标的 UI 动效

扫码看本节视频

我们将在 AE 中制作图标动画，动画是针对每个图层单独进行的，MG 动画基本的动作有位移、旋转和缩放等。高级的动画有父子级关系链接、动力学等。

01 启动 AE，双击“项目”面板的空白区域，将“1-5.psd”文件导入“项目”面板中38。在弹出的对话框中将“导入种类”设置为“合成 - 保持图层大小”39。

38

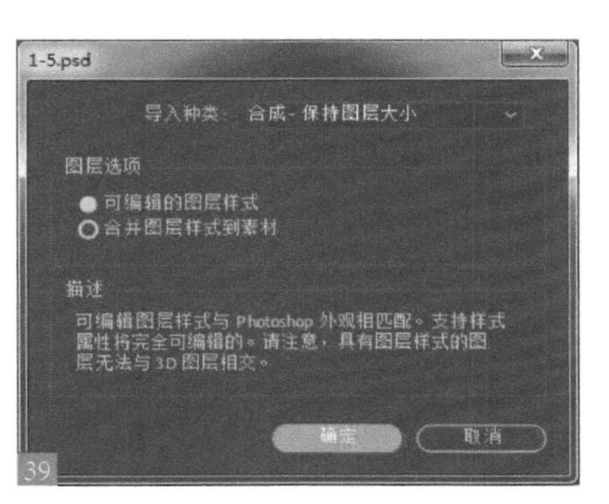

39

02 双击“项目”面板的“1-5.psd”文件，在“合成”面板中打开该文件40。

40

03 选择圆形箭头图层，选择锚点工具，将锚点移动到圆形箭头的正中心位置41。

41

04 在时间线窗口选择圆形箭头图层，确保时间为 0:00:00:00，单击“旋转”参数左边的 “时间变化秒表”按钮，打开关键帧记录功能 42 。

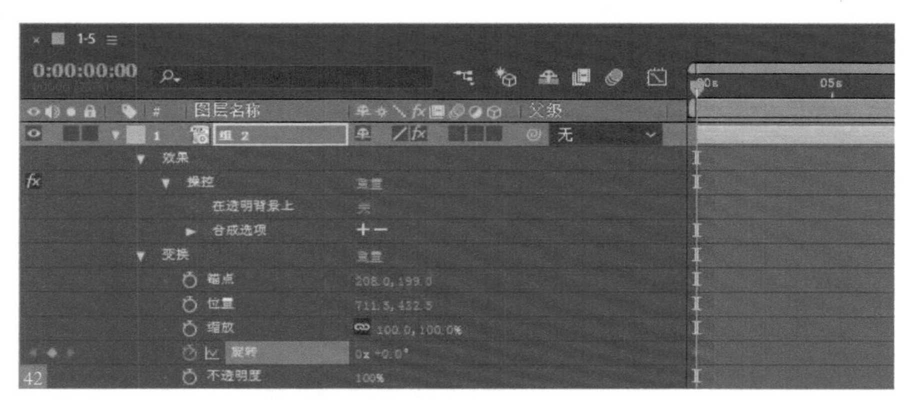

05 设置时间为 0:00:05:00，也就是第 5 秒（手动输入或左右拖动该区域即可设置时间），设置旋转参数为 1x，1x 代表旋转一周。此时时间线第 5 帧自动生成了旋转关键帧 43 。

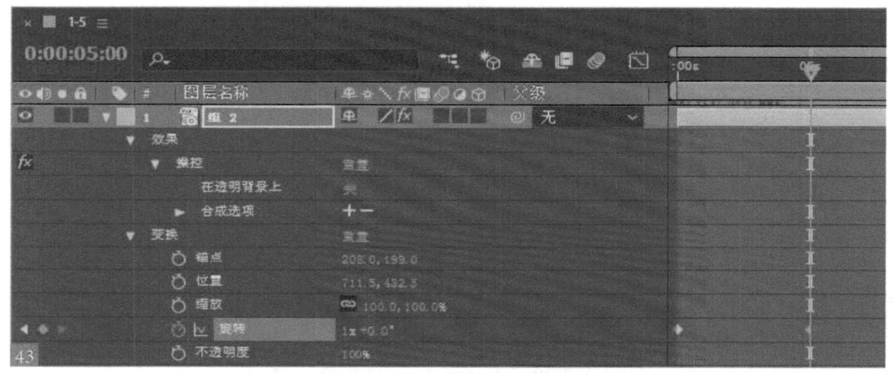

06 设置时间为 0:00:10:00，也就是第 10 秒，设置旋转参数为 1x+180°，180°代表旋转 180°（半周）。此时时间线第 10 帧自动生成了旋转关键帧 44 。

07 单击预览窗口的 “播放”按钮，观察从第 0 帧到第 10 帧的动画，MG 旋转动画制作完成。在个例子中，我们学到了如何在 PS 中制作扁平化的 Logo 图，然后分层后导入 AE 中进行动画制作，动画是很常见的选择动画，我们可以触类旁通，学会了旋转也就知道如何对移动、缩放和不透明度等一系列参数进行动画制作了 45 。

08 目前的动画还只是个比较生硬的动态旋转，我们需要将整个动画连接得更加舒缓，按 <Ctrl+A> 快捷键全选所有物体，按 <U> 键将所有做过动画的图层显示出来，用鼠标左键在时间线窗口框选这些关键帧。单击鼠标右键，并在弹出的快捷菜单中选择“关键帧辅助 > 缓动”命令（按 <F9> 键也可以直接执行缓动操作）46。

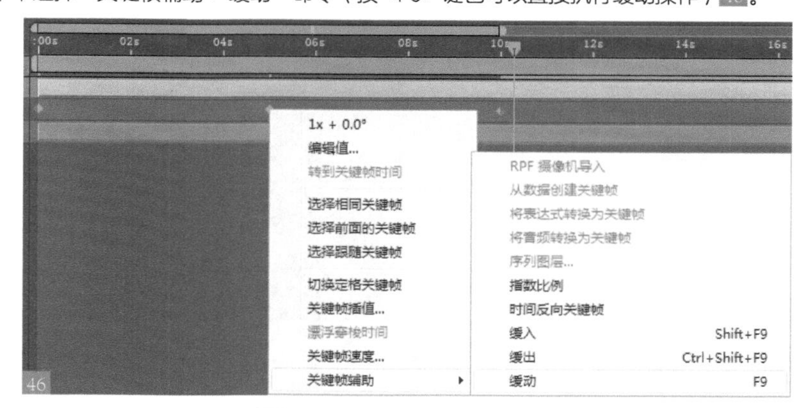

46

09 此时时间线上的所有关键帧都变成了漏斗造型，动画就制作完成了，继续播放动画会发现动态比刚才连接得柔和多了，AE 可以智能化地将所有生硬的动画处理得非常流畅47。

47

1.7.3 导出 UI 动画

下面我们介绍如何输出动画，动画的输出要看用户将其用在哪个媒介中播放，如果是大屏幕，那需要高清输出，如果只是手机播放，则生成 H5 规格的视频即可。

01 由于我们只设置了 10 秒的动画，所以要将整个动画时长设为 10 秒，按 <Ctrl+K> 快捷键，打开“合成设置”对话框，设置“持续时间”为 0.00.10.00 48。

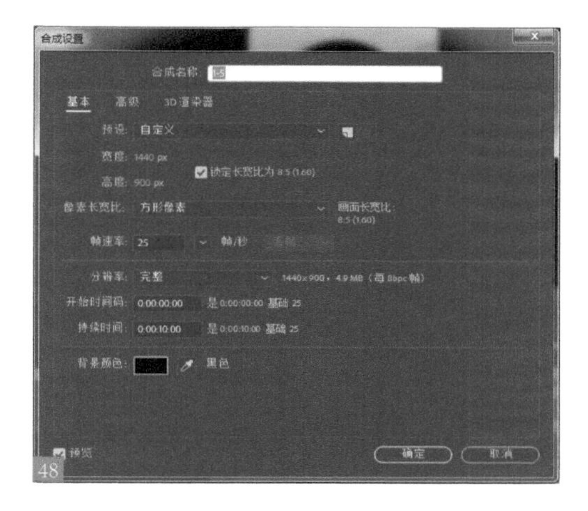

48

02 选择主菜单“文件 > 导出 > 添加到渲染队列”命令，准备导出动画49。

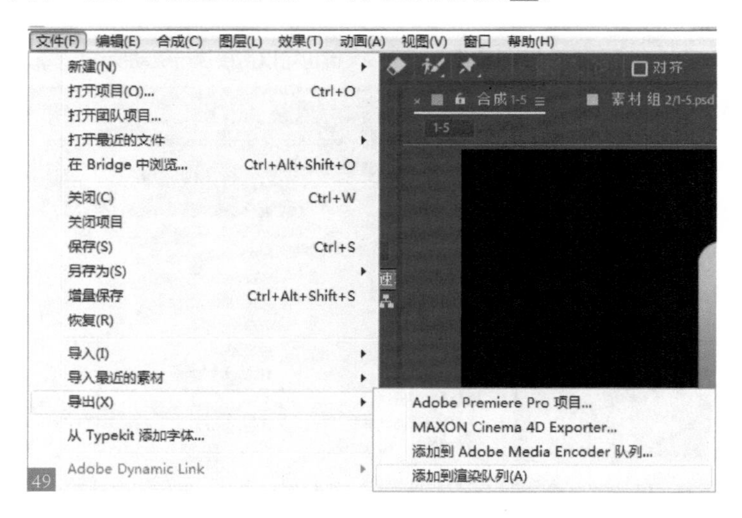

49

03 此时在时间线窗口增加了“渲染设置”和“输出模块”选项，在这里可以对导出的动画格式、画质以及文件保存的位置进行设置50。

50

04 单击“无损”选项，打开“输出模块设置”对话框，设置需要的格式。如果想要背景镂空（做表情包），可以选择 RGB+Alpha 选项51。单击步骤 3 中时间线“窗口”输出到，旁边的“尚未指定”选项，可打开“将影片输出到”对话框，设置动画的输出文件名52。最后单击时间线窗口右上角的“渲染”按钮，对动画进行最终渲染即可。至此已经完成了本书第一个带 UI 动效的 MG 动画。

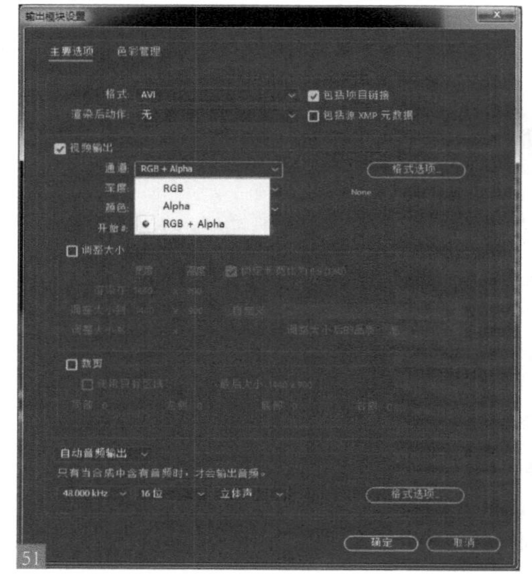

51

52

▶▶▶ Chapter

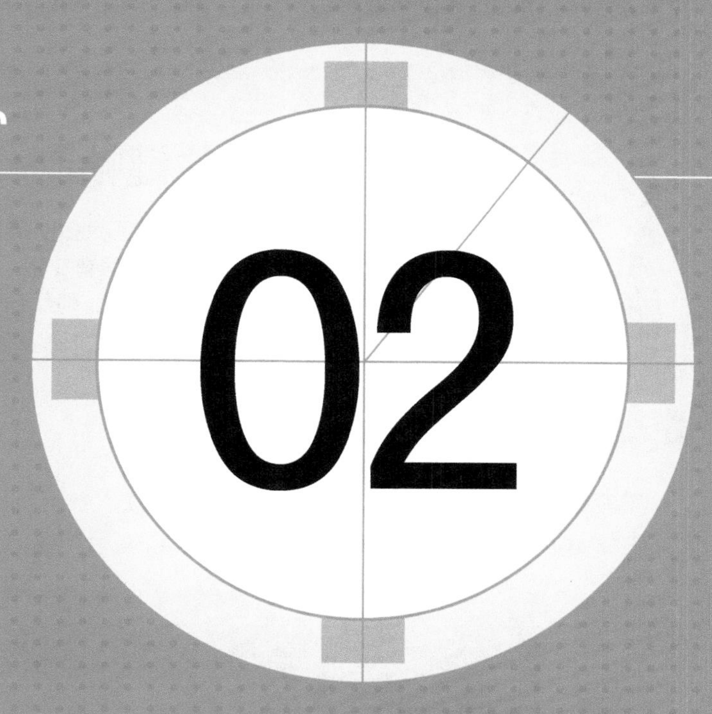

第 2 章　MG 动画基础制作

本章对 MG 动画的相关制作工具进行介绍，读者需要了解图层和动画关键帧的设置（包括路径动画、关键帧的编辑以及相关操作），以及父子级关系的原理，从而对 MG 动画的制作方法有一个清晰认识。

利用关键帧制作动画

基于图层的动画大多使用关键帧来进行制作，图层属性的改变就意味着图层之间的层有变化。图层是 After Effects 中区分各个图像的单位，若修改图层，则最终画面也将会随之改变。

2.1.1 在时间线窗口中查看属性

扫码看本节视频

下面我们学习如何在时间线窗口中查看图层的属性。

01 选择主菜单“文件 > 打开项目”命令，打开 2-0.aep 文件 01 。这是一个典型的扁平化 MG 动画效果。

02 将光标移到时间线窗口中选择图层 1。单击图层左边的小三角按钮，将图层的属性展开，即可观察到该图层的关键帧以及其他属性 02 。

2.1.2 设置关键帧

扫码看本节视频

从展开的图层属性中可以看到，在缩放、旋转和不透明度参数后面都已经有关键帧存在了。

所谓关键帧，即在不同的时间点对对象的属性进行变化，而关键帧之间的变化则由计算机来运算完成。AE 在通常状态下可以对层或者其他对象的变换、遮罩、效果以及时间等进行设置。这时，系统对层的设置是应用于整个持续时间的。如果需要对层设置动画，则需要打开（关键帧记录器）来记录关键帧设置。

打开对象某属性的关键帧记录器后，图标变为，表明关键帧记录器处于工作状态下。这时系统对该层打开关键帧记录器后进行的一系列操作都将被记录为关键帧。如果关闭该属性的关键帧记录器，则系统会删除该属性上的一切关键帧。对象的某一属性设置关键帧后，在其时间线窗口中会出现关键帧导航器03。

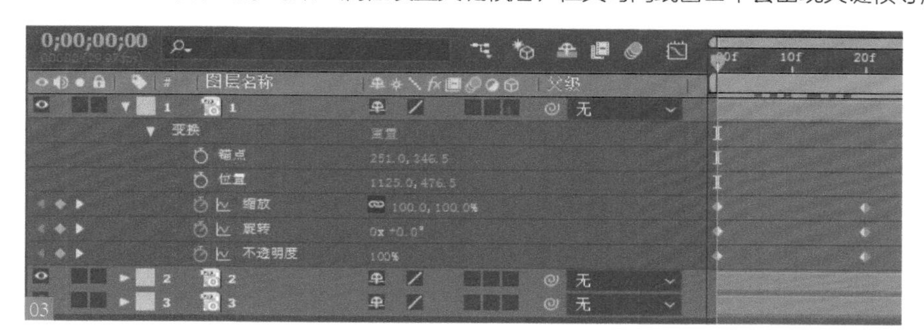

03

01 按下键盘中的 < + > 键和 < − > 键可以调整时间线的单位，使时间刻度放大或缩小，以便准确地添加关键帧。然后将时间线指针移动到 00 秒处并单击位置参数前面的图标，当图标从变为时，就为图层的位置制作了第一个关键帧04。

04

02 现在已经制作了位置的一个关键帧，但还没能做出位置属性的动画，这就需要继续添加关键帧。单击图层 1 左侧的三角形，将图层的所有属性隐藏，然后确定图层 1 被选中，按 <P> 键显示图层的位置属性05。

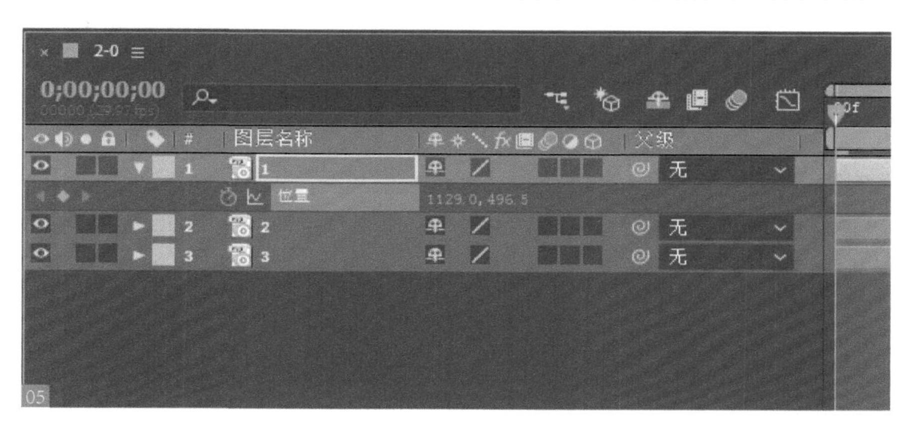

05

03 在实际操作中，往往会遇到时间线窗口中图层很多的情况，为了避免误操作和简化空间，通常采用隐藏不必要属性的方法，以提高工作效率。展开位置属性的键为 <P>，展开旋转属性的键为 <R>，展开缩放属性的键为 <S>，展开不透明度属性的键为 <T>，展开 Mask 属性的键为 <M>。

2.1.3 移动关键帧

扫码看本节视频

下面我们学习如何在时间线窗口中移动关键帧。

01 将时间线指针移动到 0:00:00:10 位置，然后将位置属性的参数设置为 1130 和 1030，这时系统会自动添加一个新的关键帧 06。

06

02 现在展开图层 1 的所有属性，观看所有关键帧，发现缩放、旋转和不透明度属性的第 2 个关键帧都在第 20 秒上，为了将位置属性的第 2 个关键帧也放置在 20 秒，就需要移动关键帧。将时间线滑块拖动到时间刻度的第 20 秒上，框选位置属性的第 2 个关键帧，按住 <Shift> 键将框选的关键帧向右移动，关键帧将自动吸附到时间线滑块处。这样，就将所有的关键帧对齐了 07。

07

03 关键帧的普通移动方法只需要选中关键帧然后左右拖曳即可。如果要实现精确移动，则需要先将时间线指针放置在目标位置上，然后先选中关键帧，再按住 <Shift> 键，而后向时间线滑块指针方向移动，关键帧会自动吸附到时间线指针位置。

2.1.4 复制和粘贴关键帧

扫码看本节视频

下面要在位置属性的两个关键帧中间的第 10 秒处再制作一个关键帧，有以下 3 种方法。

方法 1：将时间线指针移动到 10 秒处，然后单击位置属性的关键帧导航器中间处◇，使其变为◆ 08。

方法 2：将时间线指针移动到 10 秒处，然后将位置属性的参数数值调到需要的大小，系统会自动生成一个关键帧。

方法 3：将时间线滑块指针移动到 10 秒处，然后选取位置上任意一关键帧，通过复制和粘贴得到新的关键帧。

在这里将采用第 3 种方法来制作关键帧，并且再尝试对关键帧的其他操作，具体操作步骤如下。

01 选取位置属性的第 1 个关键帧，然后选择主菜单“编辑 > 复制”命令或者按下 <Ctrl+C> 快捷键对选择的关键帧进行复制，将时间线指针移动到第 10 秒位置，选择“编辑 > 粘贴”命令或者按下 <Ctrl+C> 快捷键进行粘贴，这样就新添加了一个关键帧。

02 选择图层 1，按下 <Ctrl+D> 快捷键复制出一个图层，现在看到时间线窗口中有两个图层，单击图层 2 左边的小三角按钮展开它的下一级属性，再单击变换左边的小三角按钮展开它的所有图层属性 09。

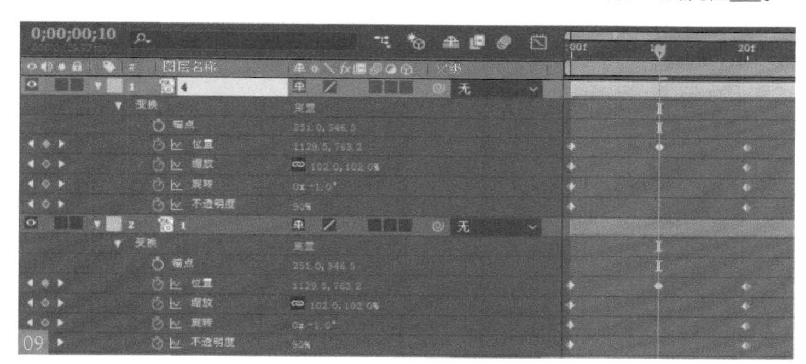

03 将图层 2 的关键帧全部删除，预览画面后发现当前图层 2 已经没有了动画。此时用复制和粘贴的方法让动画恢复。框选图层 1 中所有关键帧，选择“编辑 > 复制”命令或者使用 <Ctrl+C> 快捷键对选择的关键帧进行复制。将时间线指针移动到 00 秒位置，选中图层 2，选择“编辑 > 粘贴”命令或者使用 <Ctrl+V> 快捷键进行粘贴，这样就为图层 2 设置了和图层 1 相同的动画。在粘贴关键帧时，时间线指针的位置很重要，系统会将所粘贴的第 1 个关键帧对齐时间线指针，其他的关键帧会依照复制的关键帧的排列间隔依次排列在所粘贴的图层上。如果将时间线指针放在第 05 秒处，就会出现 10 的情况，移动这些关键帧，将其整体移动到 00 秒位置。

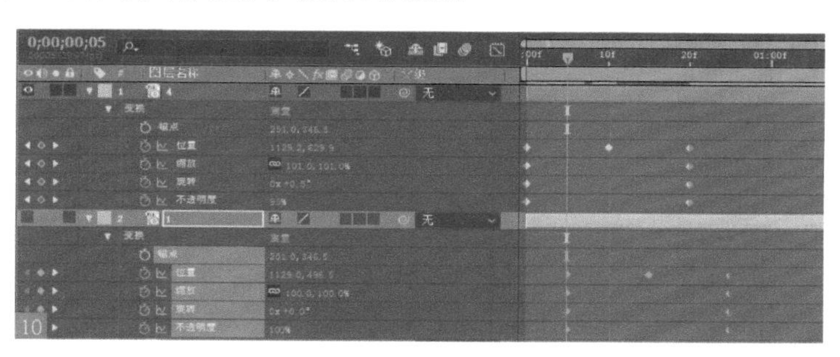

2.1.5 修改关键帧

现在两个图层的动画是一样的，因此显不显示图层 1 在 Comp 窗口中是看不出区别的，为了使两个图层的动画看起来不一样，可以通过修改关键帧来实现。

01 双击图层 2 位置属性后面的第 1 个关键帧，在弹出的“位置”对话框中修改参数 11，这样可以很方便地改变位置参数，用同样的方法可以修改第 2 个和第 3 个关键帧的位置参数。

02 用同样的方法也可以修改旋转或缩放等关键帧的参数。回到合成窗口中会发现图层的关键帧上多出了控制手柄。它是用来微调图层路径的，用鼠标左键按住控制手柄来调节路径 12。

03 现在继续完成在移动、旋转和缩放上都有变化的动画。播放动画时如果对效果不满意，可以回到之前步骤对关键帧进行相应的修改，直到满意为止。在按住 <Shift> 键的状态下旋转图层，就会以 45° 的间隔逐步旋转，从而能够准确地设置 45° 角和其整数倍的角度 13。

2.1.6 捆绑车身和轮胎（父子级关系）

扫码看本节视频

通过设置父子关系可以高效率地制作许多复杂的动画。例如，指定父层的移动或者转动，这时子层就会跟随父层一起移动或者转动。当然，子层的移动和父层是一致的，而它的旋转是依照父层的轴心来旋转的，即围绕父层轴心旋转。

下面就通过实例来认识一下父子层的关系。

01 在 AE 中导入本书配套素材“轿车 .tga”和“轿车轮胎 .tga”。单击项目窗口下方的按钮，在弹出的“合成设置”对话框中设置参数 14。

02 选取项目窗口中的素材，将它们拖曳到时间线窗口中，在合成窗口内调整好轮胎与车身的位置 15。

14

15

03 用鼠标右键单击时间线的空白区域，在弹出的快捷菜单中选择“新建 > 纯色”命令 16，在弹出的“纯色设置”对话框中设置参数 17，新建一个黄色背景 18。

16 17 18

04 在时间线窗口将黄色背景层拖动到最底层 19。

05 在时间线窗口中选择“轿车轮胎”图层，按下 <Ctrl+D> 快捷键，复制图层 1，现在图层 2 和图层 1 都是“轮胎”层。选择图层 1，将其对位到后轮部位 20（按住 <Shift> 键可以锁定 X 轴向平移）。

06 下面为“轮胎”层指定父层。单击图层 2 后面父级栏的 None 按钮，在弹出的菜单中选择图层 3（轿车层）21（这样就将该轮胎连接到了车身上），用相同的方法将另外的轮胎连接到车身上。

07 下面在合成窗口里将汽车车身图层移动到右边。然后为它的位移属性添加一个关键帧22。这时会发现，作为子层的图层 1（轿车轮胎层）和图层 2（轿车轮胎层）已经跟随作为父层的图层 3 移动了。

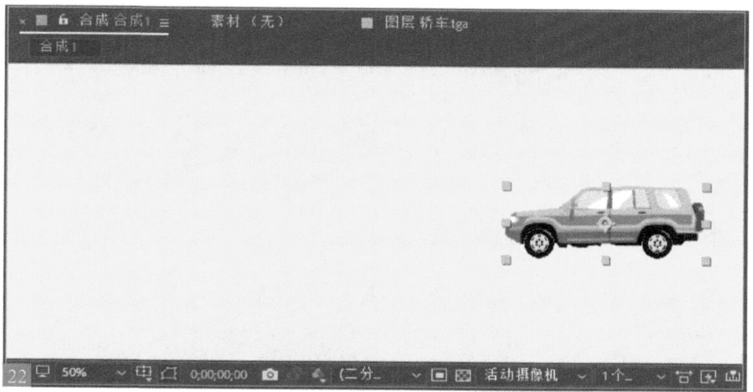

22

2.1.7 汽车行驶动画（透明度）

扫码看本节视频

通过对图层透明度的设置，可以对图层设置透出下一层图像的效果。当图层的不透明度为 100%时，那么图像完全不透明，它可以遮住下面的图像；当图层的不透明度为 0%时，对象完全透明，也就是能完全显示其下的图像。当不透明度在 0% ~ 100%时，值越大则越不透明，而值越小则越透明。

01 在 AE 中打开配套资源 2-car.aep 项目文件23。我们要使用不透明度功能制作一段淡入淡出动画。硬切模式是指时间线从一个图层到下一个图层之间没有过渡。也就是说，既没有转场特效也没有淡入淡出效果。

23

02 双击项目窗口，导入“飞机 .tga”素材，将飞机素材拖动到时间线窗口的最上层，将时间指针移动到 7 秒处，按照汽车的位置，将飞机移动和缩小至与汽车重叠24。

24

03 在时间线窗口将飞机图层的开始移动到 7 秒 25，在合成窗口中观察整个片段。现在由图层 1 到图层 2 就是硬切模式。它们的过渡就显得非常生硬。要解决这样的问题可以使用淡入淡出的效果。

04 在时间线窗口将汽车和两个轮胎图层选中，将结尾移动到第 8 秒处，让飞机与它们在 7 秒 ~8 秒处重叠 26。

05 分别选择图层 1~ 图层 4 并按下键盘上的 <T> 键，展开它们的透明属性。移动时间指针到 0 秒位置，保持 4 个图层全都选中，单击图层 1 的不透明度属性前面的按钮，为这 4 个图层的透明属性同时添加一个关键帧。单独将飞机图层的不透明度属性设置为 0（隐身）27。

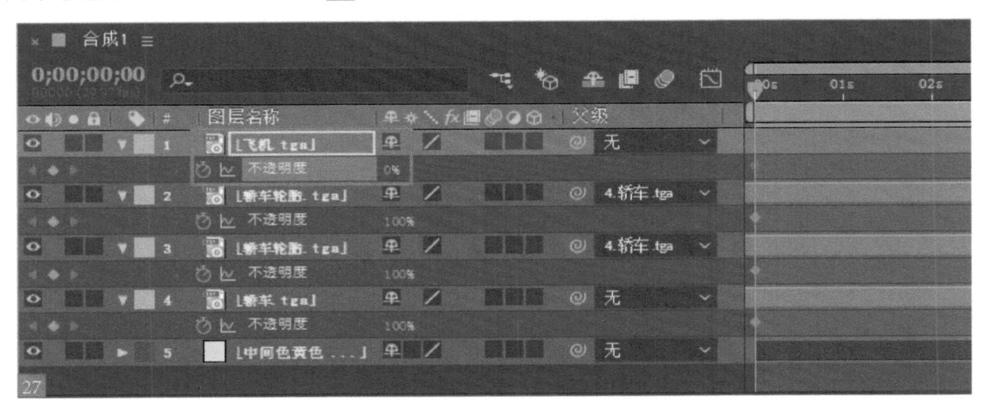

06 移动时间指针到 7 秒位置，将 4 个图层全都选中，单击图层 1 的按钮，为这 4 个图层同时添加一个关键帧 28。此时飞机在第 0 秒 ~7 秒保持隐身，汽车保持显示状态。

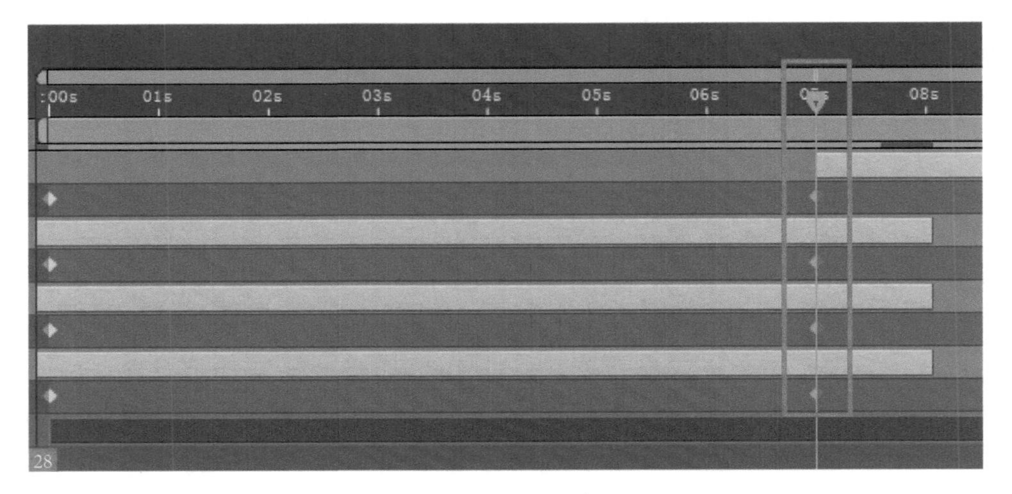

07 移动时间指针到 8 秒位置，将 4 个图层全都选中，单击图层 1 的◆按钮，为这 4 个图层同时添加一个关键帧 29。单独选择飞机图层，设置其不透明度为 100%（显示出来）。分别设置车身和两个轮胎图层的不透明度为 0（隐身）。

29

08 单击飞机图层的●按钮，将该图层独显，移动时间指针到 7 秒位置，按 <P> 键打开位置参数，单击⏱按钮添加位置关键帧，移动时间指针到 10 秒位置，设置位置参数，让飞机向前滑行 30。

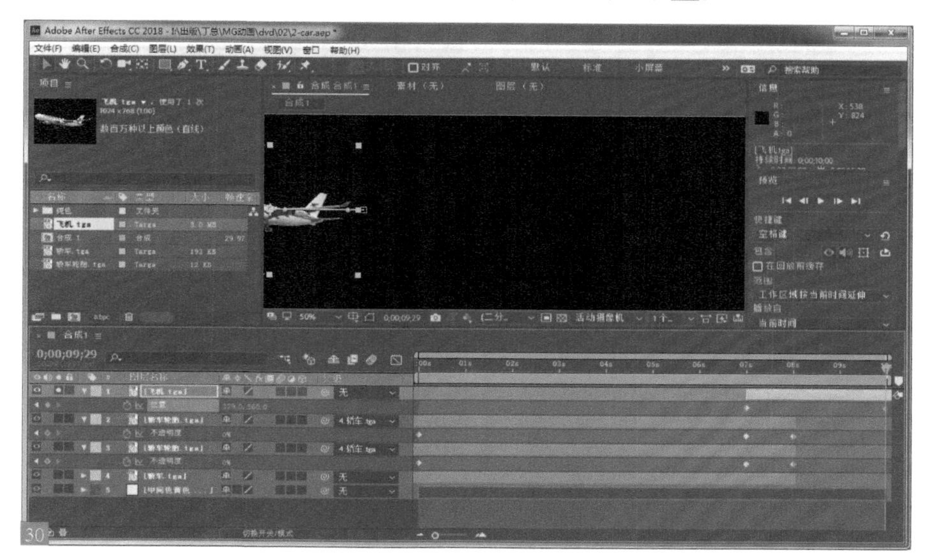
30

09 单击飞机图层的●按钮，关闭图层独显。拖动时间指针观察淡入淡出效果 31。按数字键盘上的 <0> 键对动画进行预览。现在会发现飞机图层 1 到汽车的过渡是一个渐变的过程，比硬切模式要更加自然。这就是淡入淡出效果，汽车的逐渐透明就是淡出，飞机的逐渐清晰就是淡入，这在 MG 动画中经常会遇到。

31

2.1.8 飞机飞行路径动画

扫码看本节视频

物体运动状态不只是简单的位置参数设置，还可以设置好一段路径，让物体沿着路径运动，在运动过程中可以设置运动方式。

01 按下 <Ctrl+Alt+N> 快捷键，新建一个项目窗口。单击项目窗口下方的按钮，在弹出的“合成设置”对话框中设置“宽度”为 1920，“高度”为 1080（时间长度为 40 秒）32。

02 现在我们已经在项目窗口创建了一个合成 1 33，双击项目窗口的空白处，在弹出的“导入文件”对话框中打开本书配套资源图片“飞机 .tga”，单击“打开”按钮退出对话框 34。

03 在弹出的“解释素材”对话框中选择“预乘 – 有彩色遮罩”选项，保持后面的黑色，单击“确定”按钮退出该对话框 35。

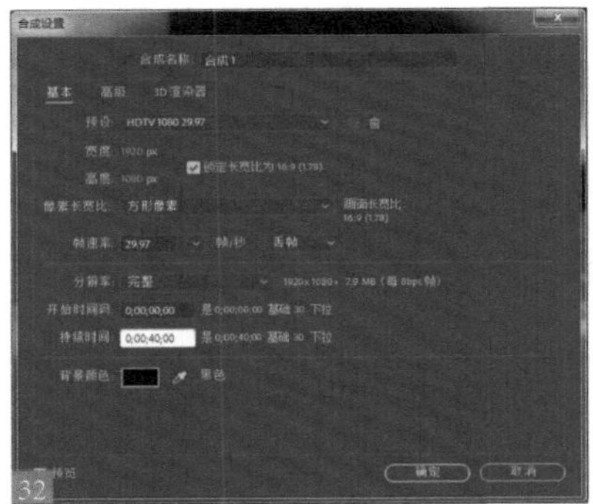
32

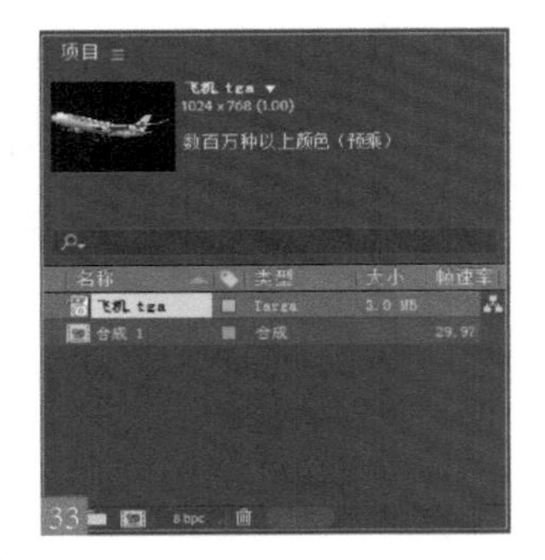
33

34

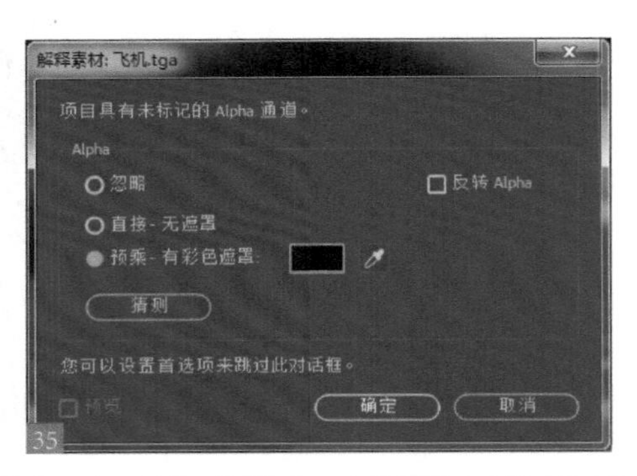

35

04 将项目窗口中的飞机图片拖曳到合成窗口或者时间线窗口中，选择时间线窗口中的图层 1（缩小飞机尺寸，让飞机在画面中比较合适），按下键盘上的 <P> 键展开图层 1 的位置属性。确定时间线指针在 0 秒处，将飞机移动到画面右侧，或者直接在位置属性右边的参数设置栏内输入参数，单击按钮，添加一个关键帧 36。

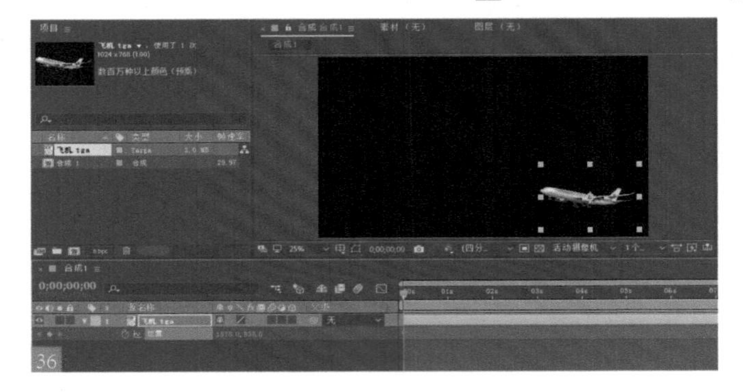
36

05 将时间线指针移动到 10 秒处，把图层 1 向左移动到画面中间处，系统在 10 秒处自动添加一个关键帧，现在按空格键预览，发现飞机动起来了。这是一个极为简单的位移动画，接下来将把这个动画变复杂一些37。

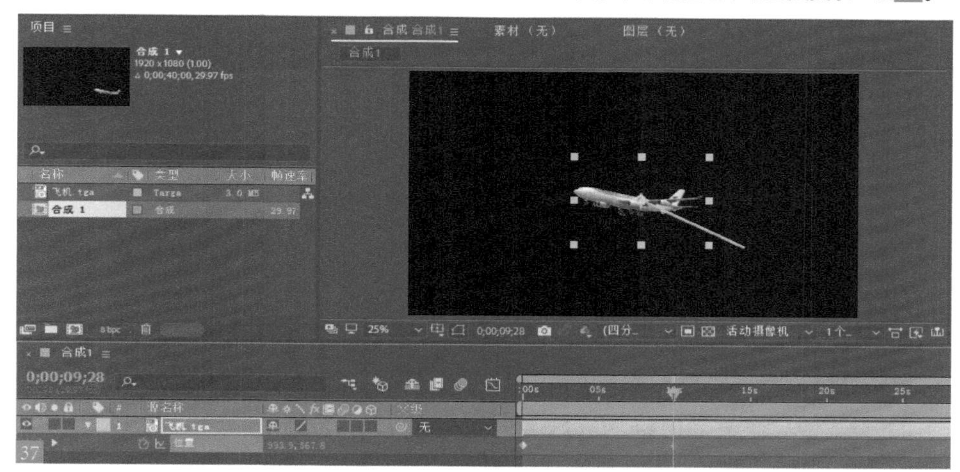

37

06 选择钢笔工具。在合成窗口中的动画路径上，单击鼠标左键添加两个路径节点38。

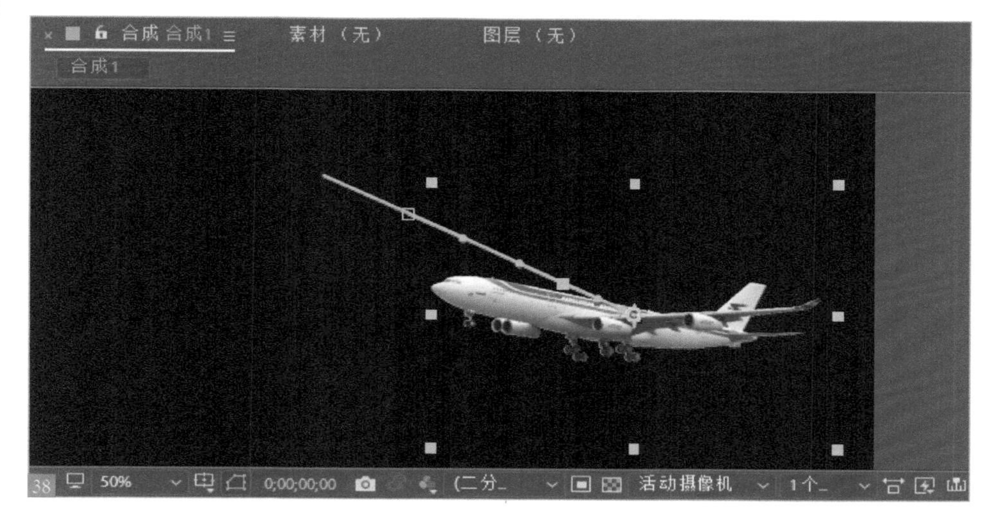

38

07 移动刚才添加的两个路径节点的手柄，可以改变运动路径的曲线，此时合成窗口中的飞机飞行路径已经发生了变化，按空格键可以观察飞机的运动效果39。

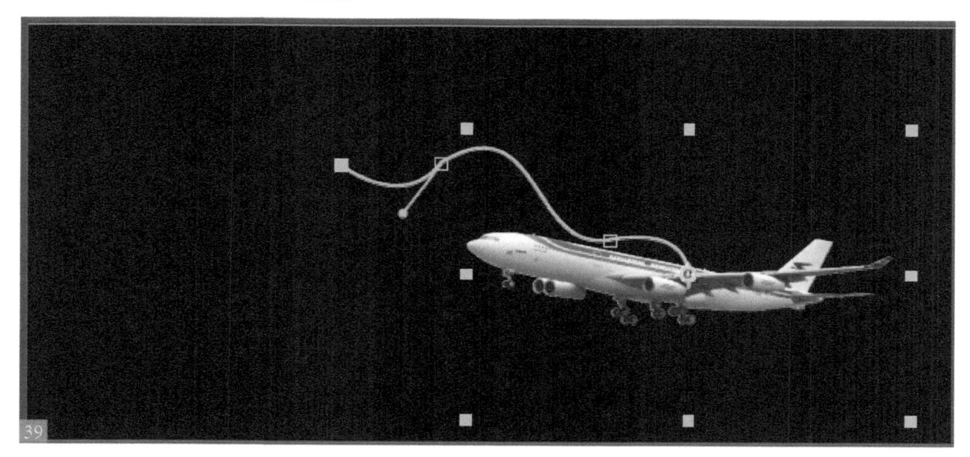
39

08 选择“窗口 > 动态草图”命令，在弹出的“动态草图”面板中确定飞机图层被选择，单击“开始捕捉”按钮。这时光标变为十字形，将光标移动到合成窗口中，按住鼠标左键不放，通过连续移动绘制出一个星形，之后松开鼠标左键结束绘画40。在时间线窗口中看到系统已经自动生成了关键帧，这些关键帧记录了刚才绘画时光标在合成窗口中的相应位置，它们连在一起就是一条路径。时间线窗口中的关键帧和合成窗口中的虚线点是相互对应的，时间线窗口中有多少个关键帧，合成窗口中就有多少个虚线点41。

40

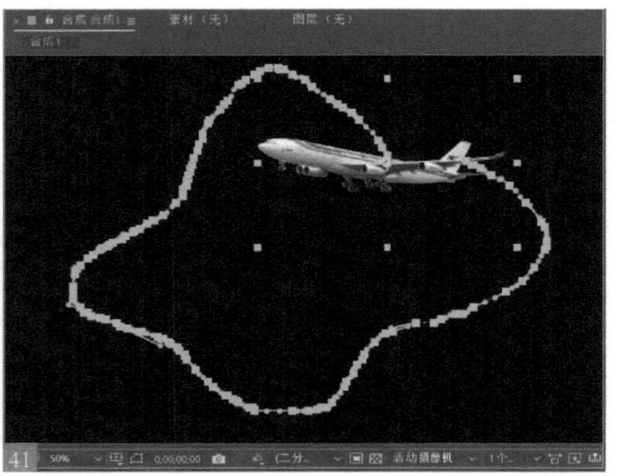
41

09 重复上面用过的方法，使用动态草图面板为飞机制作一段波浪路径42。观察路径，发现这条路径非常不光滑，为了使其光滑起来，可以使用“平滑器”面板来进行设置。平滑器常用于对复杂的关键帧进行平滑。使用动态草图等工具自动产生的曲线，会产生复杂的关键帧，在很大程度上降低了处理速度。使用平滑器可以消除多余的关键帧，对曲线进行平滑。在平滑时间曲线时，平滑器会同时对每个关键帧应用 Bezier 插值。

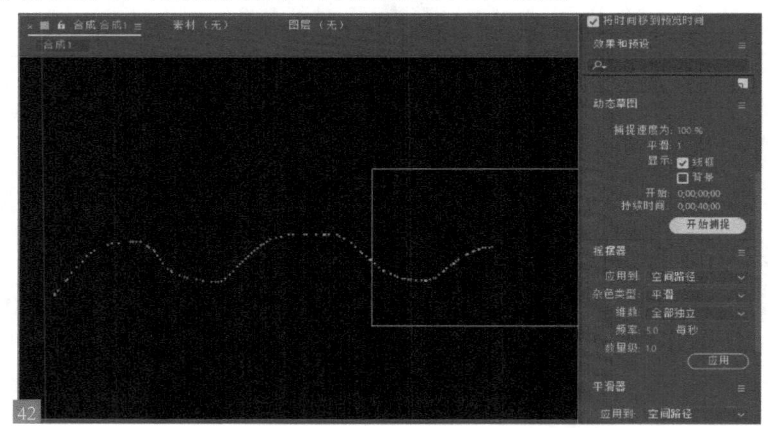
42

10 确定飞机图层被选中，选择“窗口 > 平滑器”命令，在弹出的“平滑器”面板中设置“容差”为 5 43，单击“应用”按钮来平滑曲线，可以得到更加平滑的结果。反复对其进行平滑，使关键帧曲线变至最平滑。现在再观察合成窗口中的路径曲线，发现路径光滑了许多，关键帧也简化了不少44。容差单位与想要平滑的属性值一致。容差越高，产生的曲线越平滑，但过高的值会导致曲线变形。

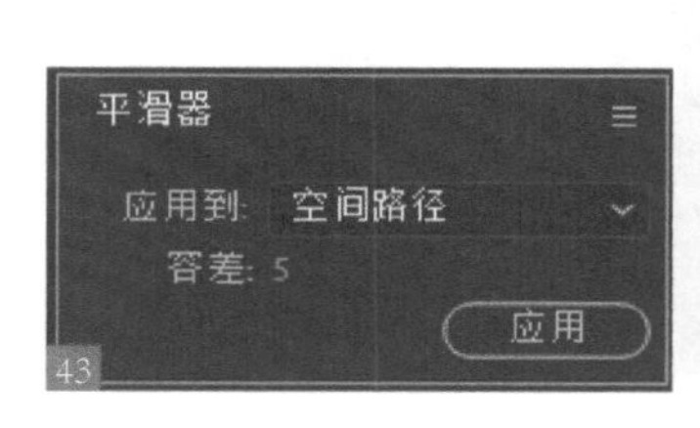

43

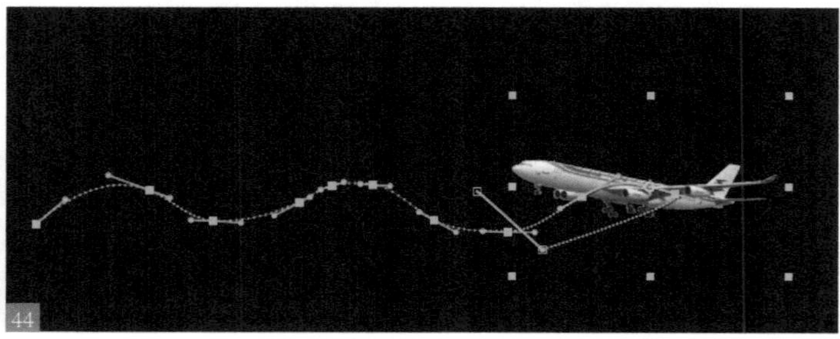
44

2.1.9 让飞机更平稳（动画控制的插值运算）

扫码看本节视频

系统在进行平滑时，加入了插值运算，使得路径在基本保持原形的同时减少了关键帧控制点。插值运算可以使关键帧产生多变运动，使层的运动产生加速、减速或者匀速等变化。After Effects 提供了多种插值方法对运动进行控制，也可以对层的运动在其时间属性或空间属性上进行插值控制。

01 在时间线窗口中选中要改变插值算法的关键帧，在其上单击鼠标右键，在弹出的快捷菜单中选择“关键帧插值”命令45，弹出“关键帧插值”对话框46。

45

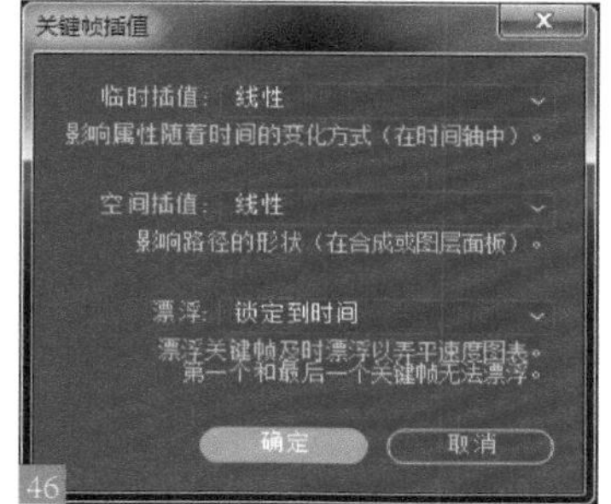

46

02 可以对关键帧的插值方法进行手动改变，并通过对其数值和运动路径的调节来控制插值，在“临时插值”和“空间插值”两个下拉列表中选择需要的插值方式：时间或者空间插值方式47。如果选择了关键帧的空间插值方法，使用“漂浮”下拉列表中的选项可设置关键帧如何决定其位置，最后单击“确定”按钮48。

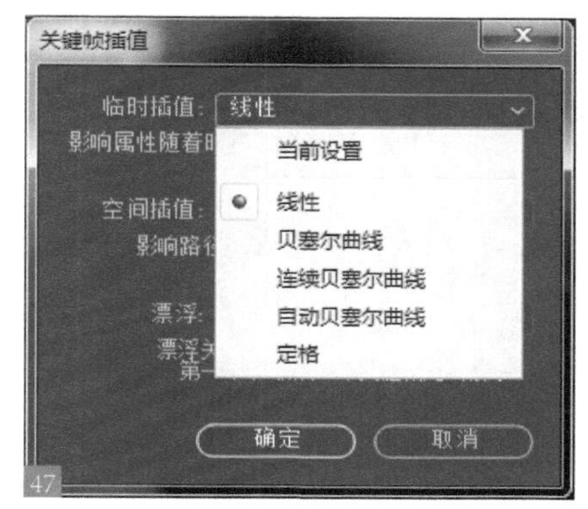

47

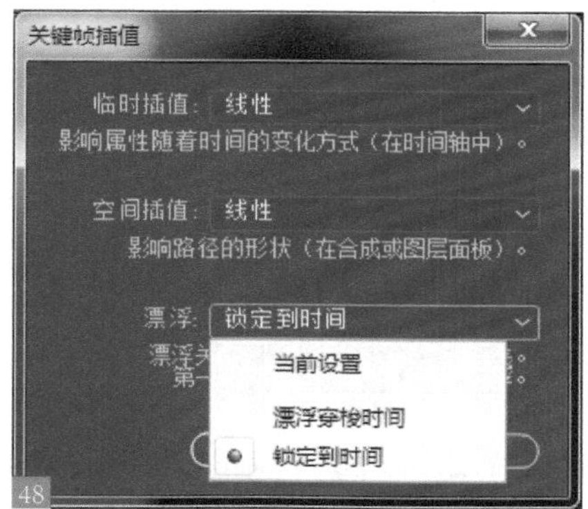

48

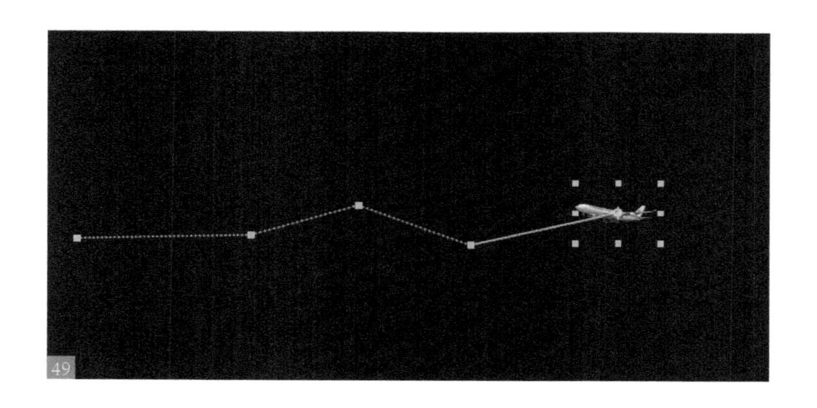
49

● 贝塞尔曲线：贝塞尔曲线插值方法可以通过调节手柄，改变图形形状和运动路径。它可以为关键帧提供最精确的插值，具有非常好的手动调节性。如果层上所有的关键帧都使用贝塞尔曲线插值，则关键帧的过渡会显得更加平稳。贝塞尔曲线插值是通过保持控制手柄的位置平行于前 1 个和后 1 个关键帧来实现的。它通过手柄可以改变关键帧的变化率。其都由平滑曲线构成，不过在每个关键帧上都是突变的50。

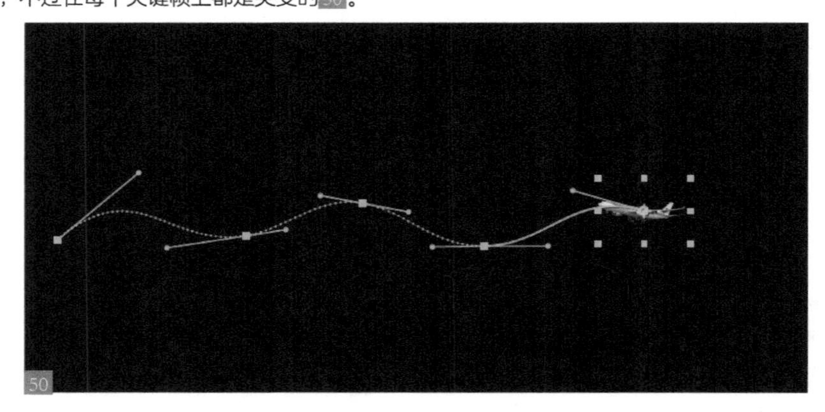
50

● 连续贝塞尔曲线：连续贝塞尔曲线与贝塞尔曲线基本相同，它在穿过一个关键帧时，会产生一个平稳的变化率。同自动贝塞尔曲线不同，连续贝塞尔曲线的方向手柄总是处于一条直线。如果层上的所有关键帧都是使用连续贝塞尔曲线，则层的运动路径皆由平滑曲线构成51。

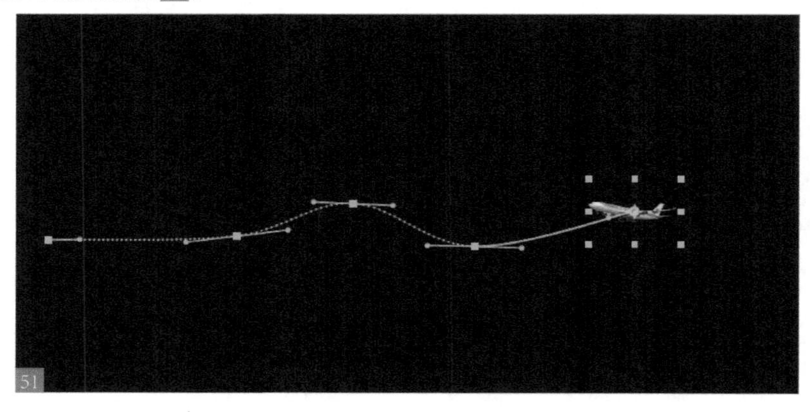
51

● 自动贝塞尔曲线：自动贝塞尔曲线在通过关键帧时将产生一个平稳的变化率。它可以对关键帧两边的值或运动路径进行自动调节。如果以手动方法调节自动贝塞尔曲线。则关键帧插值将变化为连续贝塞尔曲线。如果层上所有的关键帧都使用自动贝塞尔曲线，则层的运路径皆由平滑曲线构成。

● 定格：定格插值依时间改变关键帧的值，而关键帧之间没有任何过渡。使用定格插值，第 1 个关键帧保持其值是不会变化的，但到下 1 个关键帧就会突然进行改变52。

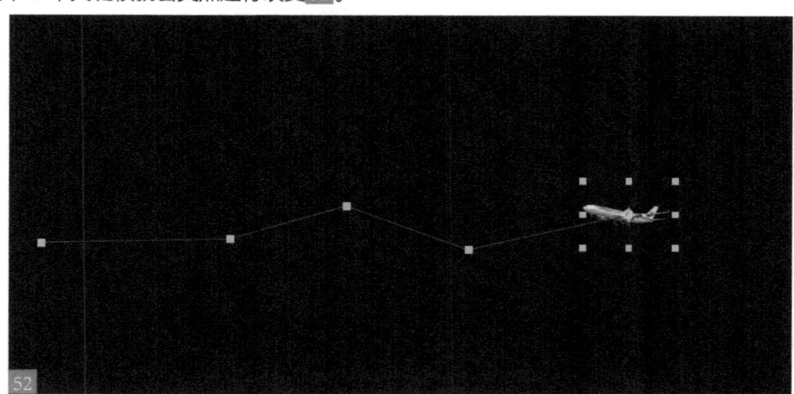
52

“漂浮”下拉列表中选项含义如下。

- 当前设置：保留当前设置。
- 漂浮穿梭时间：以当前关键帧的相临关键帧为基准，通过自动变化它们在时是上的位置来平滑当前关键帧的变化率。
- 锁定到时间：保持当前关键帧在时间上的位置，只能手动进行移动。

03 为了使飞机的方向顺着路径的方向变化，可以选择“图层 > 变换 > 自动方向”命令，将会弹出“自动方向”对话框，选择其中的“沿路径定向”选项后单击“确定”按钮退出对话框53。按数字键盘上的 <0> 键对动画进行预览，飞机将顺着路径的方向进行运动54。

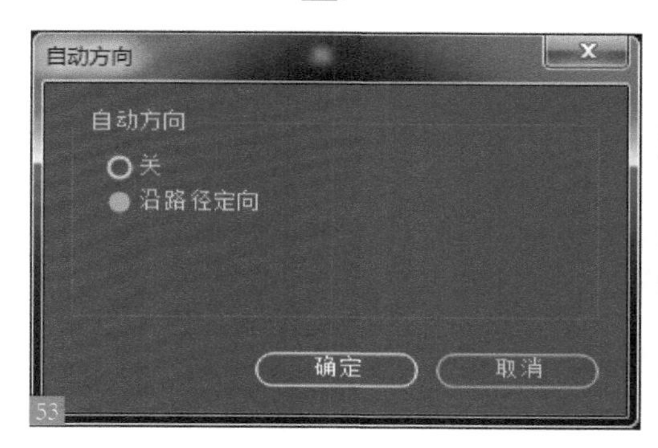

53

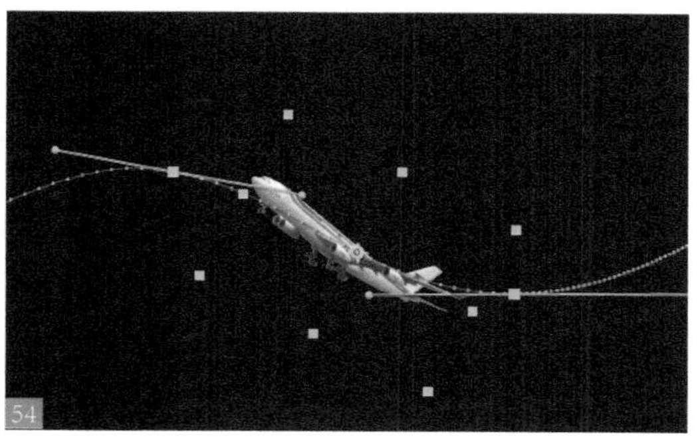
54

04 下面为运动添加运动模糊效果，单击时间线窗口中的按钮，勾选飞机图层后面的运动模糊选项55。在合成窗口中观察图像，飞机已经比刚才模糊一些了，运动起来也没那么闪烁，但是，效果还不够真实。按下 <Ctrl+K> 快捷键，打开“合成设置”对话框，切换至“高级”选项卡，改变“快门角度”参数为 300 56。单击“确定”按钮退出对话框，预览动画。现在的模糊效果就比较真实了57。

55

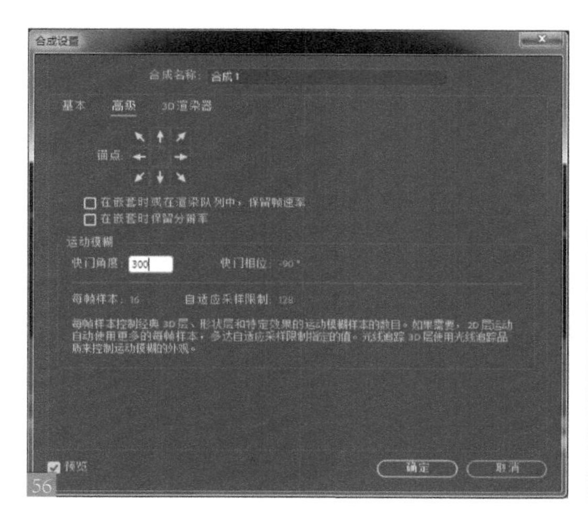

56

57

利用 AI 制作路径动画

路径动画是 MG 动画最常用的动效方式之一，通过路径，物体可以精准地按照预定路线进行移动。在本例中，我们将学会使用 AI 文件自动生成路径并制作自定义起始点的路径动画。

2.2.1 双十二海报（在 AI 中分层）

扫码看本节视频

在 AI 中分层可以直接导入到 AE 中，AE 对于 AI 的兼容性非常好。AI 的矢量图形可以直接将某个图形的轮廓进行路径提取，这个功能是 PS 软件无法比拟的。本例动画效果01。

01

01 在 AI 中打开 2-c-a.ai 文件，在图层面板新建一个图层，使用钢笔工具按照虚线进行路径绘制02。

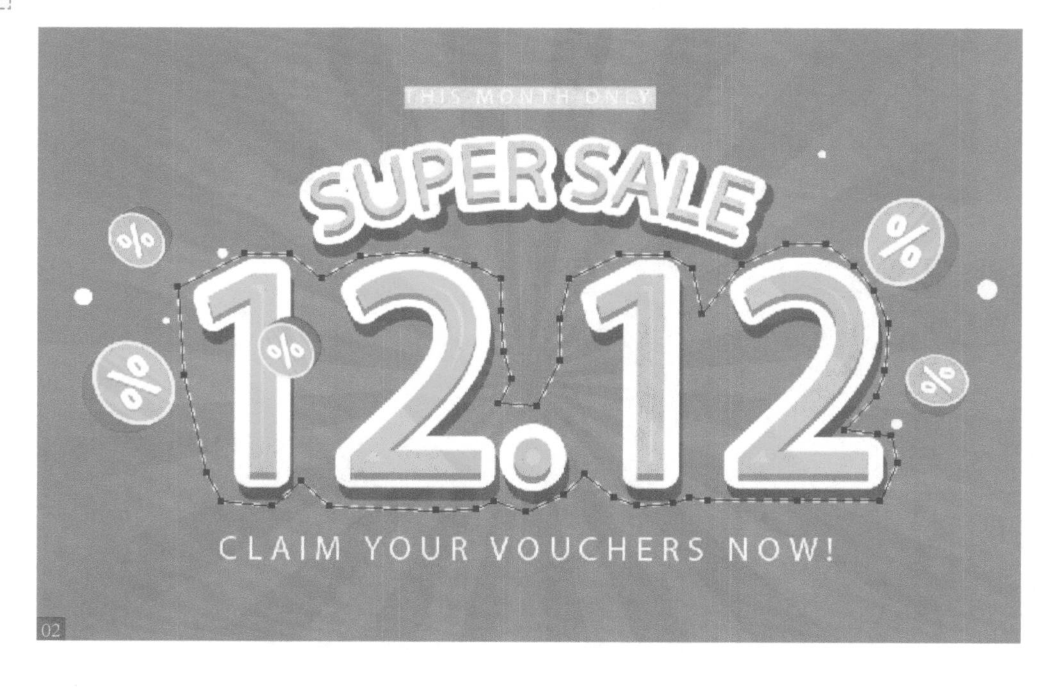

02

02 在 AI 中，虚线导入到 AE 中会产生不完整的路径，所以我们要重新根据虚线进行路径绘制，绘制完成后将路径移动到新建图层中，将各图层进行相应命名 03。

03 将文件保存为 2-c.ai，并打开 AE 软件，接下来将制作路径动画。

图层 画板 颜色 颜色 Kule
虚线路径
<路径>
路径
<路径>
金币
<编组>
背景
<图像>
03

2.2.2 在 AE 中制作矢量路径动画

下面我们回到 AE 中对 AI 的矢量图像进行路径提取，并制作路径动画。

01 在 AE 的项目面板空白处双击，导入刚才保存的 AI 文件 2-c.ai 04，在弹出的合成窗口设置参数 05。

04

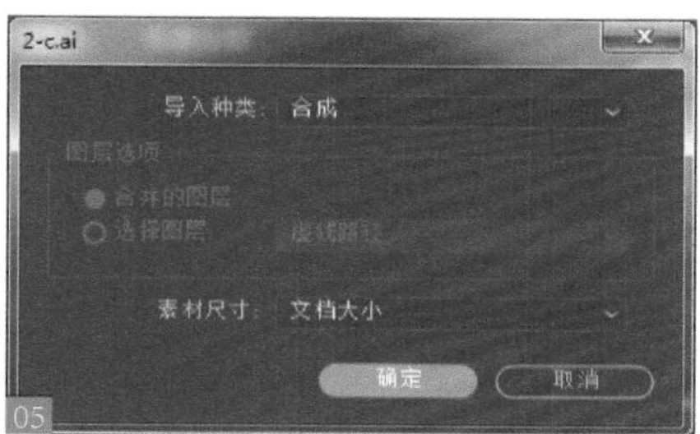

05

02 在项目面板双击 2-c.ai 合成文件，将 AI 文件放置到时间线窗口中，我们看到时间线窗口中有四个图层，分别是背景、金币、路径和虚线路径 06。

06

03 利用鼠标右键单击路径图层，在弹出的快捷菜单中选择“从矢量图层创建形状”命令，自动生成一个路径，这个功能只有 AI 矢量图形可以自动生成，PS 是不具备该功能的，如果需要从形状提取路径，必须使用 AI 制作图像07。

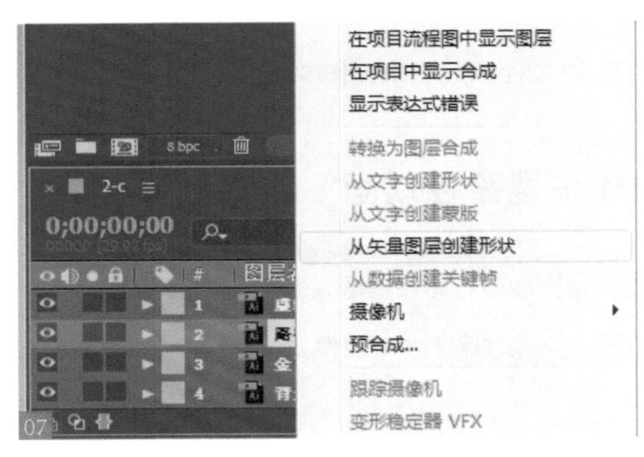

04 此时会生成一个新的路径轮廓图层08。展开该图层，选择路径通道，按下 <Ctrl+C> 快捷键复制该路径09。

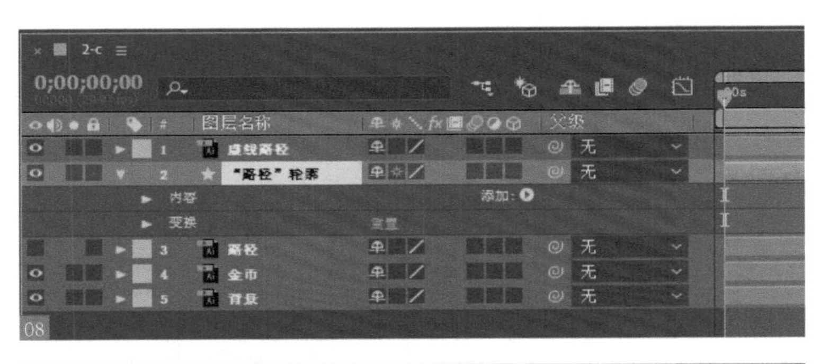

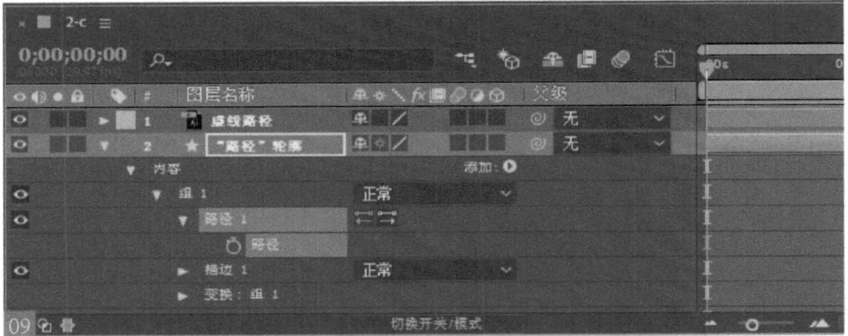

05 选择金币图层，按下 <P> 键打开位置参数并选择该参数，按下 <Ctrl+V> 快捷键，将刚才复制的路径粘贴给金币的位置通道，此时金币的位置发生了变化10。

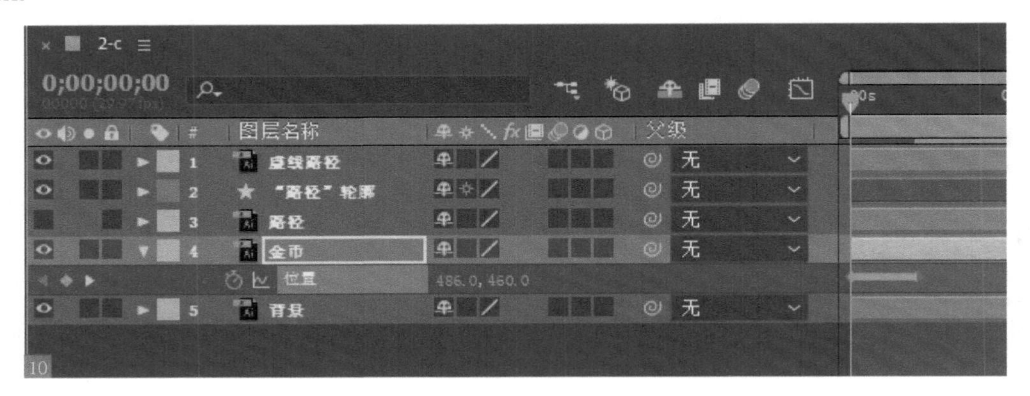

06 缩小合成窗口，找到金币的位置11。

07 此时金币由于没有和锚点在一起，因此金币没有在路径上，按 <Ctrl+Z> 快捷键回到上面一步，先来设置金币的锚点。

08 选择金币图层，单击按钮，将锚点移动到金币中间位置12，单击按钮，将金币移动到动画开始的位置上13。

09 为了让路径和金币的动画开始位置吻合，需要设置路径的起始点，选择路径轮廓图层14，然后选择路径的节点15。

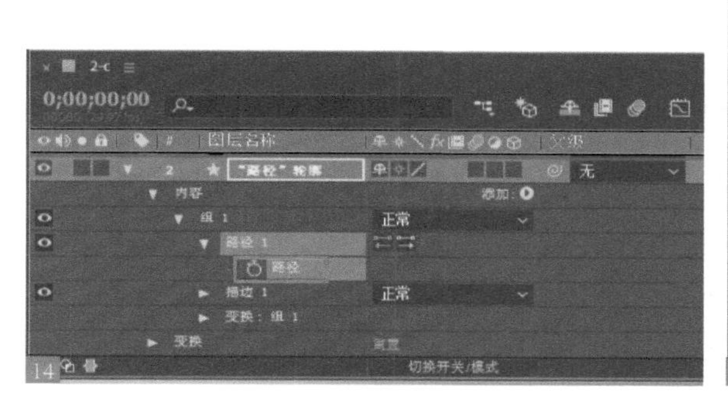

10 选择主菜单“图层 > 蒙版和形状路径 > 设置第一个顶点”命令，将选中的顶点设置成动画起始点 16。此时该顶点出现了方框，说明操作成功 17。

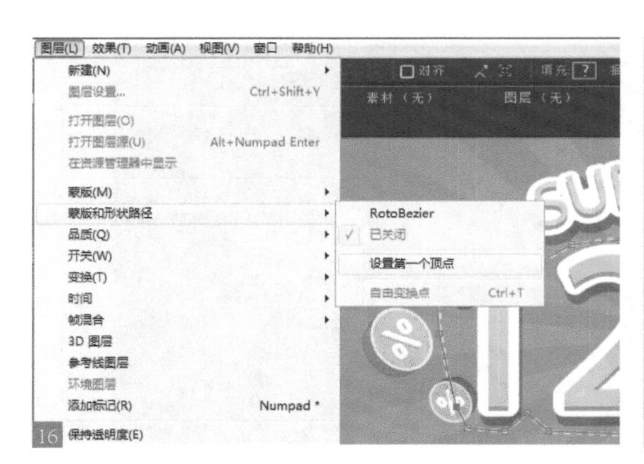

16

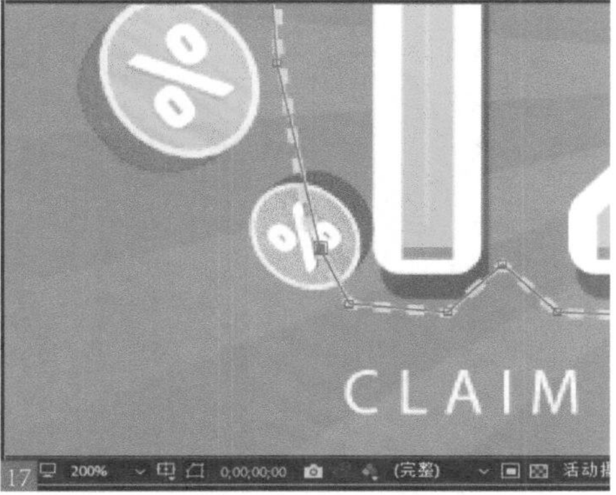

17

11 重新粘贴路径到金币图层的位置参数上 18。将金币连同其路径移动到与原来的虚线相吻合的位置上，不要使用上下键移动（只会移动金币），使用移动才能将金币和路径一起移动。

18

12 按 <Alt> 键的同时移动最后一个关键帧可以拉长和缩短动画的整体时长，就像放大缩小物体一样。这样就可以自如地控制路径动画的时长了，而不会因为路径的长短受到限制 19。

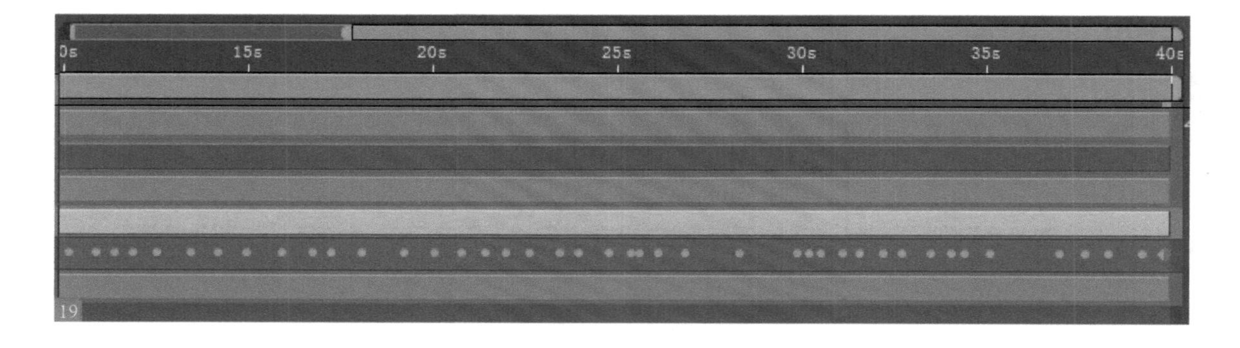

19

案例描述

制作时钟 UI 动效动画

本例我们通过一个 UI 动效学习 AE 的图层和时间线以及关键帧的制作过程。首先使用 PS 软件对 icon（图标）进行分层制作，然后将表盘和表针进行单独分层定义，为后面的动画制作打好基础。

2.3.1 时钟的动画处理

本例为一个应用于移动设备的 icon，这种圆角仿真质感的图标是在 iPhone 开始引领手机行业之后而流行起来一种图案表现形式。玻璃质感和金属质感是比较常用的，因为它更贴近于真实的按钮，使用户有更亲切的交互感受，从视觉上达到一种认同感，从而达到让用户有愉快的交互心理，更愿意使用该产品的目的 01。

扫码看本节视频

01

01 启动 AE，双击“项目”面板的空白区域，将“2-a.psd”文件导入“项目”面板中 02。在弹出的对话框中将“导入种类”设置为“合成 - 保持图层大小” 03。

02

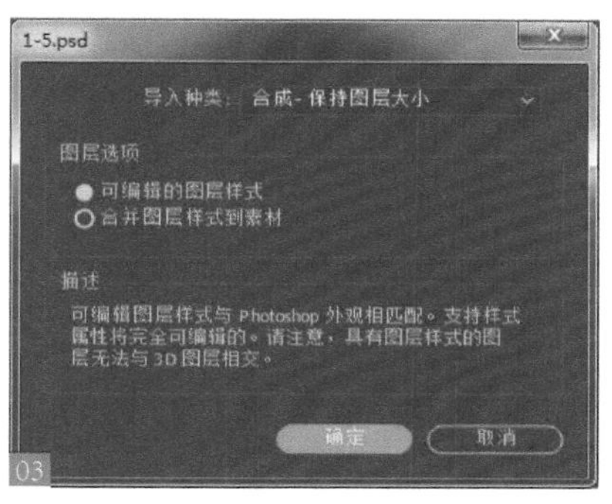

03

02 双击“项目”面板的 2-a 合成文件，在“合成”面板中打开该文件 04。

04

03 按 <Ctrl+R> 快捷键在合成窗口打开标尺，拖动横竖两条标尺标（用于注钟表的 XY 轴心）05，这样就有了十字相交的轴心位置，以利于我们下一步设置锚点位置，让表针以锚点位置进行旋转。

05

04 分别选择时针、分针和秒针图层 06，选择锚点工具，将锚点移动到圆心位置 07（上一步标注的轴心，当移动锚点到轴心附近时，系统会自动吸附到该位置）。

06

07

05 选择选择工具，分别将时针和分针旋转到12点钟的方向08，这样三个指针就有了一致的方向（12点整的指针位置）。

06 在时间线窗口选择时针图层，确保时间为0:00:00:00，单击“旋转”参数左边的“时间变化秒表”按钮，打开关键帧记录功能，设置时间为0:00:01:00，也就是第1秒，旋转该图层直到时针指向1点钟09。

07 在时间线窗口选择分针图层，将时间调回0:00:00:00，单击“旋转”参数左边的按钮，打开关键帧记录功能，设置时间为0:00:01:00，旋转该图层半圈10。

08 在时间线窗口选择秒针图层，将时间调回0:00:00:00，打开关键帧记录功能，设置时间为0:00:01:00，设置旋转参数为1x，表示旋转1圈11。

09 按 <Ctrl+A> 快捷键全选所有物体，按 <U> 键将所有做过动画的图层显示出来，用鼠标在时间线窗口框选这些关键帧，按 <F9> 键也可以直接执行缓动操作。此时时间线上的所有关键帧都变成了漏斗造型，指针动画就制作完成了12。

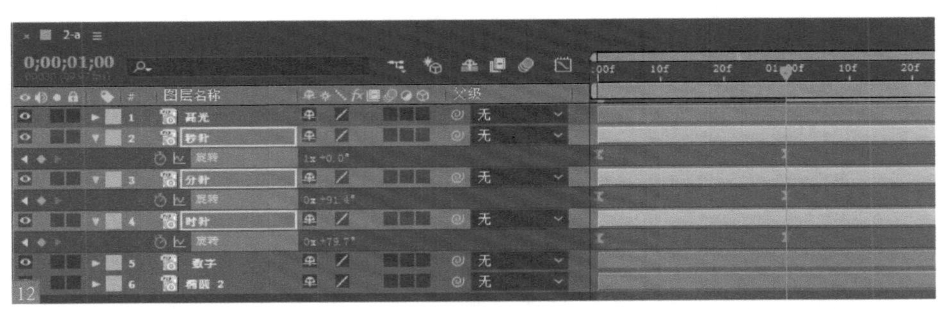
12

10 在时间线窗口选择数字图层，将时间调回 0:00:00:00，单击"不透明度"参数左边的按钮，打开关键帧记录功能，设置不透明度为 0% 13，之后设置时间为 0:00:01:00，设置不透明度为 100% 14，数字动画效果将产生淡入。

13

14

11 时间设置到 0:00:02:00，选取时针的第 1 个关键帧，然后按下 <Ctrl+C> 快捷键对选择的关键帧进行复制，再按下 <Ctrl+V> 快捷键进行粘贴，这样就在 0:00:02:00 处新添加了一个关键帧，用同样的方法复制其他指针和数字的关键帧，播放 0:00:00:00 到 0:00:02:00 时间段的动画，可以看到指针来回摆动。如果只想观看这一时间段的循环动画，可以将播放范围移动到 0:00:02:00 处15，单击按钮观看动画效果16。

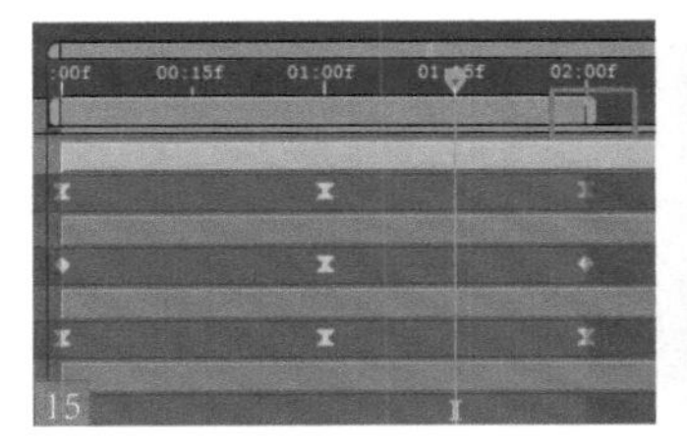
15

16

12 下面给动画添加动态模糊效果，在时间线窗口单击每个指针图层右侧的按钮，将运动模糊激活，再将时间标尺右边的运动模糊功能打开17，播放动画即可看到运动模糊效果18。

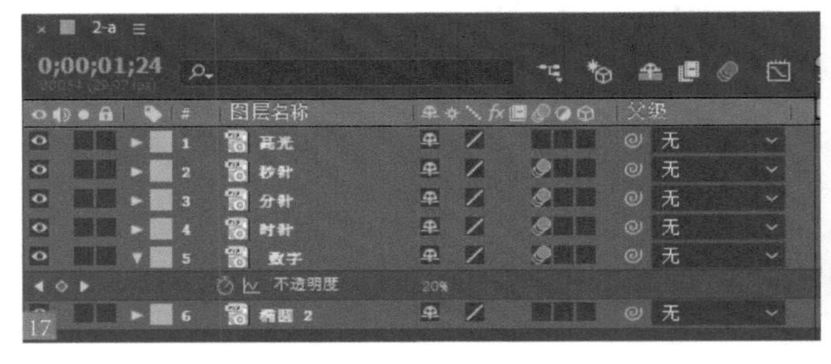
17

18

2.3.2 利用表达式制作指针动画

扫码看本节视频

如果制作较长的动画，使用表达式功能能够让动态效果一直持续下去。

01 将刚才制作的关键帧删除，删除关键帧的方法很多，可以选择关键帧，然后按 Delete 键，也可以在参数右边单击按钮，该按钮变成灰色即将该参数的所有关键帧删除。选择时针图层的旋转参数，选择主菜单“动画 > 添加表达式”命令，给旋转参数添加表达式19。

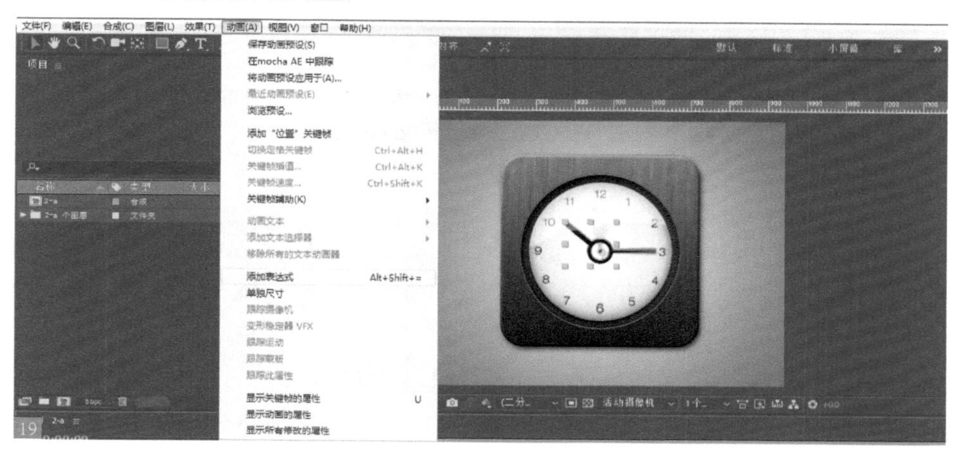
19

02 在表达式中输入 time*60（代表一秒钟转 60°），这里为了便于演示将动画做得夸张点，读者也可以按照真实的时间规划动画的动作20。

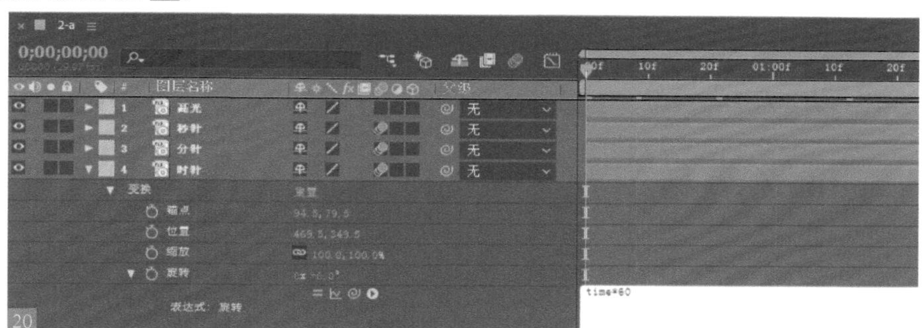
20

03 选择分针图层的旋转参数，选择主菜单“动画 > 添加表达式”命令，给旋转参数添加表达式，按住添加的表达式右边“关联”按钮不放，将其拖动到时针图层的旋转参数上，此时会有一条蓝色的提示线，这样我们就将新的表达式关联到了先前的表达式上，如果此时不进行任何改动，则分针以时针的表达式方式进行旋转21。

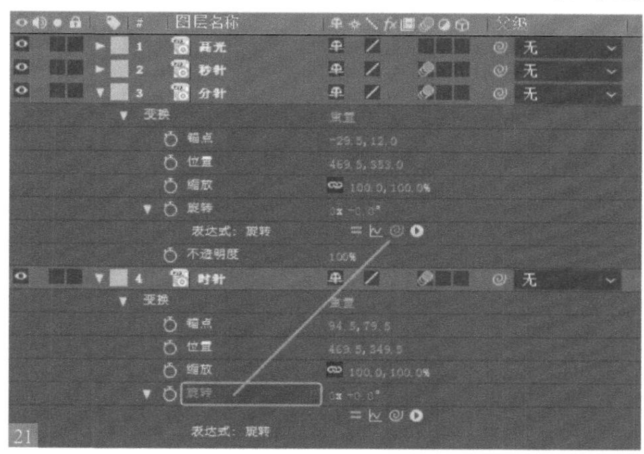
21

04 此时将表达式 thisComp.layer(“时针”).transform.rotation，更改为 thisComp.layer(“时针”).transform.rotation*6，（代表一秒钟旋转时针 6 倍的参数动画）22。

22

05 继续刚才的操作，选择秒针图层的旋转参数，给旋转参数添加表达式，按住添加的表达式右边 “关联”按钮不放，将其拖动到分针图层的旋转参数上，更改表达式为 thisComp.layer(“分针”).transform.rotation*6，秒针则以 6 倍的分针旋转参数运动23。

23

06 AE 的表达式有很多内置的功能，按下表达式右边的 列表图标，可以找到非常多的表达式类型24。

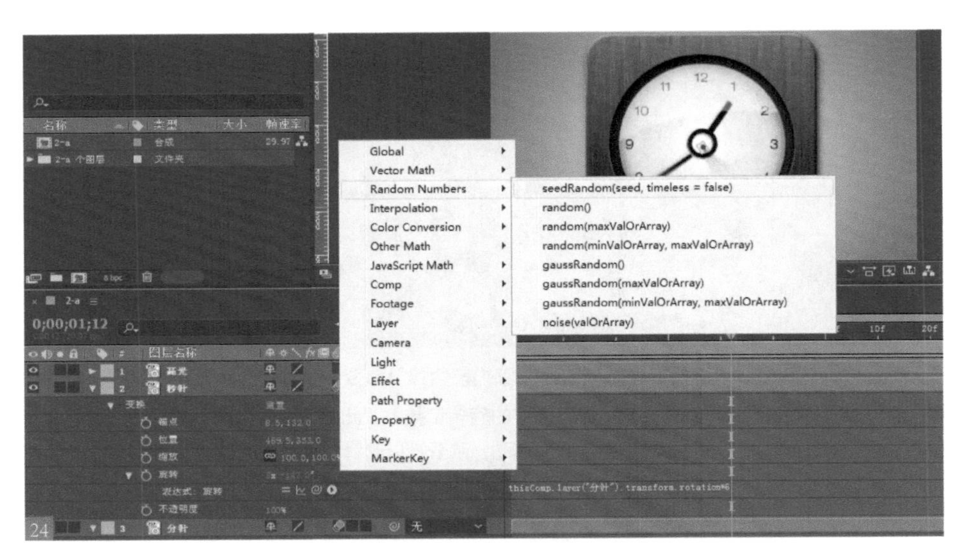

24

07 单击 按钮观看动画效果，三个指针将无止境地旋转下去，这就是表达式的好处，它能很容易地制作出有规律以及无规律的动画，而动画效果是由计算机控制的25。

25

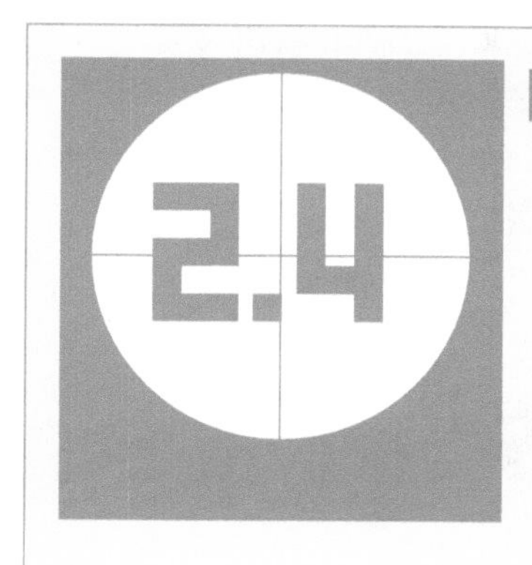

案例描述

制作信封 UI 动效动画

在本例中，我们将学会使用 PS 软件通过图层样式工具、钢笔工具、自定义形状工具等制作 E-mail（电子邮件）图形，使该图形整体看起来大方、简洁。然后用 AE 的缩放、形状和移动等功能制作 UI 动效。

2.4.1 制作信封和爱心

扫码看本节视频

本案例图形以矩形为基本形状，信封中装有卡片，造型独特。图形的整体效果非常好，用浪漫的桃红色包围住暖黄色的卡号，使人非常愉悦。图形以桃红色为主，给人的感觉是浪漫、激情和富有活力01。

01

01 在 PS 中执行“文件 > 新建”命令，设置宽度和高度为 800*570 像素，分辨率为 300 像素，新建一个空白文档，设置前景色的颜色02，将“背景”图层解锁03，为背景填充前景色04。

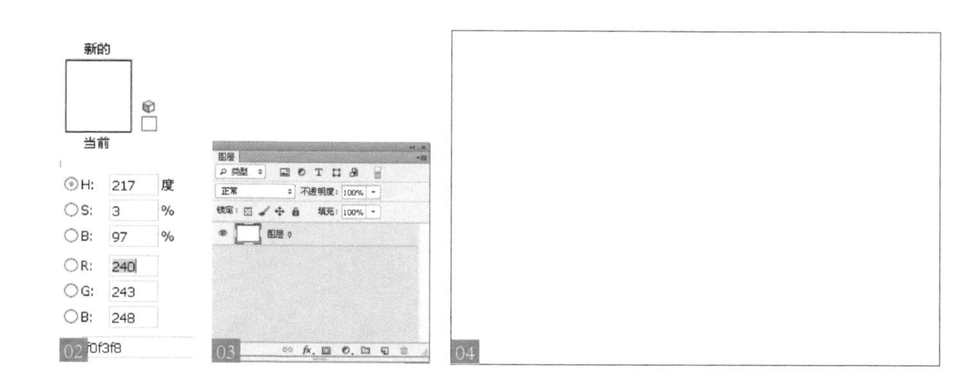

02 03 04

02 新建“组 1”，改变名称为 mail 05，选择“钢笔工具”，在选项栏中选择“形状”选项，在图像上绘制形状 06。

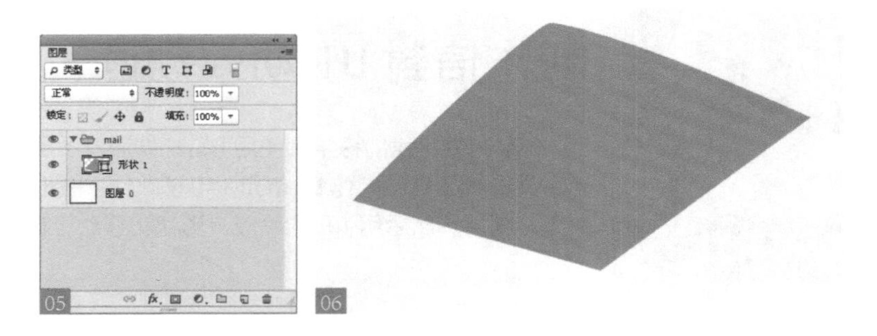

03 双击该图层，打开“图层样式”对话框，选择“斜面和浮雕”07、“内阴影”08、“渐变叠加”09和“图案叠加”10选项，调节参数，增加效果11。

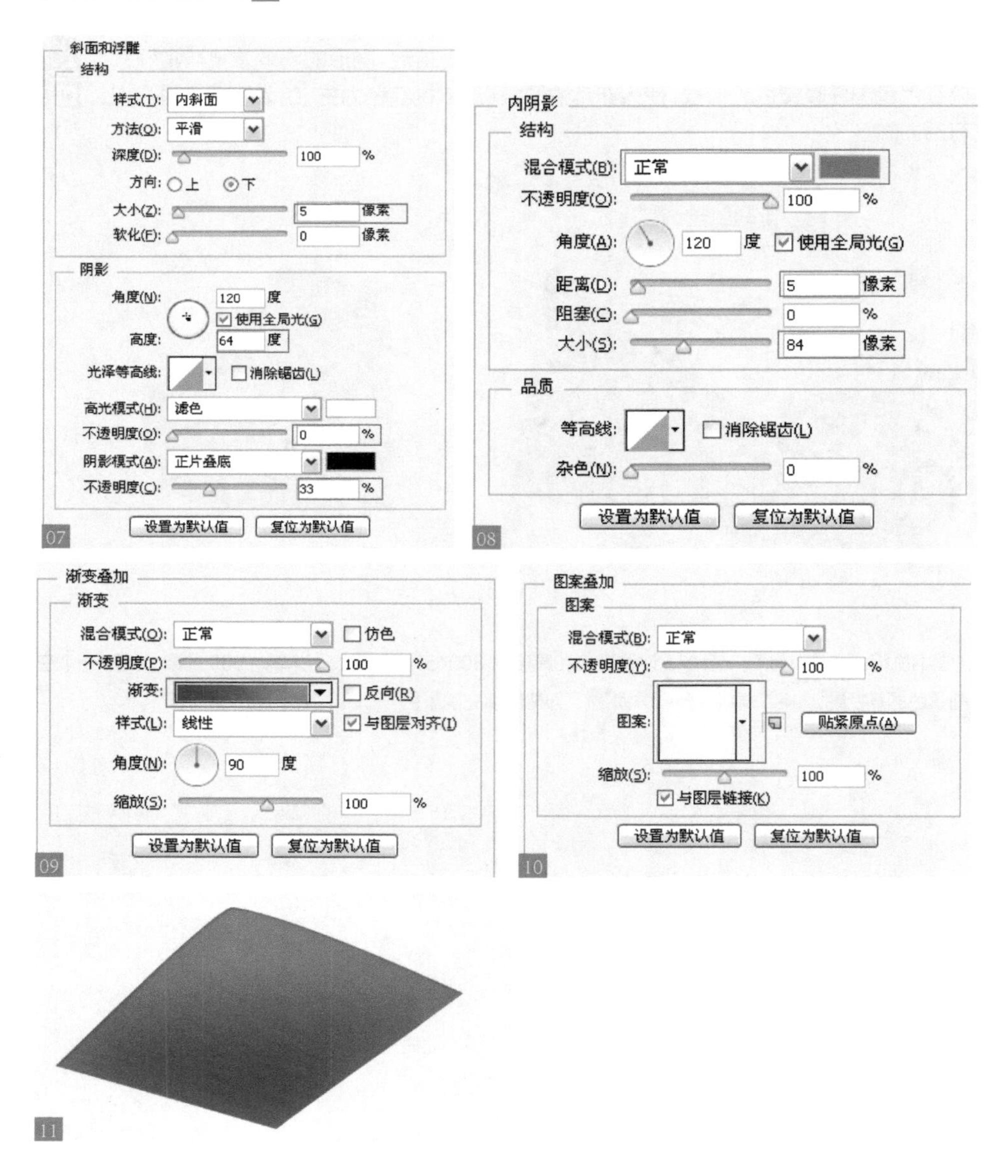

04 制作信封内部，选择“钢笔工具”在图像上绘制信封内部图形12，“图层”面板也随之增加了“形状 2”图层13。

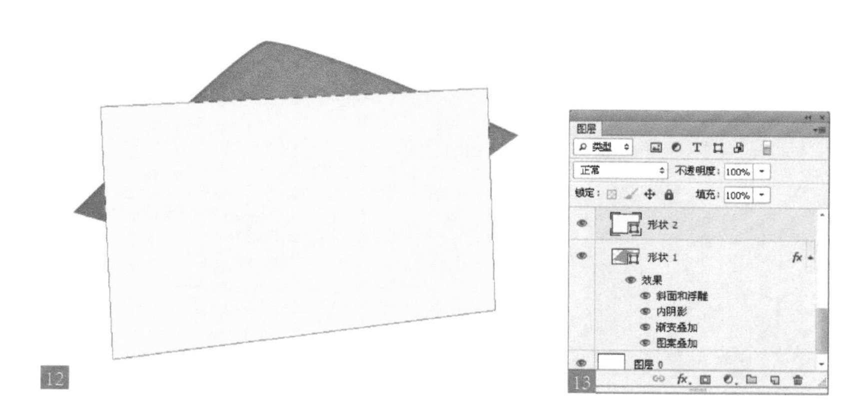

12

13

05 双击该图层，打开“图层样式”对话框，选择“渐变叠加”14、“斜面和浮雕”15、“图案叠加”16选项，调节参数，增加效果17。

14

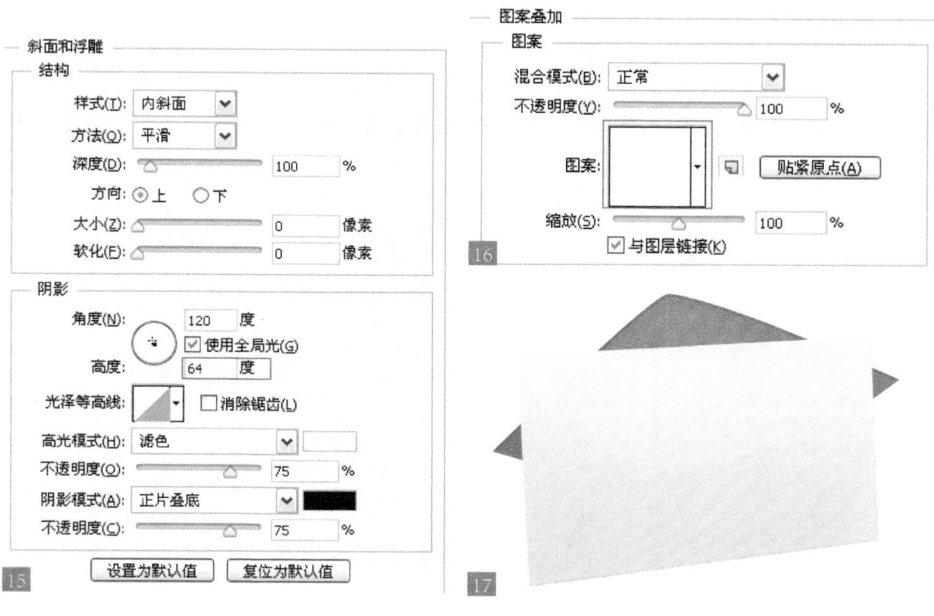

15

16

17

06 绘制桃心，选择“自定义形状工具”，设置颜色18，选择桃心形状19，在图像上进行绘制20，“图层”面板随之增加了“形状 3”图层为21。

07 使用同样的方法进行绘制，设置颜色22，按住 <Ctrl+T> 快捷键，自由变换并旋转角度23，“图层”面板随之增加了“形状 4”图层24。

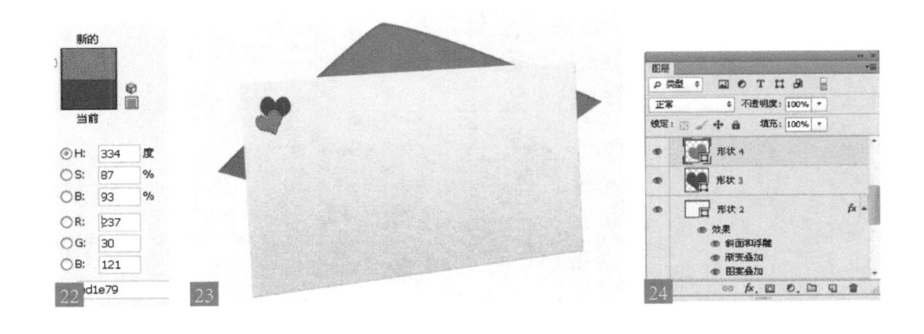

08 制作信封外部，选择“钢笔工具”，在图像上绘制信封外部图形25，“图层”面板随之增加了“形状 5”图层为26。

09 双击该图层，打开“图层样式”对话框，选择“斜面和浮雕”27、“内阴影”28、“图案叠加”29选项，调节参数，增加效果30，“图层”面板上显示了相应效果31。

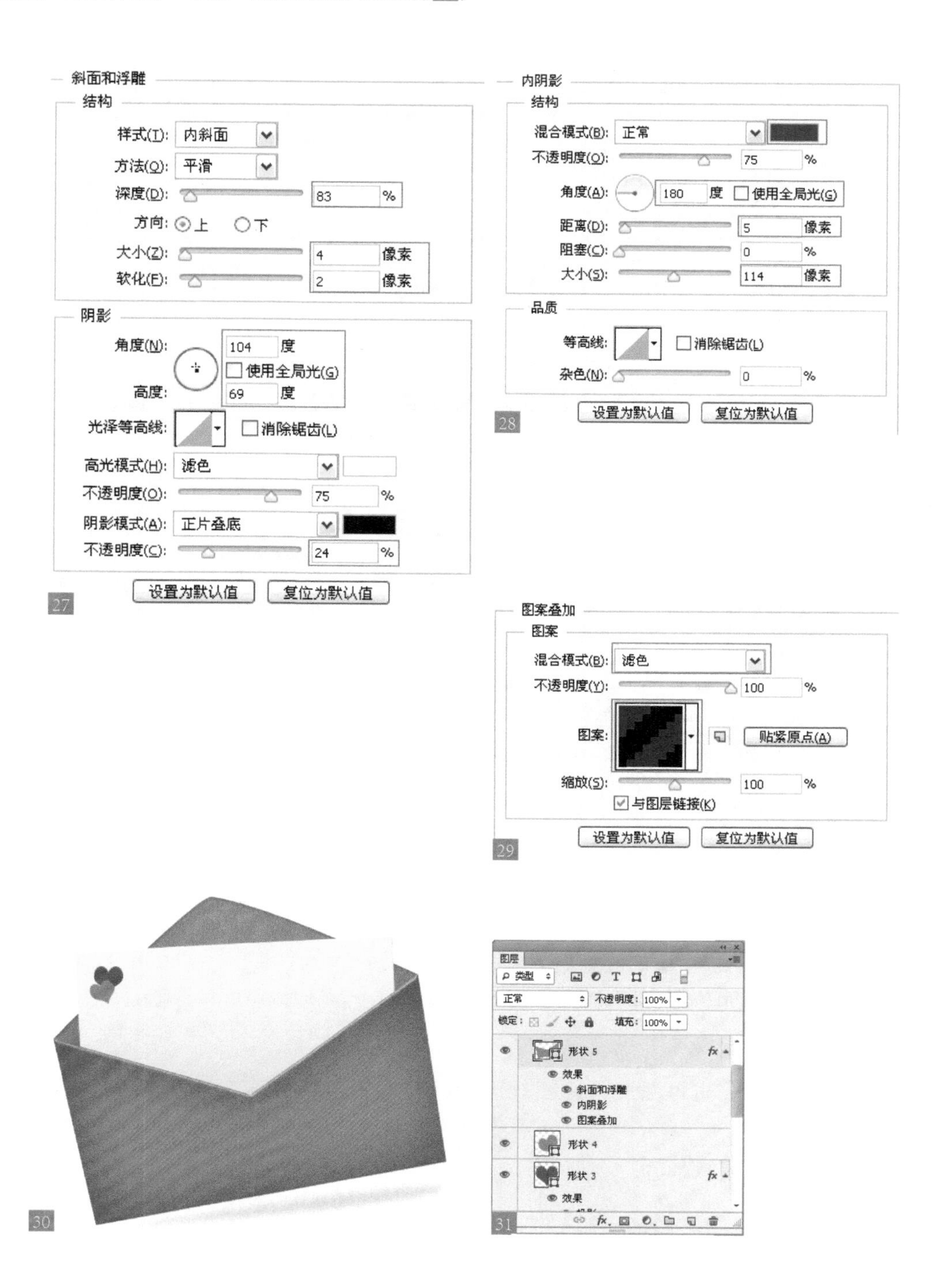

10 将该图层进行复制32，按住 <Ctrl> 键的同时单击该图层的缩略图，选择该图层的选区，为其填充白色33。

11 为该图层添加蒙版，设置前景色为黑色，在图像上进行涂抹，完成后将该图层的不透明度降低34，为图像添加立体感35。

12 下面制作大桃心，选择“椭圆工具”，在图像上方显示的选项栏中设置填充为红色36，按住 <Shift> 键的同时在图像上拖曳，绘制 6*6 厘米的正圆37，松开鼠标左键，画布上会自动画出一个填充色为红色的正圆38。

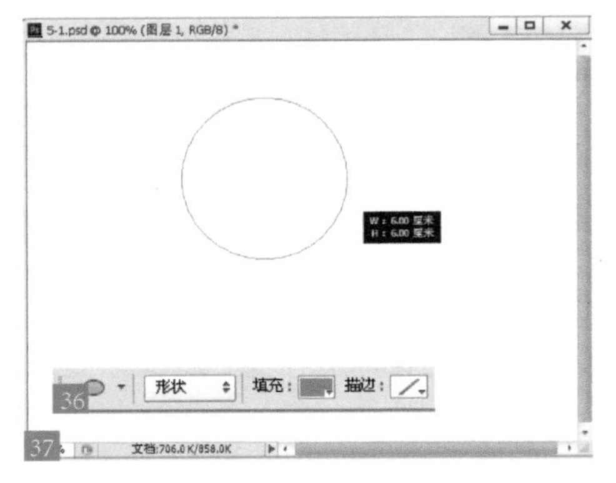

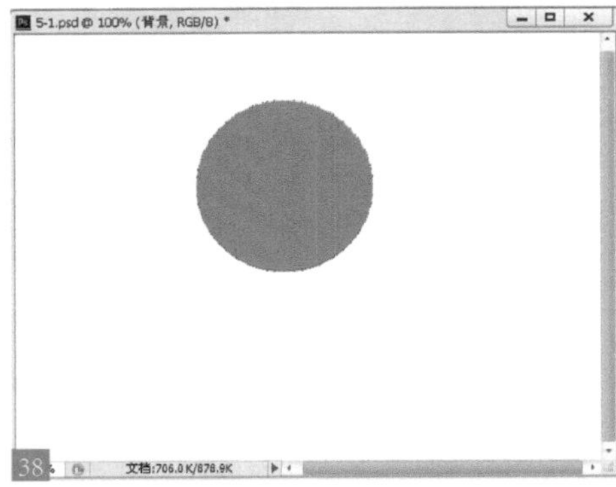

13 继续使用“椭圆工具”绘制，在选项栏中选择“合并形状”选项39，按住 <Shift> 键绘制 6*6 厘米的正圆40，此时绘制出来的正圆，会与刚才的正圆进行相交合并41。

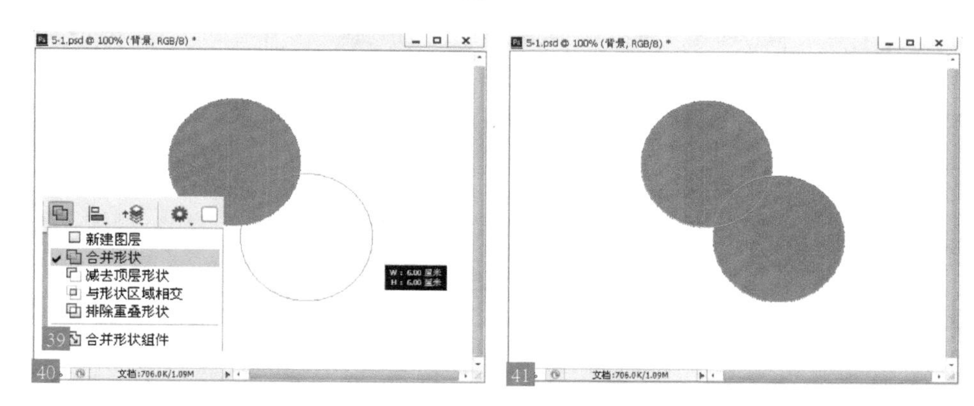

14 选择“矩形工具”，在选项栏中选择“合并形状”选项，从两正圆交接的地方开始拖曳，绘制正方形42，松开鼠标左键，心形图标制作完成43。

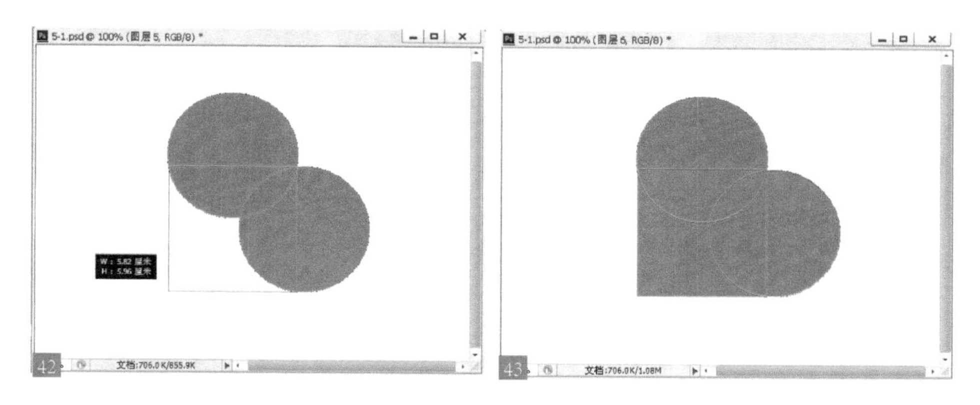

15 在图层面板将信封、信纸、信封盖、小桃心和大桃心分别合并成单独图层，并重新命名，以备在 AE 中制作 MG 动画44，背景图层删除即可。

2.4.2 制作打开信封动画

扫码看本节视频

下面制作将信封打开，信纸从信封中伸出来，并散发桃心的动画45。

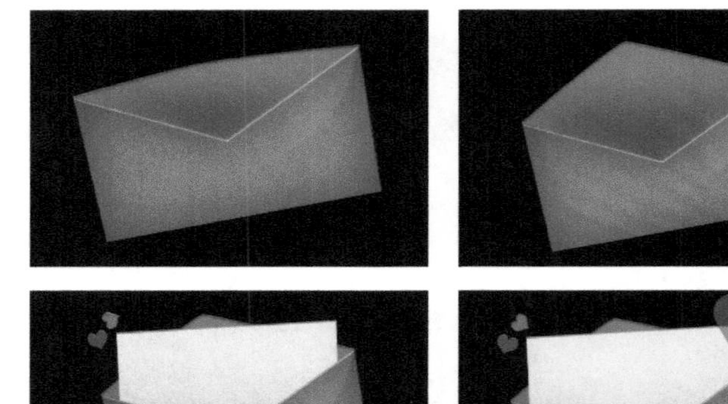

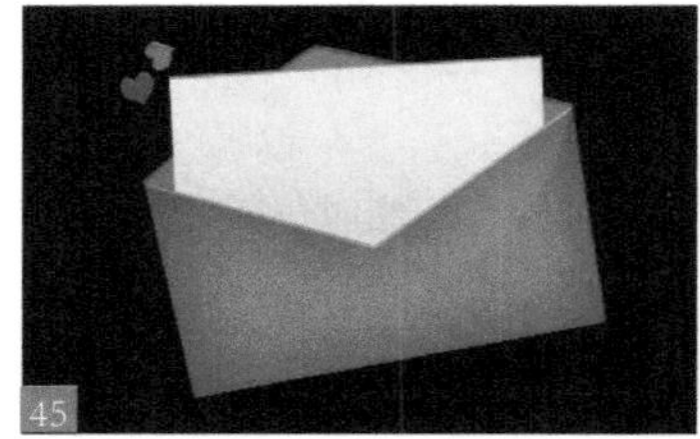

45

01 按下 <Ctrl+Alt+N> 快捷键，新建一个项目窗口。双击项目窗口的空白处，在弹出的“导入文件”对话框中打开本书配套资源图片“2-b.psd”，单击“导入”按钮退出对话框46，在弹出的窗口单击“确定”按钮退出对话框47

46

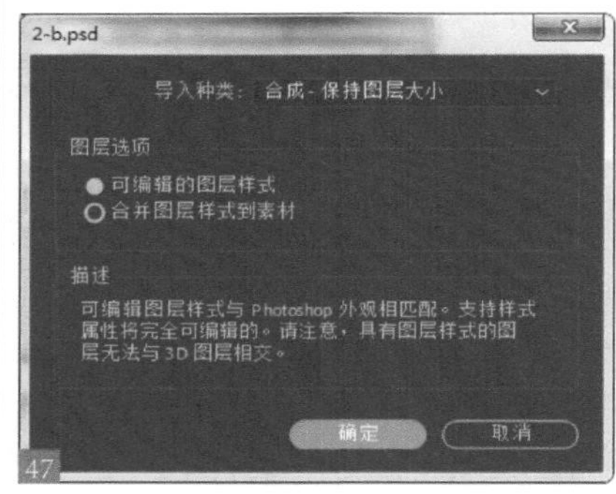

47

02 此时项目窗口增加了“2-b 个图层”文件夹和 2-b 合成。双击 2-b 合成，时间线窗口显示了相应图层48。

48

03 右击合成窗口的黑色背景，选择“合成设置”命令，打开“合成设置”对话框，设置背景尺寸49。

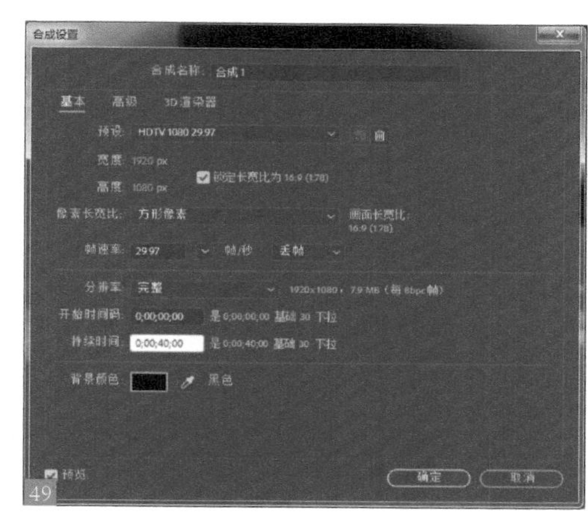

49

04 我们要制作信封盖打开，信纸伸出来的动画。先选中信纸图层，单击工具栏的锚点工具，将信纸的锚点移动到最下方50。

50

05 单击工具栏的选取工具，将信纸缩小，此时信纸已经隐藏到了信封内51。

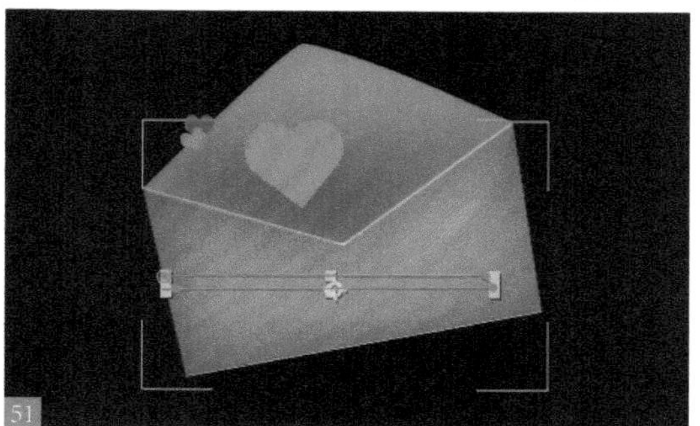
51

06 将信封的起始帧移动到第10秒52。

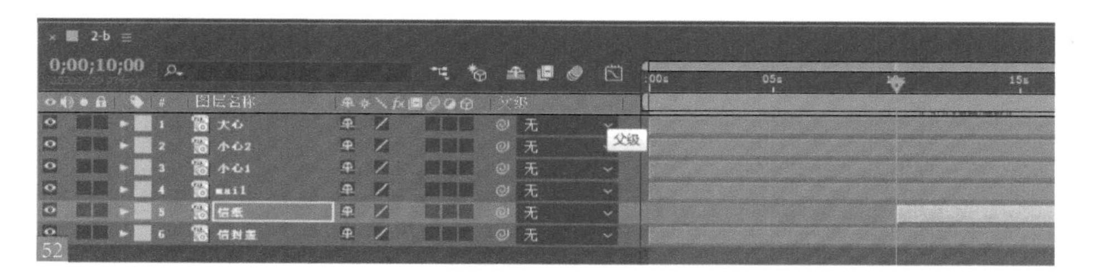

52

07 按 <S> 键打开信纸图层的缩放参数，移动时间指针到第 10 秒，激活参数左边的 按钮，打开关键帧记录功能，移动时间指针到第 15 秒，放大信纸 53。

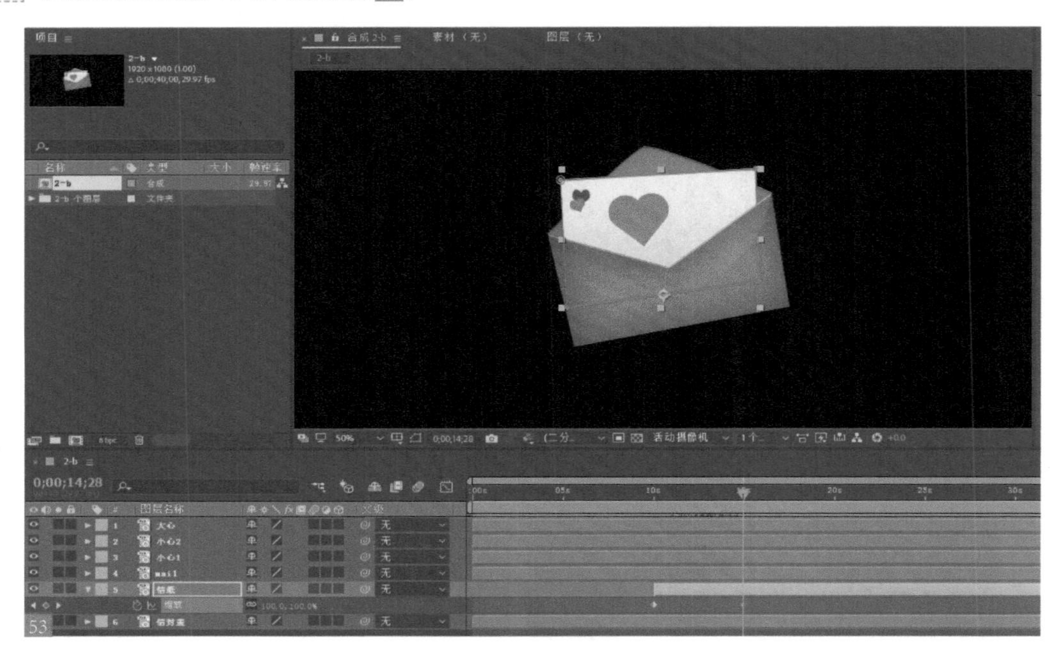

53

08 现在制作信封盖打开的动画，移动时间指针到第 0 秒，激活蒙版路径左边的 按钮，打开关键帧记录功能 54，移动信封盖最上面的顶点，将其形状改变 55。

54

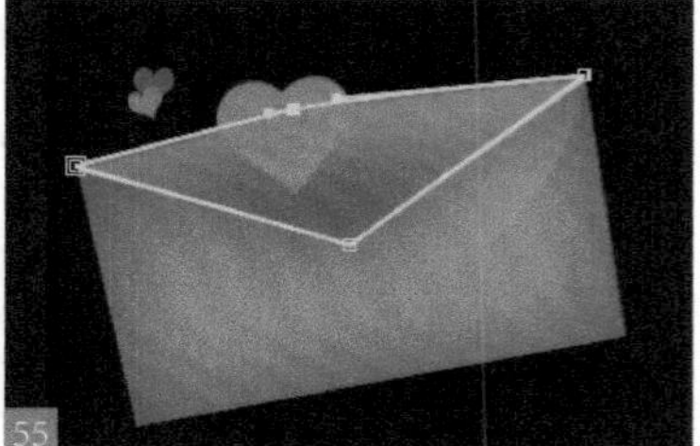

55

09 移动时间指针到第 10 秒，移动信封盖最上面的顶点，将其形状改变 56。

56

10 下面制作大心图层的动画，移动大心图层的起始帧为第 15 秒，按 <T> 键打开不透明度参数，激活左边的 按钮，设置不透明度为 0 57。移动时间指针到第 16 秒，设置不透明度为 100%。

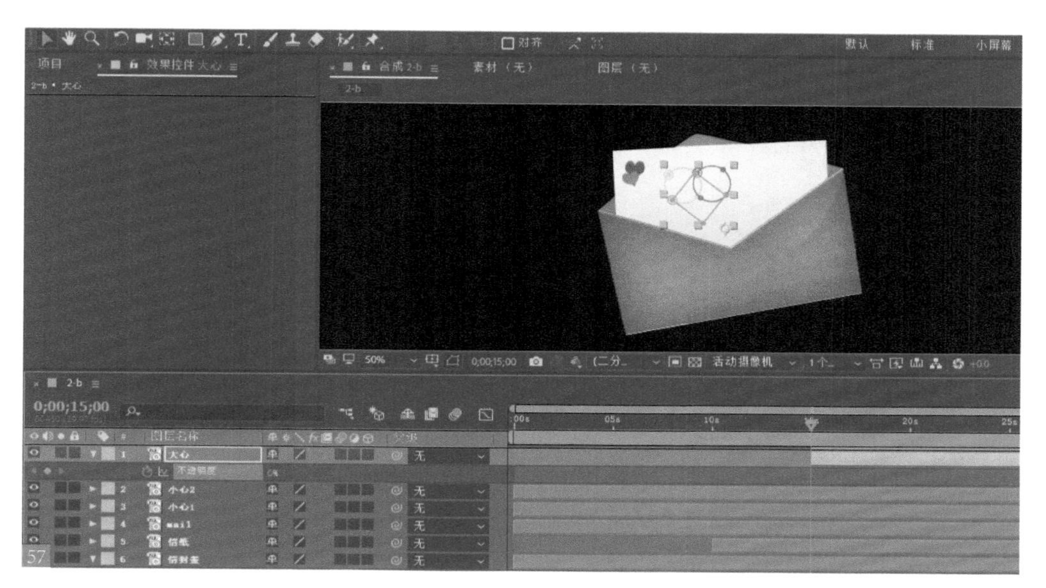

11 移动时间指针到第 16 秒，设置不透明度为 100%，这样我们就制作了从 15 秒到 16 秒的大心图层的淡出动画，复制第 15 秒的关键帧到第 17 秒，复制 16 秒的关键帧到第 18 秒，以此类推 58。

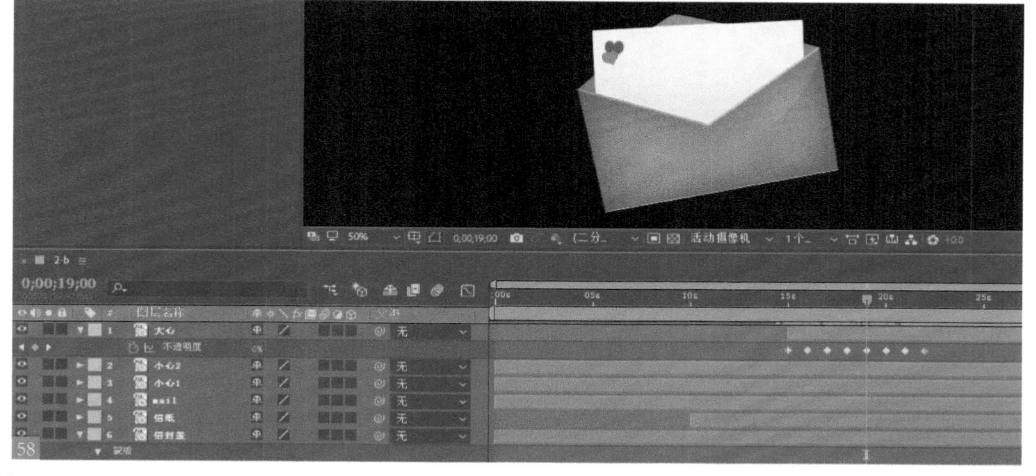

12 用相同的方法制作另外两个小心图层的动画，可以是位置动画，也可以是旋转动画 59。

13 移动三个心形图形到合适的位置60。

14 目前的动画还只是个比较生硬的动态旋转，我们需要将整个动画连接得更加舒缓，按 <Ctrl+A> 快捷键全选所有物体，按 <U> 键将所有做过动画的图层显示出来，用鼠标左键在时间线窗口框选这些关键帧，单击鼠标右键后在弹出的快捷菜单中选择“关键帧辅助 > 缓动”命令（按 <F9> 键也可以直接执行缓动操作）。此时时间线上的所有关键帧都变成了漏斗造型，动画就制作完成了。继续播放动画会发现动态比刚才的连接柔和多了，AE 可以智能化地将所有生硬的动画处理得非常流畅61。

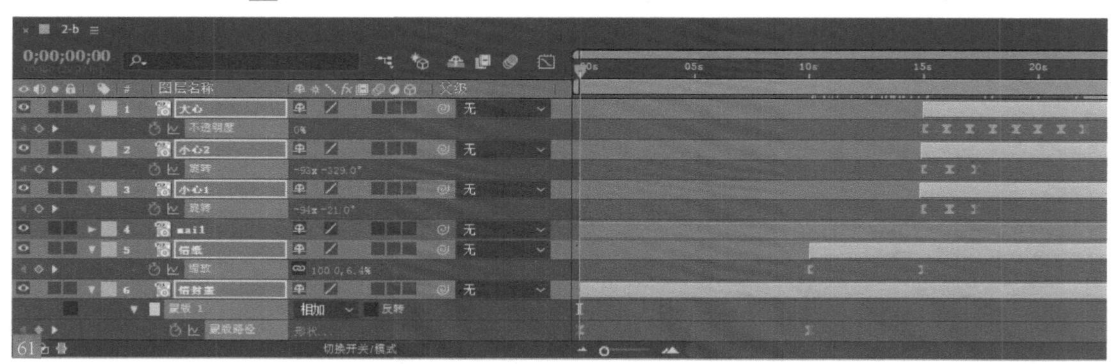

15 单击预览窗口的“播放”按钮，观察动画效果62。

▶▶▶ Chapter

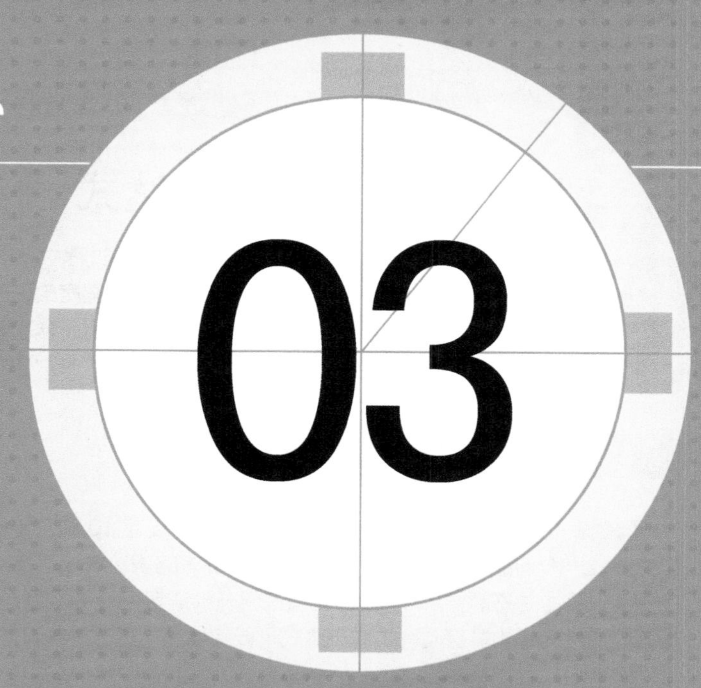

第 3 章　MG 高级动画

用表达式可以大大提高动画制作的效率，一些用关键帧不好完成的动画效果用表达式均可轻松完成。本章通过一些典型实例介绍了 After Effects 表达式的使用方法、变量、数组、控制器等概念和作用。

理解表达式

在学习表达式的过程中，不用太在意大量的语言和语法。当用户发现使用表达式可以大幅度改进自己的工作效率时，会觉得表达式其实并非高不可攀，因此花时间学习表达式是值得的。

3.1.1 表达式的添加

扫码看本节视频

那么表达式能做些什么？比如在给 10 个对象设置 10 种各不相同的旋转动画关键帧时，可以先建立一个对象的旋转动画，然后用一个简单的表达式让其余对象的旋转都各有特点，在这些操作过程中并不需要用 Jave 语言写任何一条语句，而是运用 After Effects 的 Pick Whip 功能就能通过连线功能自动地生成表达式。要给属性添加表达式有如下几种方法。

方法 1：在时间线窗口中展开图层的某一属性参数，然后选择“动画 > 添加表达式”命令。

方法 2：选择对象后在按住 <Alt> 键的同时单击该参数左边的按钮就可以在右边 Expression Field 区域中创建表达式 01。

01

给图层的属性添加了一个表达式后，在时间线窗口中新出现的按钮以及其相对应的功能如下。

- 表示表达式起作用，单击该按钮后，按钮变为则表示表达式不起作用。
- 单击按钮，可以打开表达式的图表。其中表达式控制的图表用红色显示，以和由关键帧控制的绿色图表相区别 02。

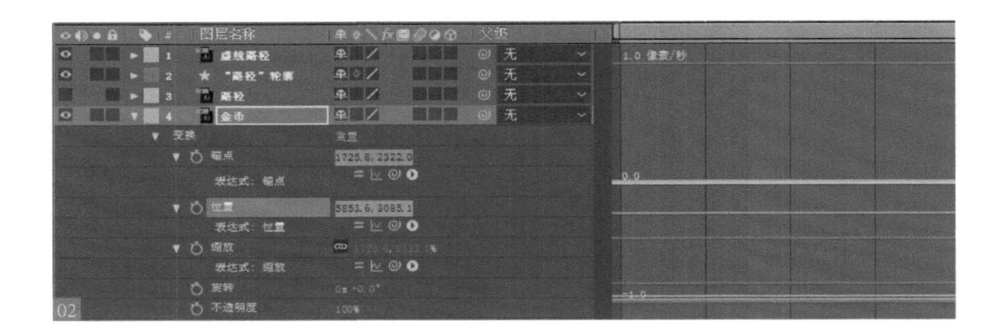

02

● 按住 工具按钮不放，然后将其拖动到另外一个参数上就可以建立两者之间的连接 03。

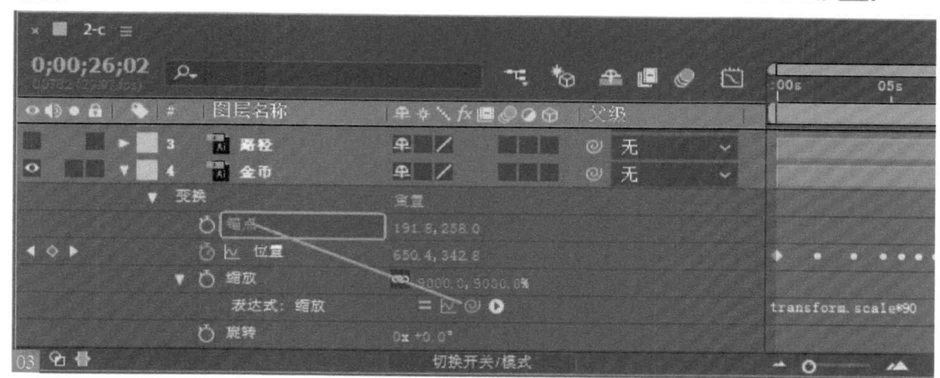

● 单击 按钮后，将会弹出表达式的语言菜单，在其中可以选择表达式经常使用的程序变量和语句等元素 04。

● 时间条的区域内是表达式输入框，在这里会显示表达式的内容，并可以在其中对表达式进行编辑书写。用鼠标左键拖动边框可以调节它的上下高度，也可以用其他的文本工具将表达式写好，然后再粘贴到表达式输入框中。在 AE 中，要把图层指定为 3D 图层，只需在时间线窗口中单击该图层的 即可，也可以选择“图层 >3D 图层”命令。把图层指定为 3D 图层会相应增加如下一些图层参数：方向、X 轴旋转、Y 轴旋转、Z 轴旋转和材质选项等，用来调整图层的光影 05。

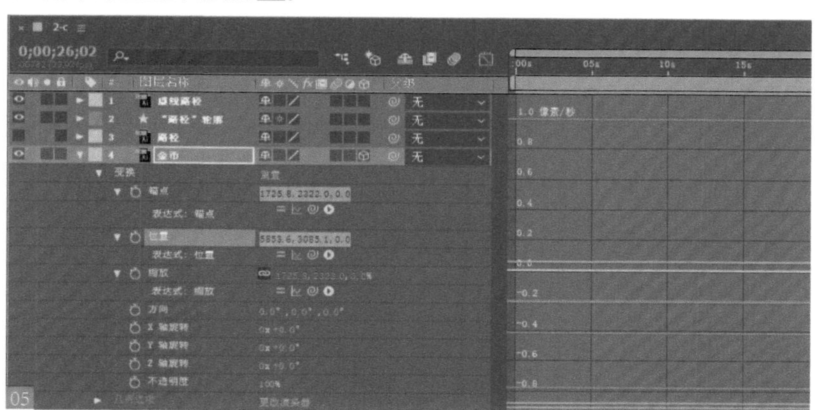

3.1.2 建立我的第一个表达式

扫码看本节视频

在这个例子中将使用 工具，创建个人的第一个表达式动画。这里实现用表达式来控制一个图层的旋转以及另一个图层的缩放。

01 打开本书配套资源 First.aep 文件，此时发现在合成中包含了 layerA 和 layerB 两个图层06。

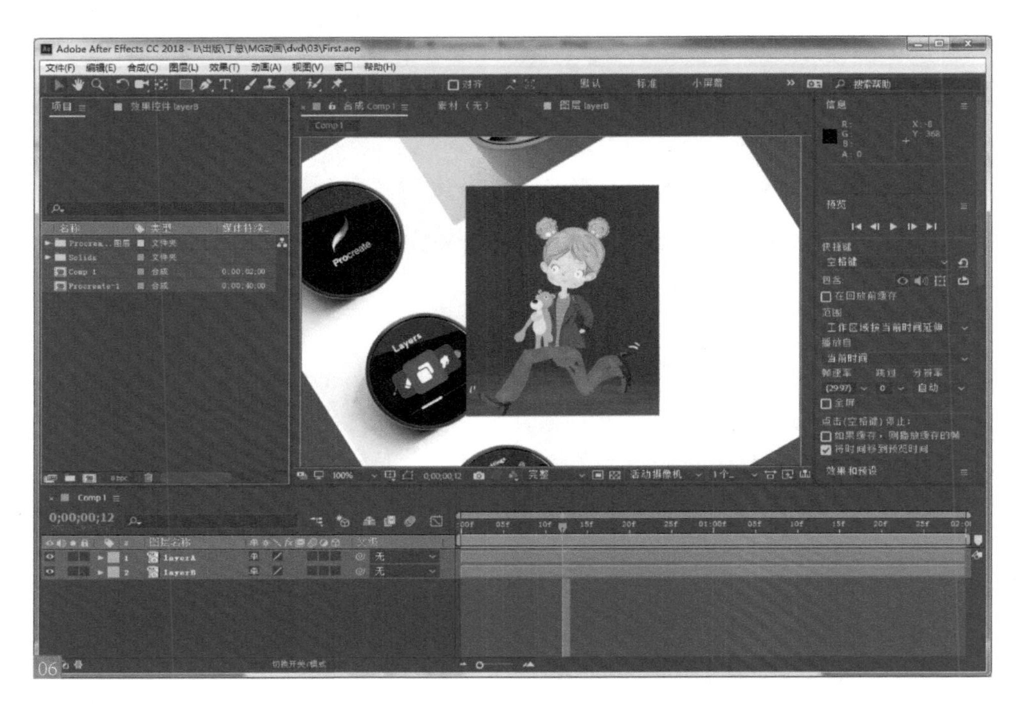

06

02 制作 layerB 图层的旋转动画，在时间线窗口中选择 layerB 图层，然后按下 <R> 键，展开图层的旋转属性，把时间帧移动到第一帧，确定旋转的值为 0，然后单击 按钮，建立图层旋转的关键帧07。

07

03 把时间指针移动到最后一帧处，然后设置 layerB 图层的旋转属性值为 100，建立旋转的第二个关键帧08。

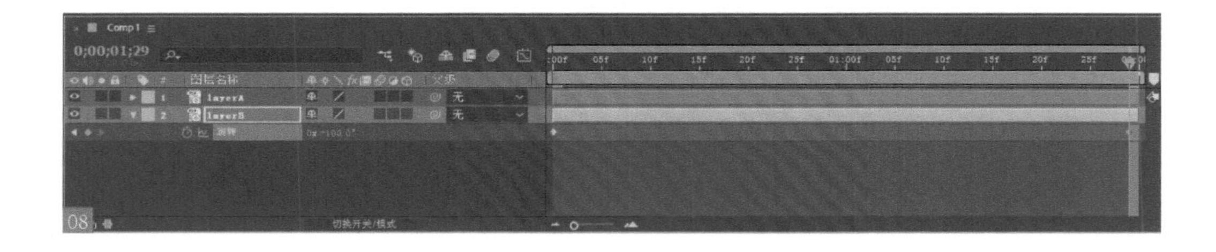
08

04 选择 layerA 图层，按下 <S> 键展开其缩放属性，然后在按住 <Alt> 键的同时，用鼠标左键单击按钮，创建表达式 09。

05 按住 layerA 图层缩放属性的工具按钮不放，引出一条线，然后将其拖动到 layerB 图层的旋转属性上，最后释放鼠标左键即可 10。

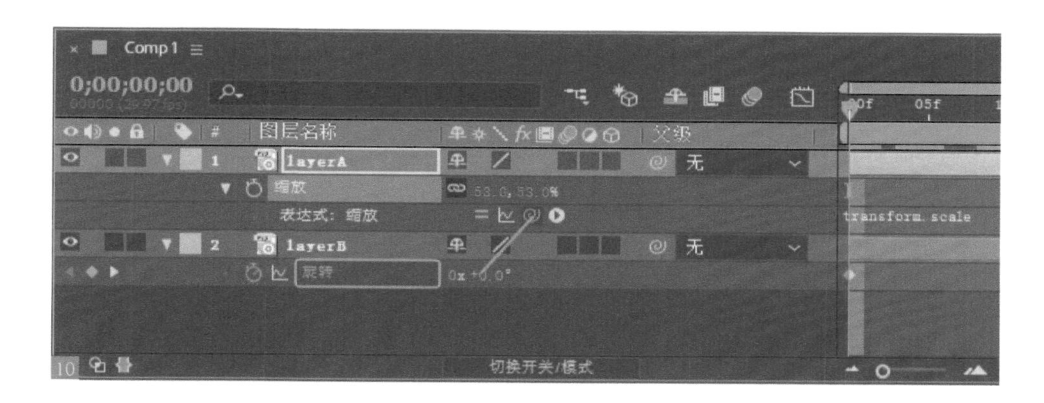

06 这样就将 layerA 的缩放属性连接到 layerB 图层的旋转属性上 11，这样一来随着图层 layerB 的旋转，图层 A 也会发生缩放变化 12。

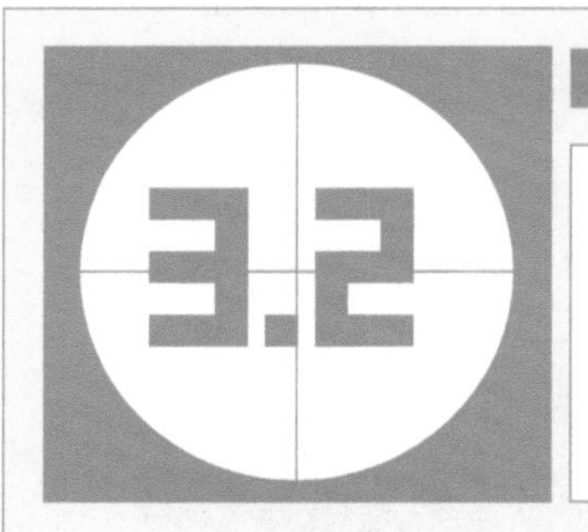

解读表达式

在学习表达式的过程中，有很多预设可以使用，也可以自定义自己的表达式。有些表达式语言是比较难懂的，我们在这里通过案例来为大家解读表达式的含义。

继续在前面的项目中进行操作，通过前面运用工具给 layerA 图层的缩放参数创建的表达式如下。

```
temp = thisComp.layer("layer B").rotation;
[temp, temp]
```

就是这两排程序让 layerA 图层的缩放跟随 layerB 图层的旋转属性发生了变化。那么表达式是怎么传达信息的？下面就为读者揭开谜底。

首先，程序建立了一个变量 temp，并且给变量赋值，让它等于 layerB 图层的旋转值。之后，在表达式第二行中，程序用一个二维数组给 layerA 图层的缩放参数赋值01。

3.2.1 错误提示

扫码看本节视频

输入的表达式发生错误是在所难免的。当表达式出现错误不能运行时，程序会弹出一个错误提示信息对话框。

继续刚才的操作，在时间线窗口中，如果把 layerB 图层的名字修改为 layerC，则程序会弹出错误提示信息02。

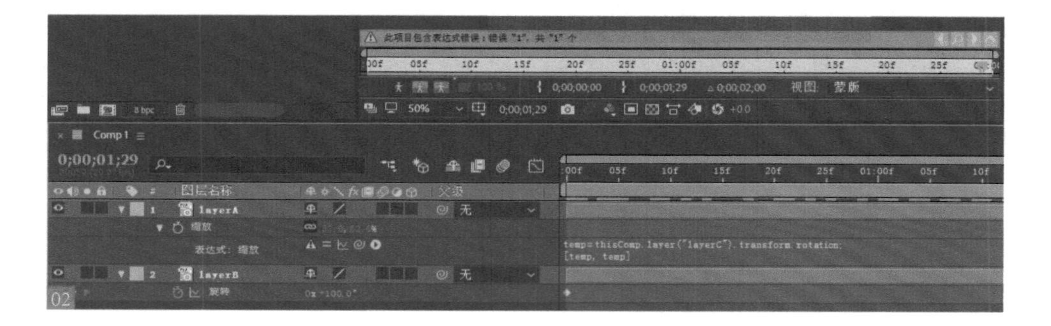

此时在错误提示中告知表达式不能找到 layerB 图层，并指出错误出现在表达式的第一行中，因此，该表达式失效。在时间线窗口中用图表表示该表达式有问题，单击⚠图标可以打开错误提示信息03。

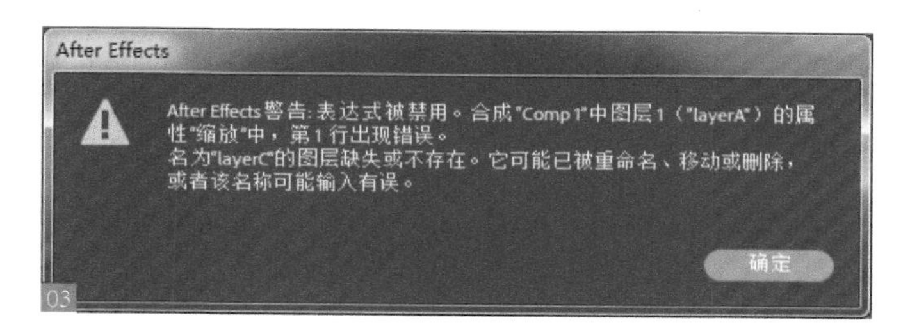

03

如果将图层名字改回原来的 layerB，则⚠图标消失，表示表达式恢复正常。

3.2.2 数组和表达式

扫码看本节视频

在图层的各种参数中，有的只需要一个数值就能表示，比如不透明度，称为一维数组；有的需要两个数值才能表示，比如二维图层的缩放性能，分别用两个数值表示图层在 X 轴和 Y 轴方向上的缩放，称为二维数组；而颜色信息用 RGB 三个分量来表示，称为三维数组。

当表达式中将一个一维数组参数（例如不透明度）和一个二维数组的参数（例如位置）相连接的话，AE 将不知道怎样连接。为了解决这个问题，通过在参数后面添加一个用方括号来标注数值在数组中的位置，从而确定提取数组中的相应数值。

在表达式中可以对数值进行运算，以便让画面变大变小，或者让变化效果加快或减慢。

01 继续刚才的操作。在时间线窗口 layerA 图层的缩放参数的表达式输入框中，修改原来的表达式为:

```
temp=thisComp.Layer("layerB").rotation;
[temp, temp*2]
```

从中可以看出在表达式的第二行最后添加"*2"的数值运算。在 Composition 窗口中 layerA 变成了矩形，layerA 的缩放参数显示图层 Y 轴方向上的缩放是 X 轴方向上的两倍，这正是刚才添加数值后运算的结果04。

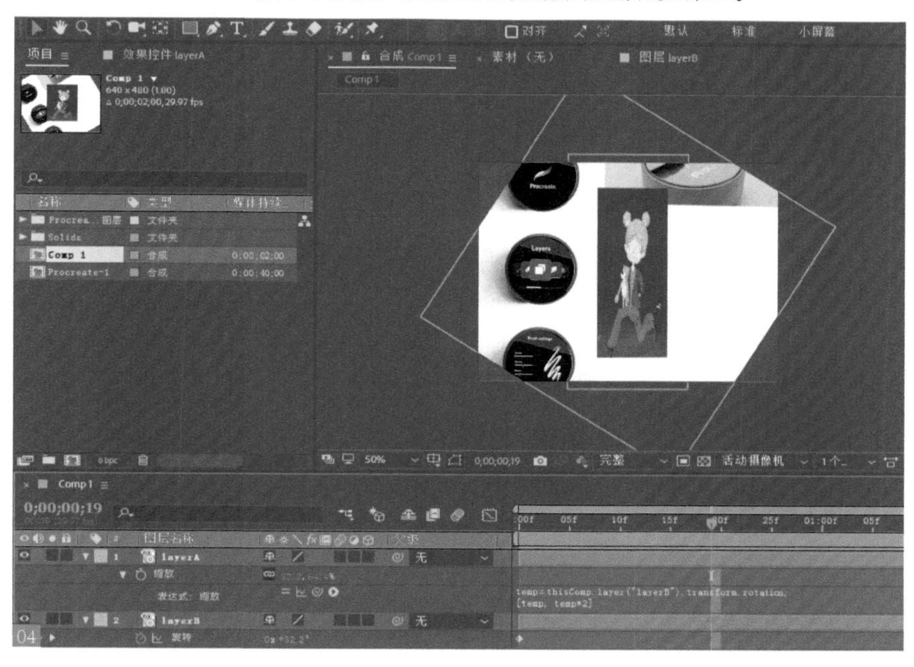
04

02 选择 layerA 图层然后按 <Ctrl+D> 快捷键，将该图层复制从而产生 layerA2 图层。保持对 layerA2 图层的选择，按下 <S> 键，展开图层的缩放属性，可见它已经有了一个表达式，然后按住 <Shift> 键不放，再按 <R> 键，这样可以将图层 1 的旋转属性也显示出来05。

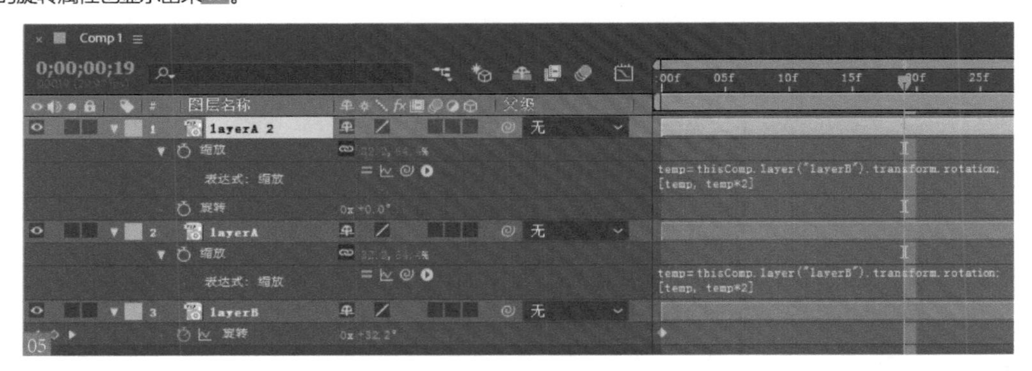

03 给 layerA2 图层的旋转属性同样添加一个表达式，并且用工具将它和 layerB 图层的旋转属性相连接06。

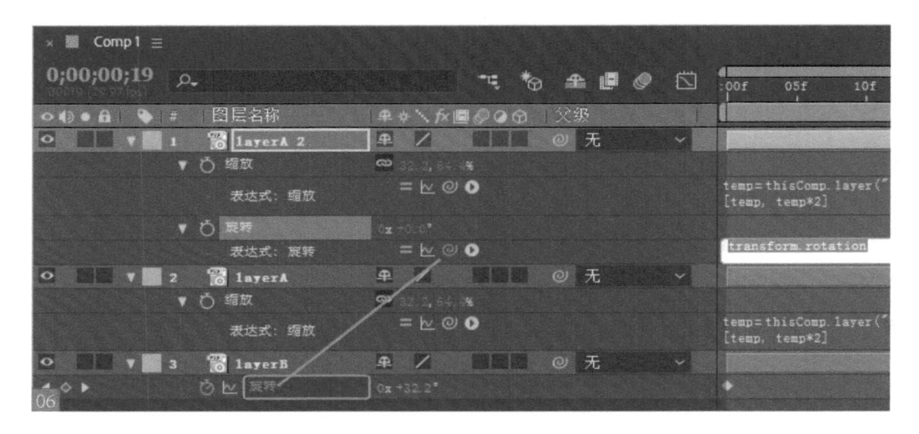

04 把 layerA2 图层旋转属性的表达式修改如下。

```
ThisComp, layer("layerB")。Rotation
```

把 layerA2 图层缩放属性的表达式修改如下。

```
temp=thisComp。Layer("layerB")。Rotation;
[temp-7, temp-7]
```

在合成窗口中预览动画，可见 layerA2 图层的大小始终要比 layerA 图层小，并且旋转方向和 layerB 图层正好相反07。

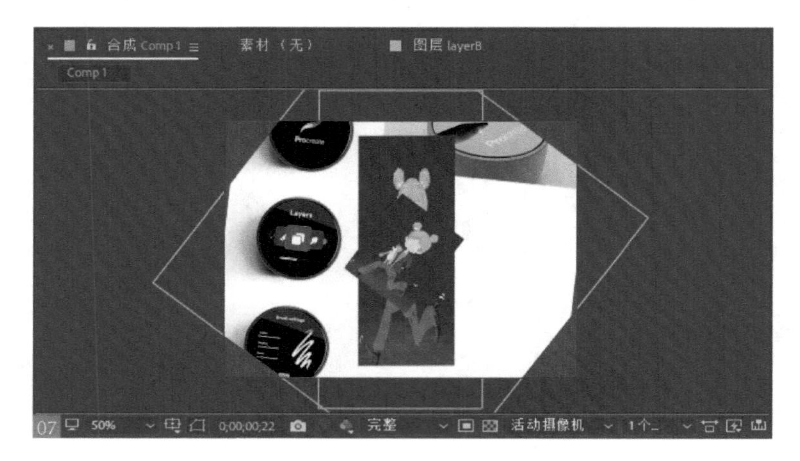

3.2.3 程序变量和语句

扫码看本节视频

在 AE 表达式中经常会用到程序变量。在属性之间发生关联时，可以让某一属性的改变，自然地引发与之相关联的属性变化。

01 创建新的项目 08，然后在项目窗口单击 按钮建立合成并将其命名为 Comp-Rand 09。

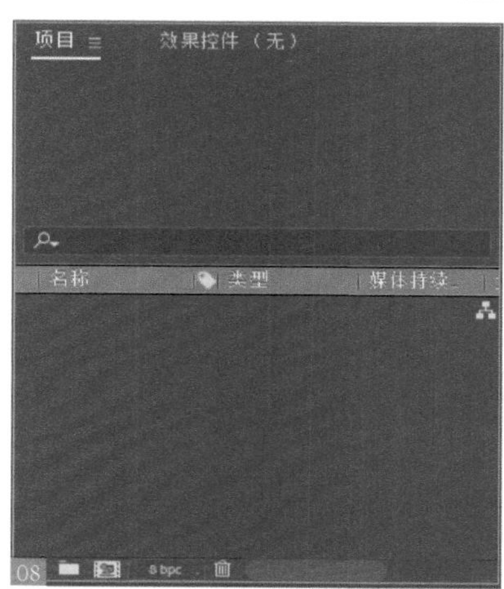

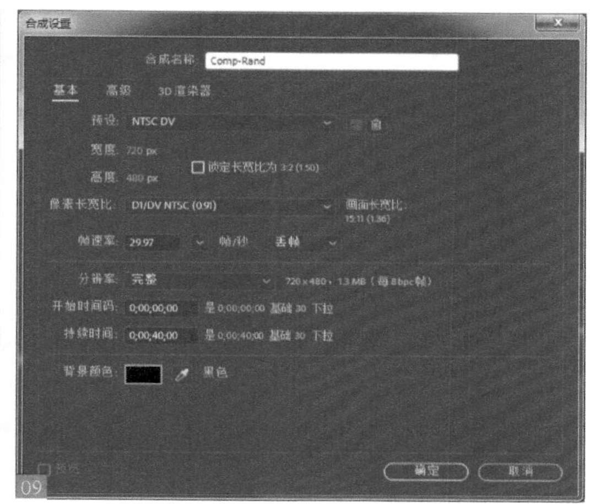

02 在 Comp-Rand 的时间线窗口中，按 <Ctrl+Y> 快捷键会弹出“纯色设置”对话框 10，创建纯色图层，颜色为黄色，并将其命名为 LA 11。

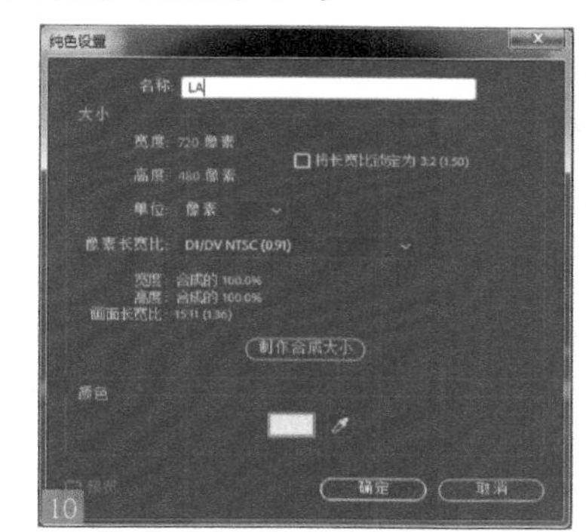

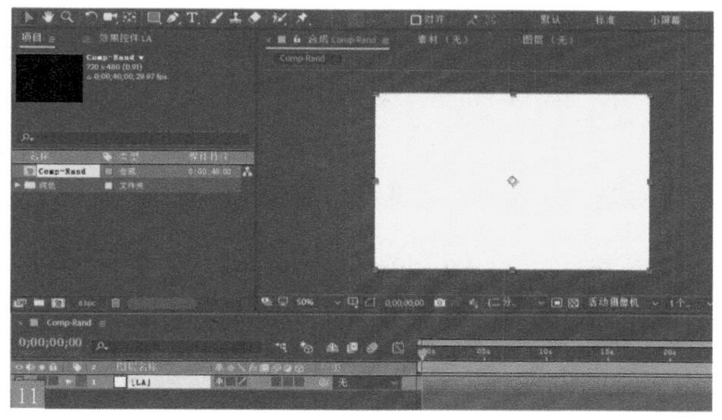

03 选择 LA 图层，按下 <T> 键，展开它的不透明度属性，在按住 <Alt> 键的同时用鼠标左键单击 按钮图标创建表达式。在表达式输入框中输入表达式：random(100)（表达式使用英文括号）12。

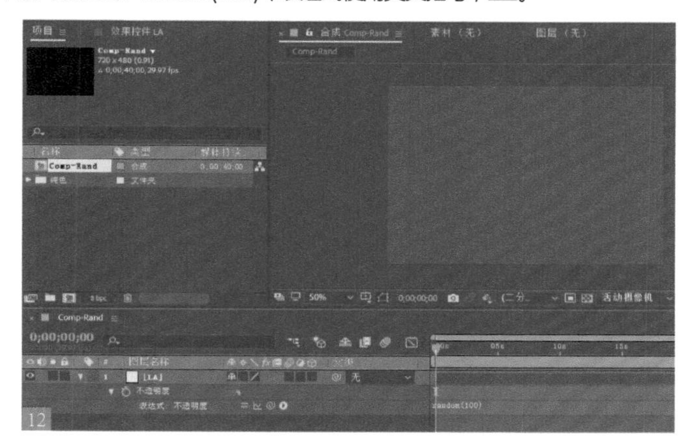

04 在该表达式中 Random 是一个语句，使用它可以得到在指定范围中的随机数值，在后面的圆括号中输入范围数值，这里是 100。在 AE 的表达式中，除了常用到的程序变量外，有时为了完成一些特定的任务，还会用到语句。比如 RgbToHsl 语句，它并不提供具体的数值，但可以将图层颜色的 RGB 数值转换成 Hsl 数值。可以将这类语句看作特殊的运算符号13。

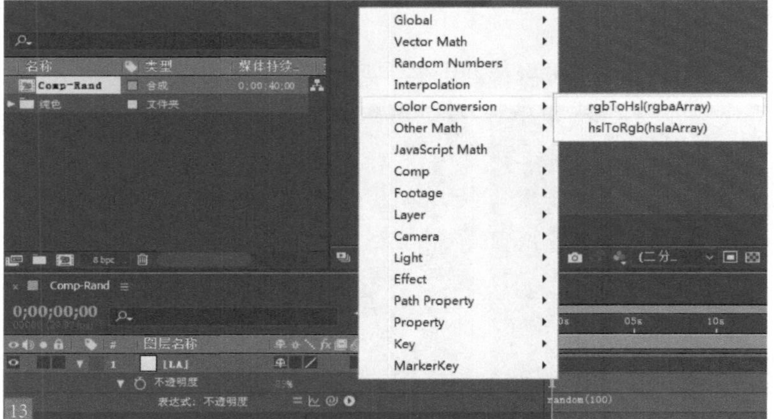

13

常用的程序变量

程序变量可以方便我们制作各种动态效果，尤其是一些人工无法完成的繁复动态，如抖动等。在 AE 中内设了许多的程序变量，在下面的实例中将介绍一些常用的程序变量。

下面我们通过一些实例来学习变量表达式。

3.3.1 Time（时间）表达式

扫码看本节视频

01 打开本书配套资源 Time.aep 文件01。将时间指针移动到第 1 帧，选择 LA 图层，按 <Ctrl+D> 快捷键 4 次相应将图层复制 4 次02，然后选择复制的图层，按下 <P> 键，展开它们的位移参数，然后单击图标，把关键帧去掉，这样它们就没有了位移动画03。

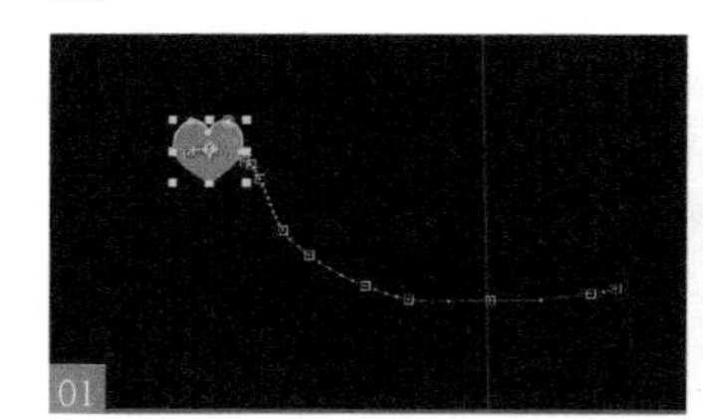
01

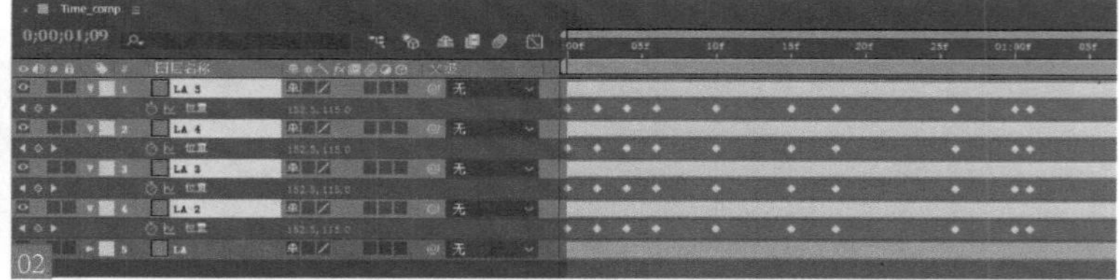
02

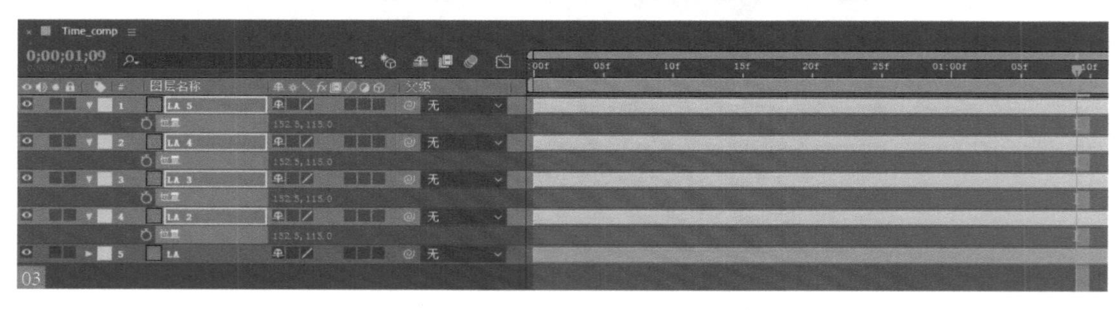

03

02 给复制图层的位移参数中都建立表达式，在表达式输入框中输入下面的语句04。

```
thisComp.layer(thisLayer,+1).position.valueAtTime(time-0.2)
```

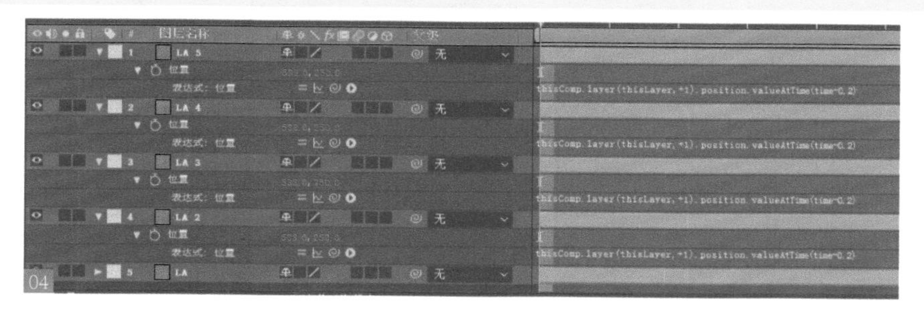

03 在合成窗口中预览动画，可以发现复制的图层一个接一个紧随着 LA 图层运动05。

04 在表达式中的“thisLayer,+1”是指本图层的下面一个图层，因为在时间线窗口中每一图层都有一个序号，序号越大图层越在下面，在本图层序号上加一也就正好是本图层下面的图层。“position.valueAtTime(time−0.2)”是指在哪一时间点的位移参数的值。

3.3.2 Wiggle（摆动）表达式

扫码看本节视频

用 Wiggle 表达式可以在指定范围内随机产生一个数字。与 Random 表达式不同之处在于 Wiggle 表达式还可以指定数值变化的频率。

01 打开本书配套资源 Wiggle.aep 文件06。

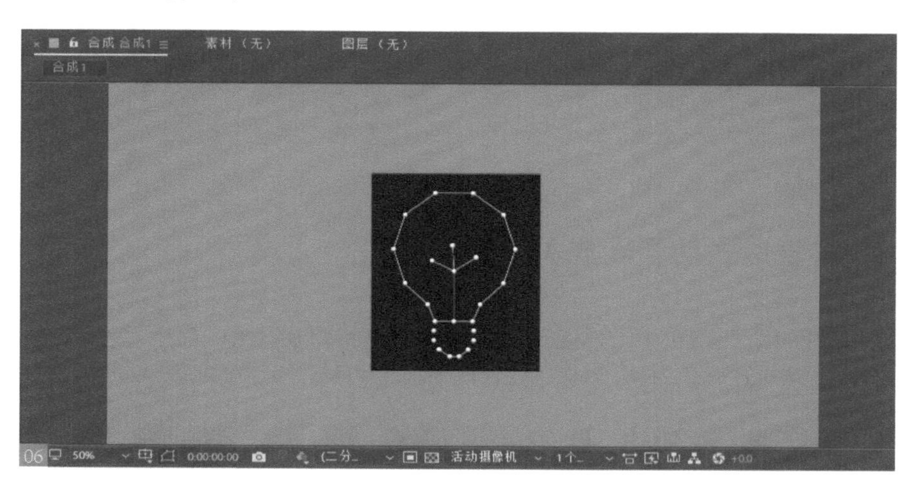

02 在时间线窗口中选择 LA 图层并按下 <P> 键，展开位置参数，然后给位置参数添加表达式：wiggle(3.50)，注意大小写 07。

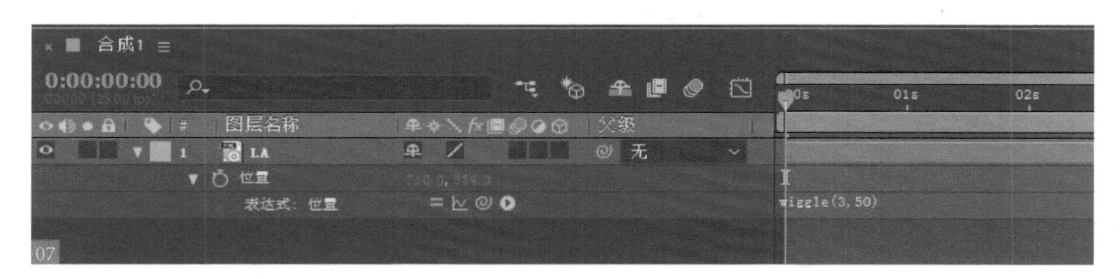

07

03 在合成窗口中预览动画，单击按钮显示表达式动态线 08。在其中还可以输入新的数值来观察图层的变化，通过对位移旋转颜色运用 Wiggle 表达式，可以让图层的动画效果表现得更加有活力。

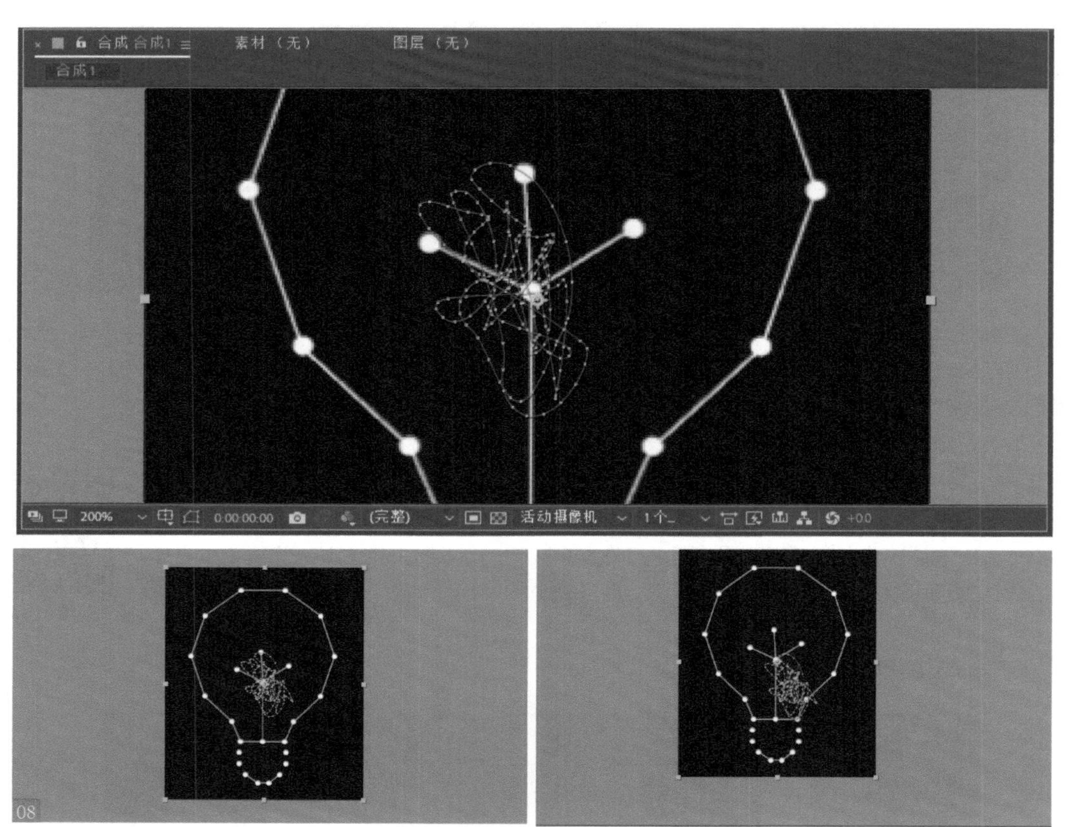

08

3.3.3 将表达式动画转成关键帧

扫码看本节视频

虽然表达式功能很强大，但有时也必需用到关键帧动画。通过本例的介绍，希望大家能够对 AE 中的表达式有更深层次的了解，并初步体会到它的神奇功能及其与关键帧相比各自的优势。

01 继续在前面的项目中操作，在时间线窗口中选择图层的位置属性。选择“动画 > 关键帧辅助 > 将表达式转换为关键帧”命令 09。这样就将表达式转换成了关键帧 10。

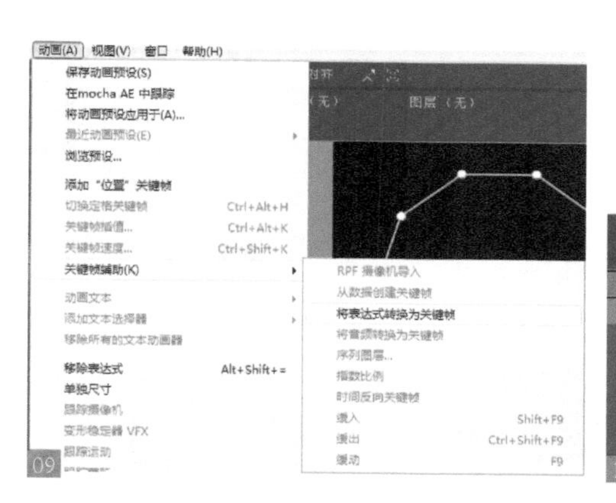

09

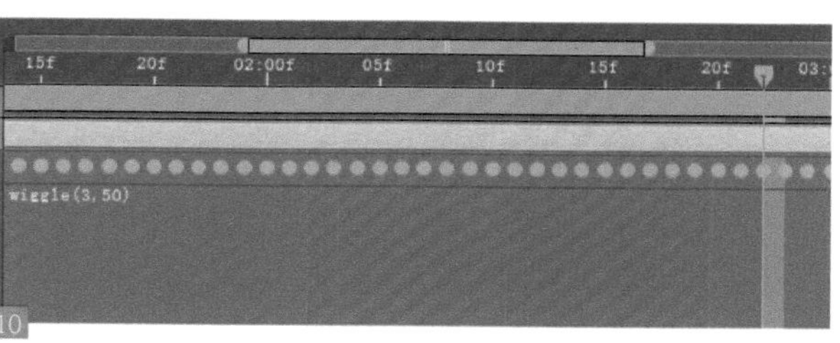

10

02 按住 <Alt> 键的同时用鼠标左键单击位置参数前的图标，去除表达式11，然后将位置参数最开始和最后的几个关键帧删掉12。

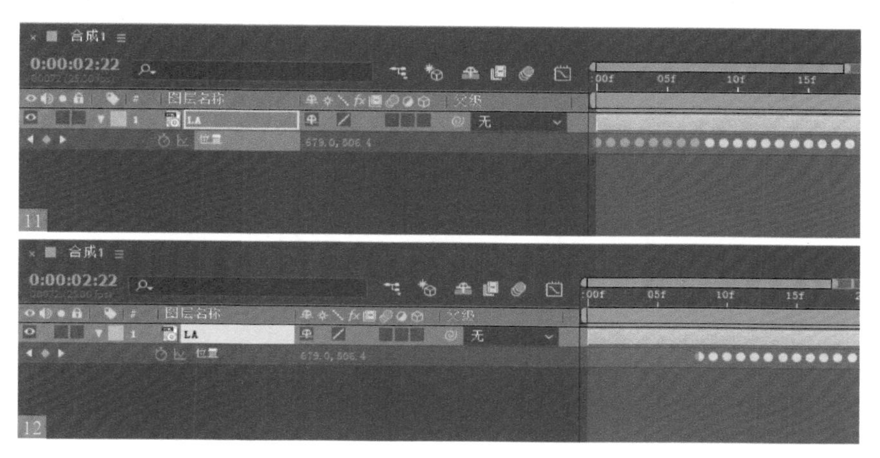

11

12

03 按下 <V> 键，调用选择工具，在合成窗口中将动画第 1 帧的方块移动到画面之外，在最后 1 帧也将方块移动到画面之外，之后建立两个位移的关键帧13。

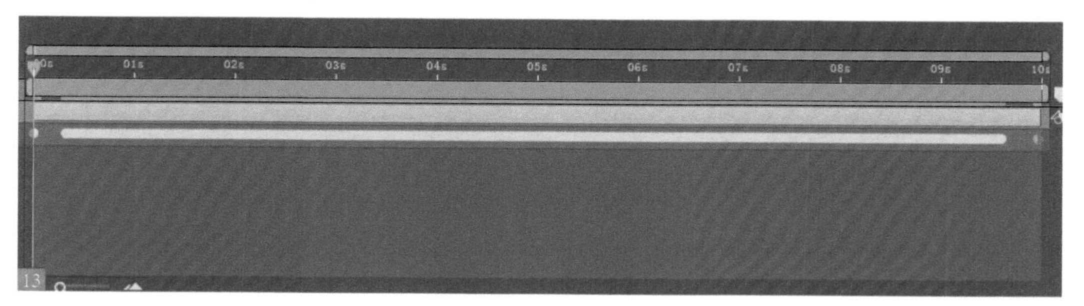
13

04 最终形成一个方块进入画面并在画面中抖动，然后离开画面的动画14。

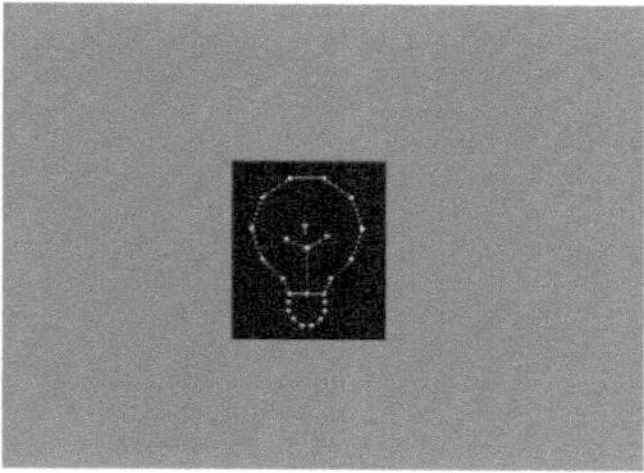

14

3.3.4 利用声音控制动画

扫码看本节视频

在这个例子中，将用声音的强弱来控制对象的缩放或移动。

01 建立一个新项目，在项目窗口中导入本书配套资源 DJ.mp3 文件。将 DJ.mp3 拖到按钮上建立一个合成，并修改合成名字为 Music-Comp 15。

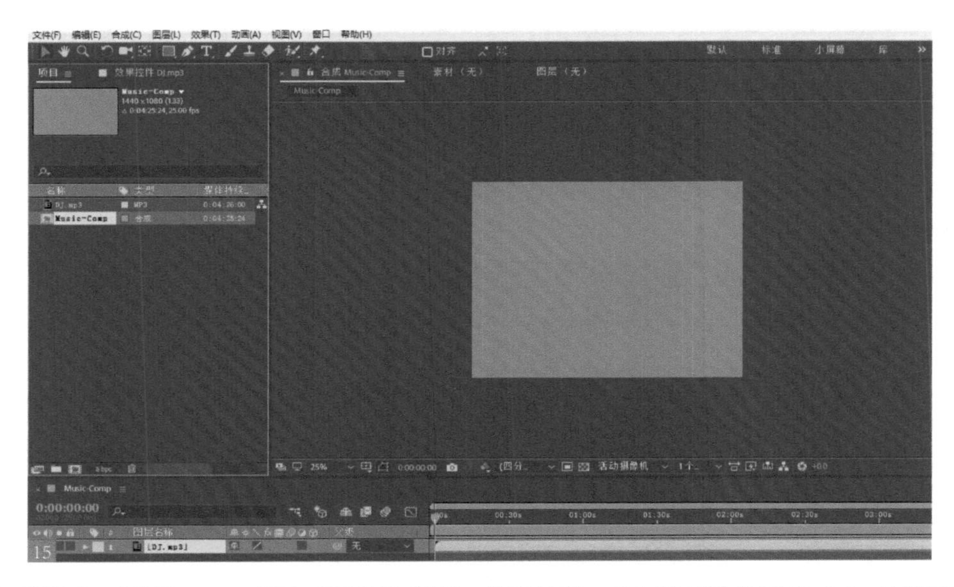
15

02 在时间线窗口中选择 DJ.mp3 图层，然后选择“动画 > 关键帧辅助 > 将音频转换为关键帧”命令。这样即可将声音的强弱转换成关键帧，结果在时间线窗口中新添加了一个音频振幅图层。选择该图层并按下 <U> 键，展开图层的关键帧，可见该图层有 3 个属性建立了关键帧 16。

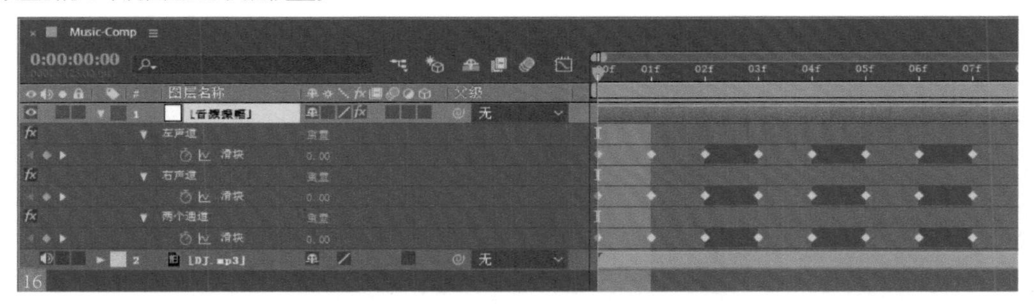
16

03 按眼睛图标关闭音频振幅图层的显示 17。将 icon.psd 文件导入项目窗口，将两个图层并分别放入时间线中，并将其命名为 layerA 和 layerB 18。

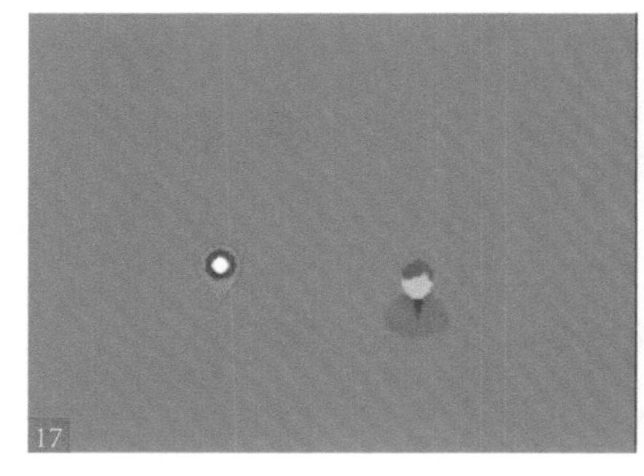
17

18

04 单击按钮，分别将锚点放在人物图标的下方19和红色水滴形定位图标的上方20。这两个图层的边缘都太大，单击按钮，在图标周围绘制蒙版（相当于将图标边缘都减掉）。

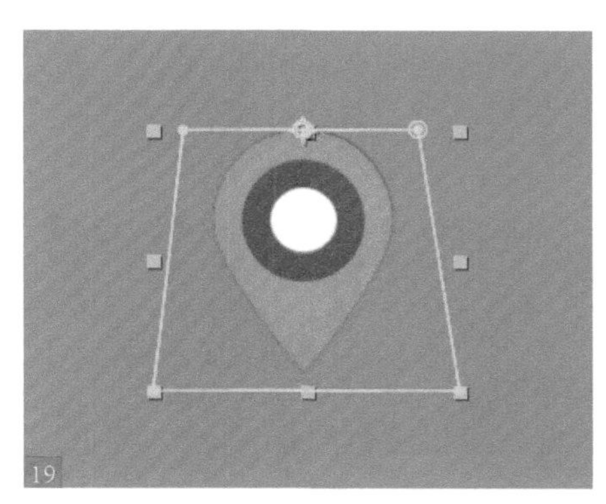
19

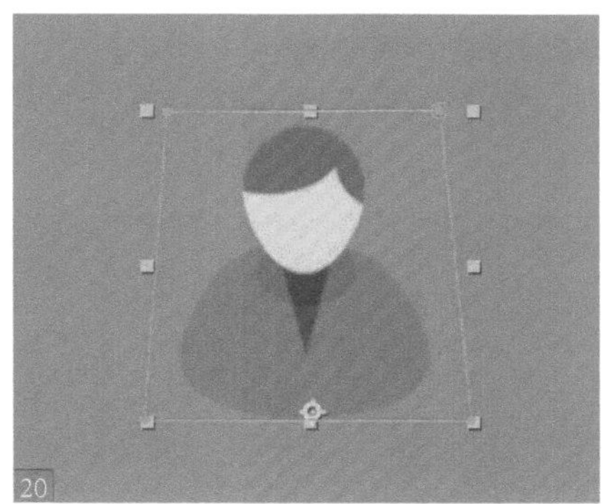
20

05 将人物移动到画面最下方，将水滴形的定位图标移动到画面最上方21。

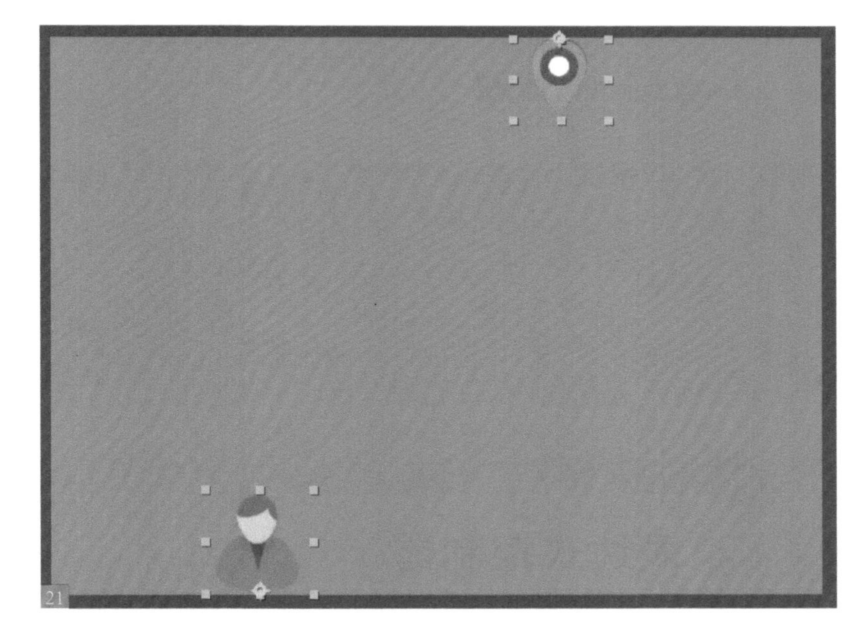
21

06 在时间线窗口中选择 layerA 和 layerB 图层，然后按下 <S> 键，展开图层的缩放参数，在两个图层的缩放参数中分别建立表达式22。

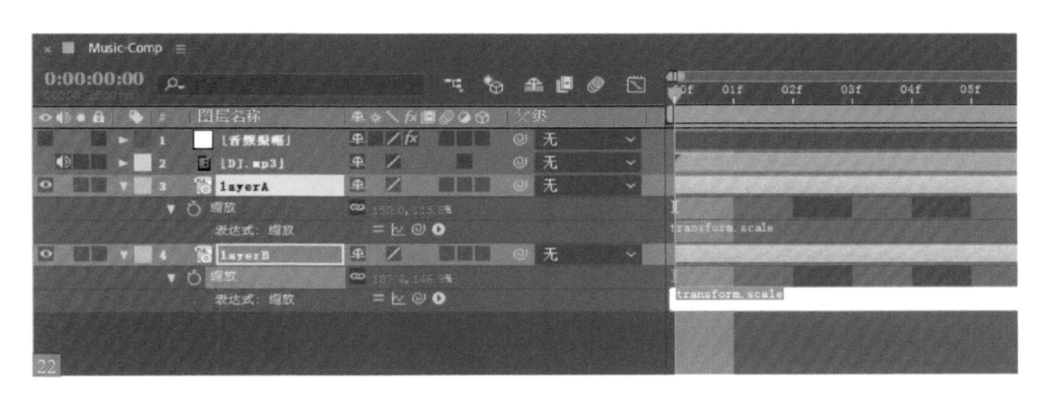

22

07 在图层 layerA 的缩放表达式输入框中输入：

```
temp = thisComp.layer("音频振幅").effect("右声道")("滑块");
  [temp*17,temp*17]
```

在图层 layerB 的缩放表达式输入框中输入：

```
temp = thisComp.layer("音频振幅").effect("左声道")("滑块");
[200, temp*15]
```

23

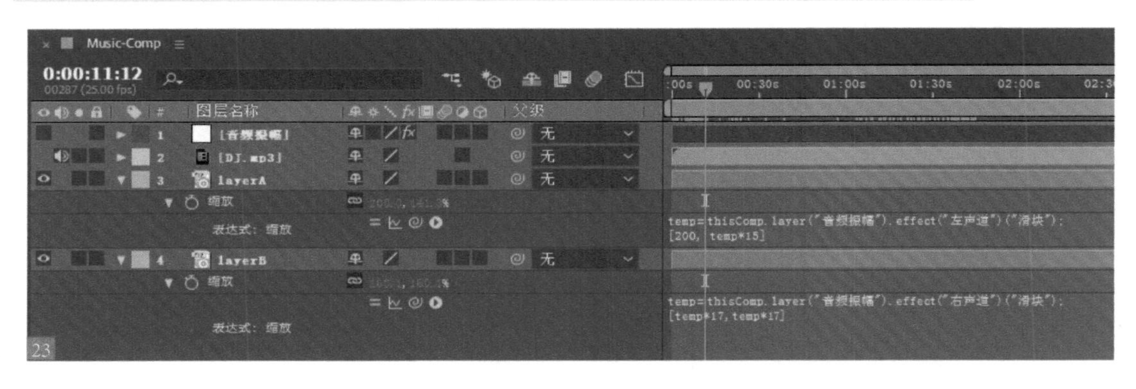

08 最终的动画画面中，人物和图标都在随着音乐跳动24。

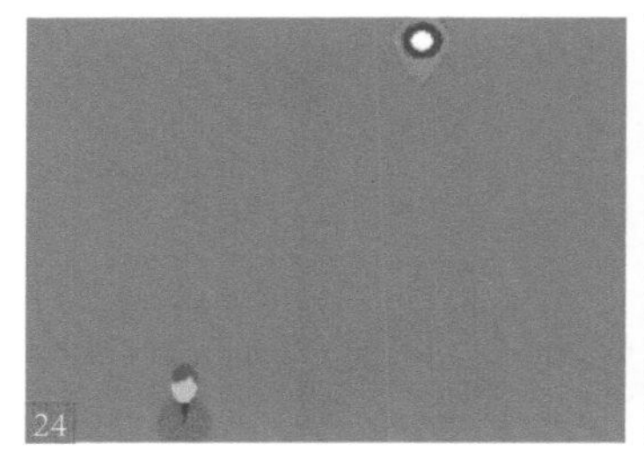

24

表达式控制器

AE 提供了多种不同的表达式控制器，通过这些控制器可以制作程序动画。如果对某些属性设定了父子关系，那么使用了父级功能后，则图层的所有参数都会直接应用到子层中，用表达式可有选择性地指定父子关系。

创建表达式控制器的命令是在菜单栏中的“效果 > 表达式控制”子菜单中。关于这些命令，如果将它和表达式联系在一起的话，会产生巨大的作用01。

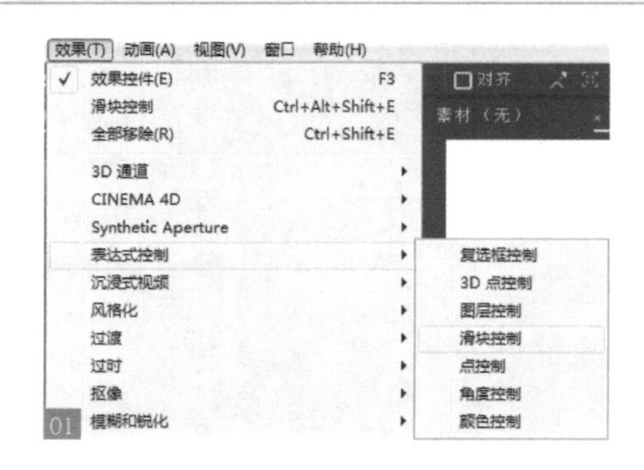

01

3.4.1 应用表达式控制器

01 打开本书配套资源 Control.aep 文件，在时间线窗口中可以看到一共有 20 个图层，每个图层的位置参数中都有一个 wiggle（3，320）的表达式来控制图层的运动 02。

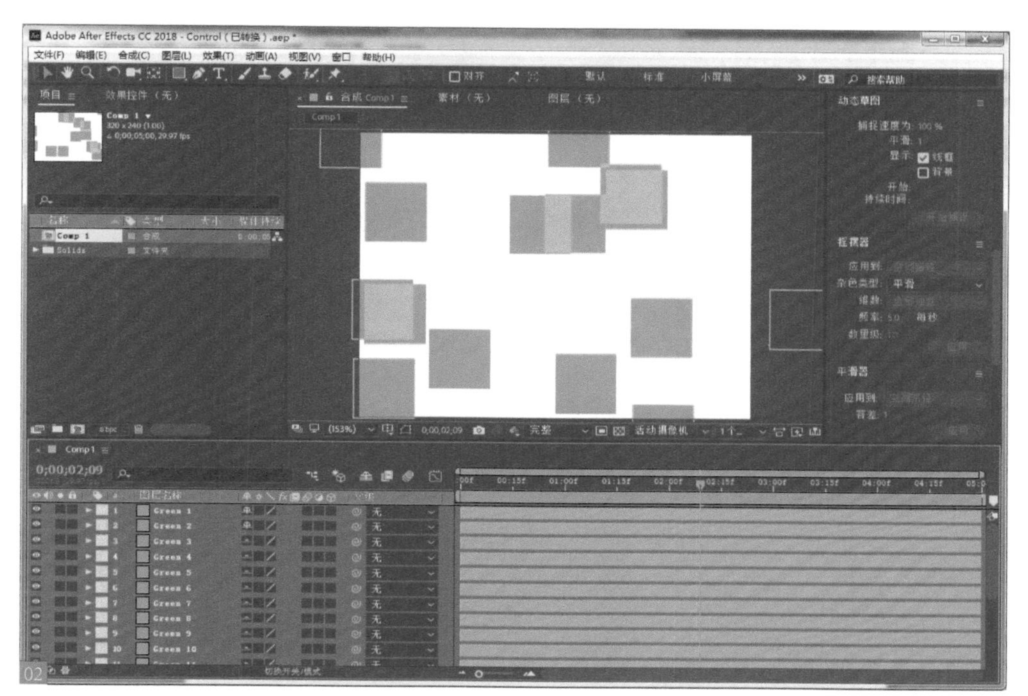
02

02 选择“图层 > 新建 > 空对象”命令，建立一个空层，并把它命名为 Controller。在时间线窗口中选择 Controller 图层，然后选择“效果 > 表达式控制器 > 滑块控制”命令，给图层添加表达式控制器 03。

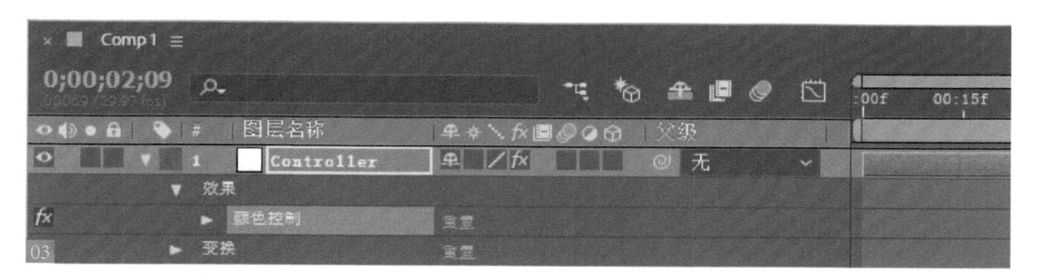

03

03 在时间线窗口中单击 Controller 图层的眼睛图标，关闭它的显示属性。在效果控件窗口中选择颜色控制滤镜，按 <Enter> 键，然后输入文字 How Often，给滤镜重命名 04。选择 How Often 滤镜，然后按 <Ctrl+D> 快捷键，将该滤镜复制，并将其重命名为 How Much 05。

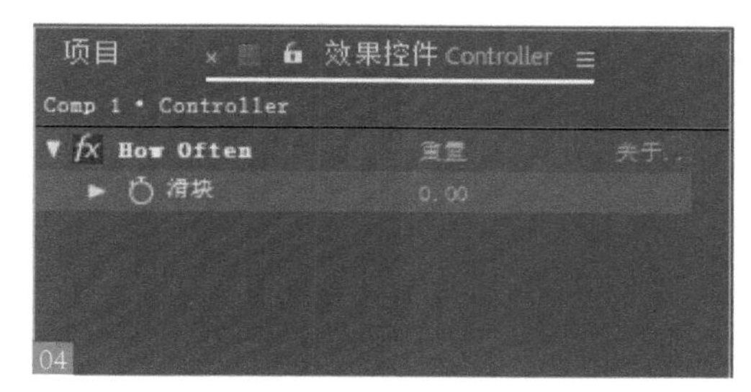

04

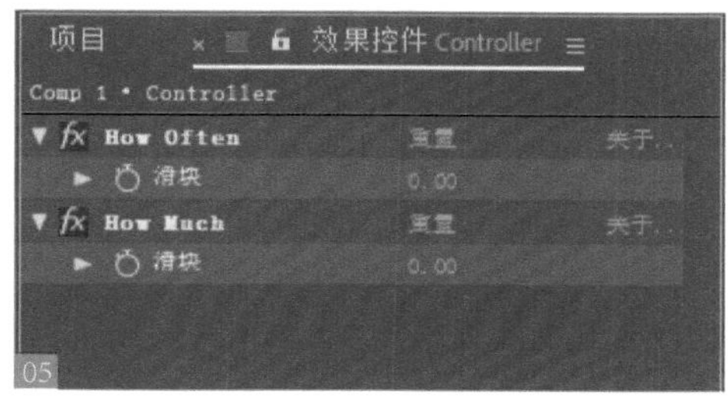

05

04 选择 Green 1 图层，按下 <P> 键，展开位置参数，在表达式输入框中删除原来的表达式并输入“wiggle(”。然后再按下工具按钮，将其拖动到 Controller 图层的 How Often 的滑块控制器上，此时表达式如下 06。

```
temp = thisComp.layer("Controller").effect("HowOften")("滑块");
```

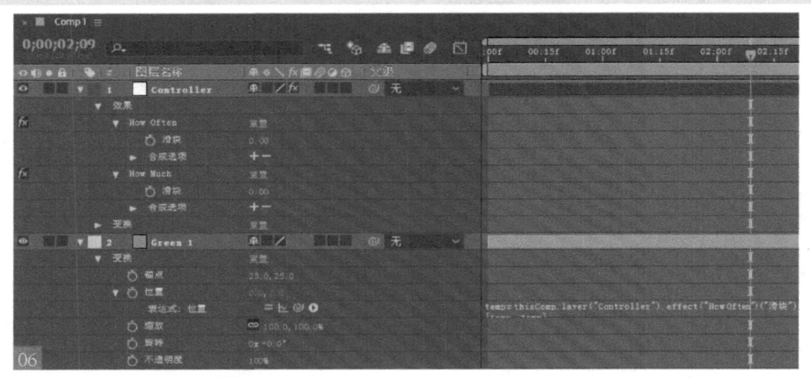
06

05 在表达式后加入逗号，然后再用工具将 Controller 图层的 How Much 滤镜的滑块控制器加入到表达式中，最后在表达式结尾处加上括号。最终表达式如下 07。

```
wiggle(thisComp.layer("Controller").effect("HowOften")
("滑块"),thisComp.layer("Controller").effect("How Much")("滑块"))
```

07

06 在除了 Controller 图层之外所有图层的位置参数中，复制这个表达式。这样就可以通过调节 Controller 图层的 How Often 和 How Much 的值来控制这 20 个层的运动了。设置 How Often 的值为 1.5，并给 How Much 设置关键帧，第 0 帧为 350，最后 1 帧为 0 08。

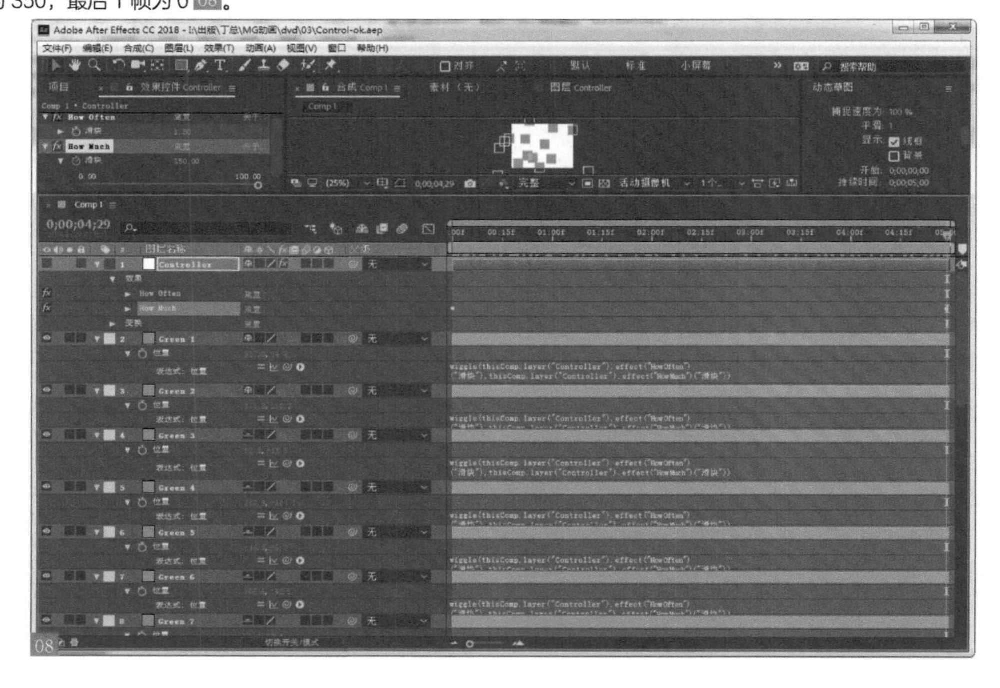
08

07 按数字键盘上的 <0> 键，预览动画，发现画面上闪烁的方块会逐渐向中心聚集，并慢慢停下来09。

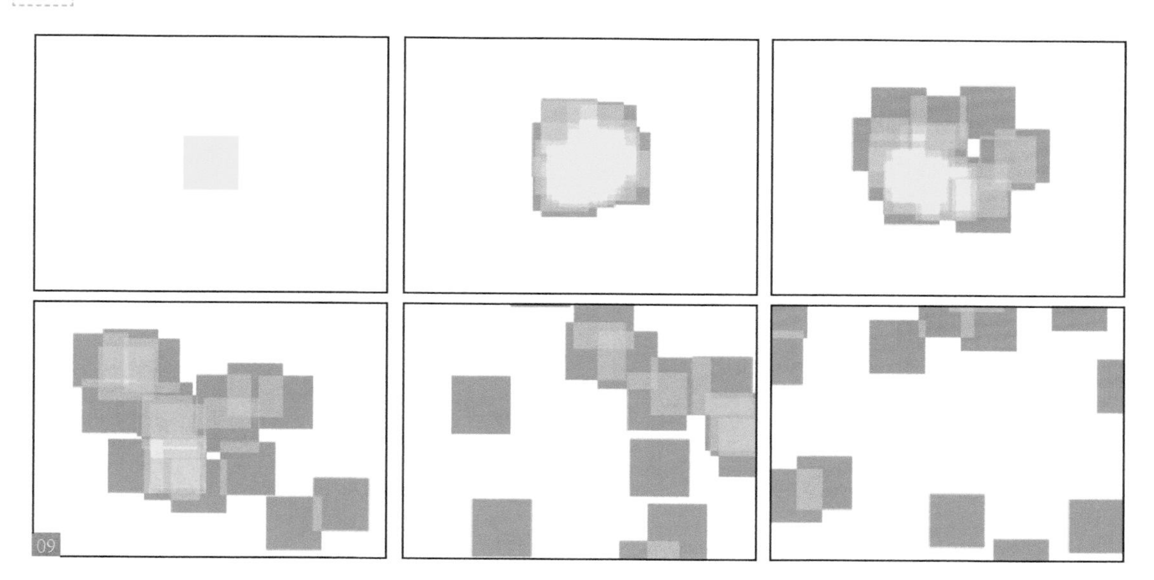
09

3.4.2 雷电表达式

扫码看本节视频

本例主要复习对表达式的应用。利用物体的位置和滤镜位置产生链接，得到意想不到的精彩动画效果10。

10

01 新建项目，在项目窗口导入本书素材 ball.psd 文件，双击 ball 合成，将其在时间线窗口打开11，将时间线窗口内的三个图层分别命名为背景、云朵和飞机12。

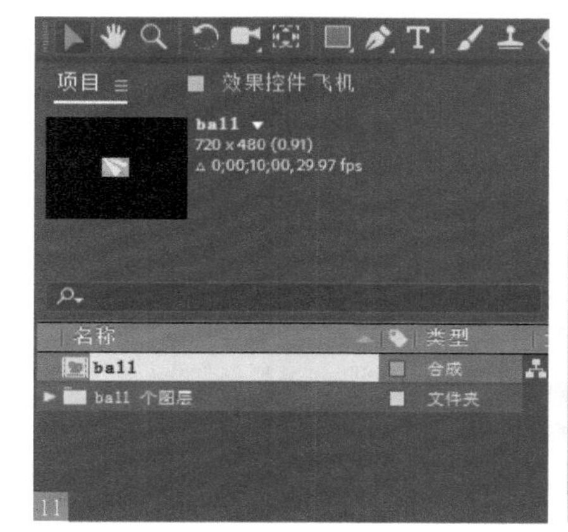

11

12

02 选择主菜单“合成 > 合成设置”命令，打开“合成设置”对话框，设置新的尺寸13。

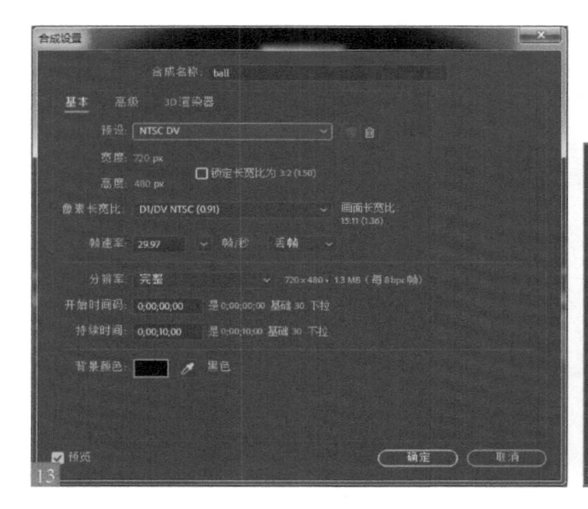

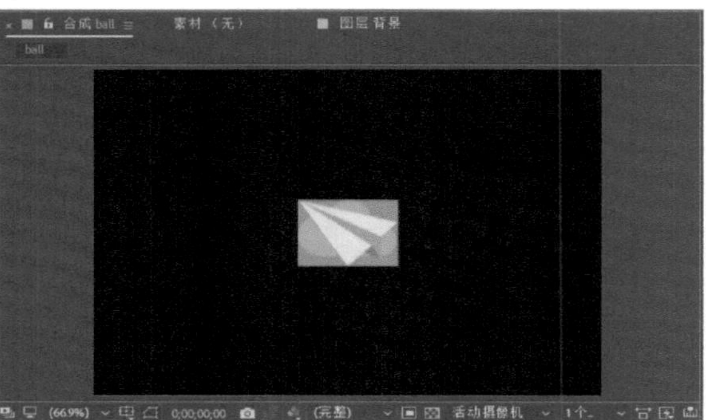

03 选择背景图层，将其放大，将“飞机”和“云朵”图层分别放置在不同的位置14。

04 选中“云朵”图层，按 <S> 键展开缩放属性，并设置其缩放值为 60%。选择菜单中的“窗口 > 动态草图”命令，在打开的“动态草图”对话框中，设置参数15。

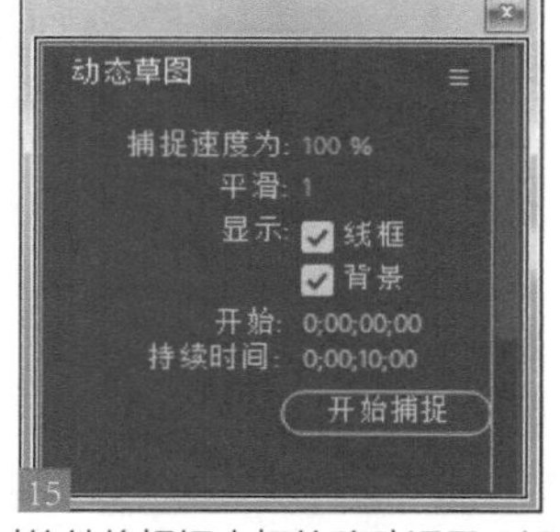

05 单击“开始捕捉”按钮，然后按住鼠标左键在合成窗口中描绘路径，此时软件将根据光标的移动记录下运动位置并应用到该层的位置属性。松开鼠标左键，按 <P> 键展开“云朵”图层的位置属性，可以看到“云朵”图层中位置属性的关键帧已经根据我们刚才光标的移动自动生成了16。

06 按数字键盘上的 <0> 键进行预览，合成窗口中已经有一个球体不停在运动。按照“云朵”图层的方法设置“飞机”图层。此时，按数字键盘上的 <0> 键进行预览 17。

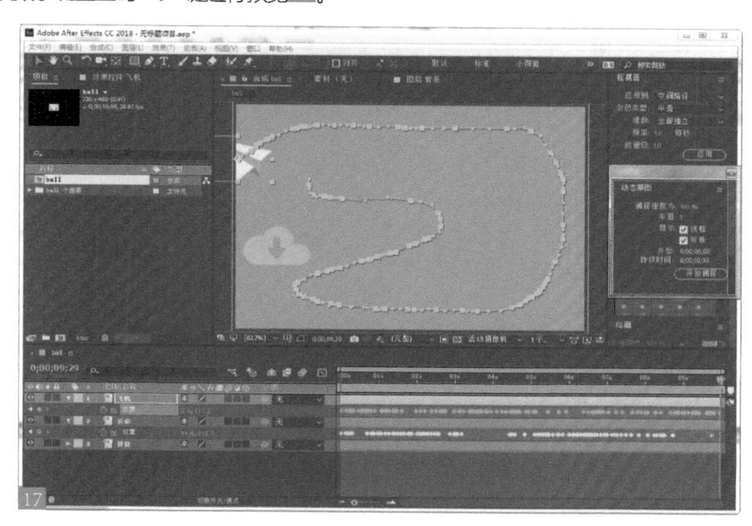
17

07 选择菜单中的“图层 > 新建 > 纯色”命令，新建一个固态层，命名为 Light。选中 Light 图层，选择菜单中的“效果 > 过时 > 闪光”命令，为其添加 Lighting 滤镜，保留闪光滤镜参数不变 18。将 Light 图层的叠加方式设定为“相加” 19。

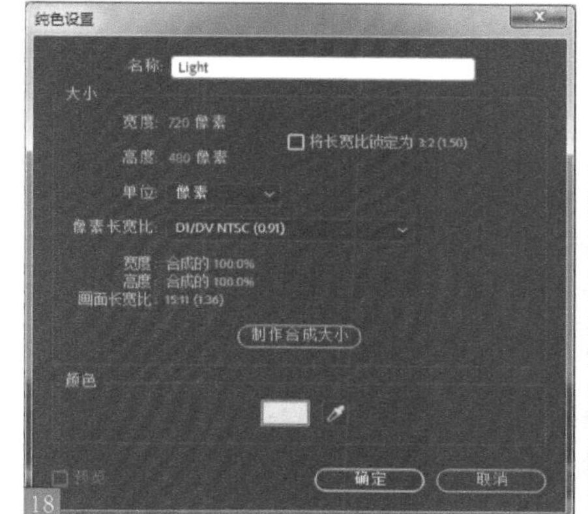

18

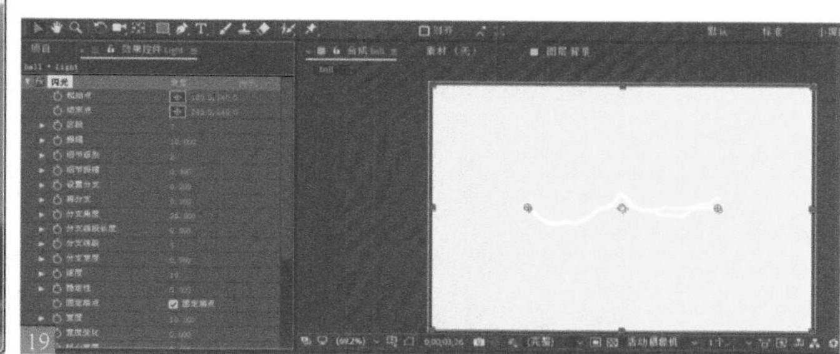
19

08 选中 Light 图层，在时间线窗口中打开闪光滤镜的参数。选中起始点属性，选择菜单中的“动画 > 添加表达式”命令，为该属性增添表达式，选中所有图层，连续按 <U> 键，直到打开所有动画属性，然后单击 Lighting 图层起始点属性右边的◎按钮，并拖动到“云朵”图层的位置属性处，再松开鼠标左键 20。

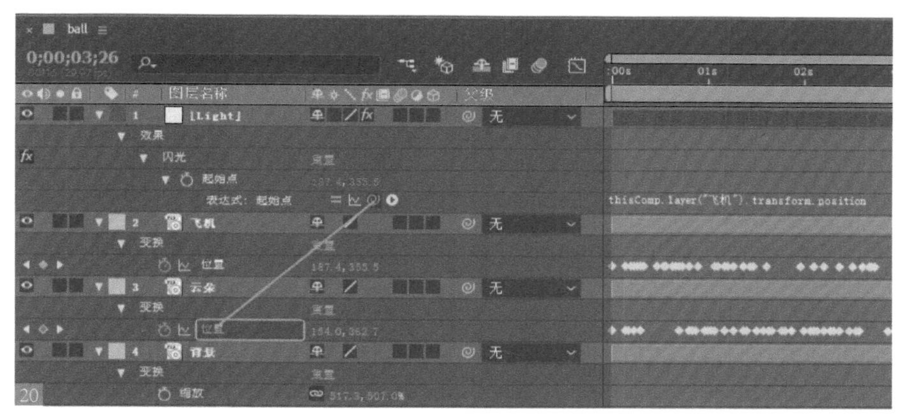

20

09 同样，选中 Light 图层的结束点属性，选择菜单中的“动画 > 添加表达式”命令，为该属性增添表达式。按照相同的方法将结束点属性关联到“飞机”图层的位置属性21。

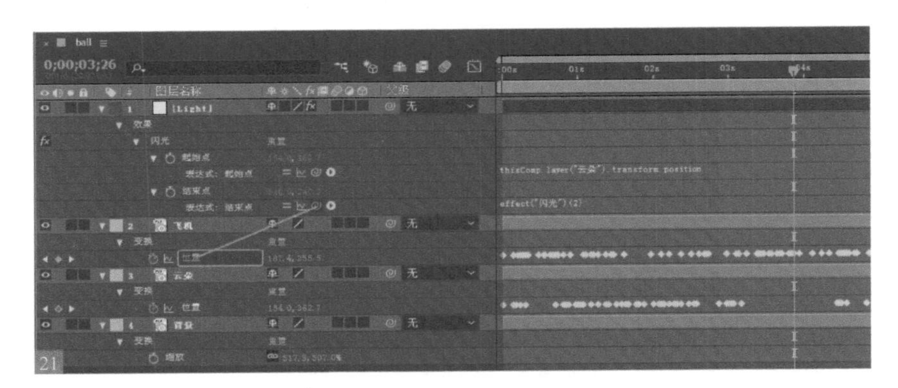

10 单击 Light 图层右边的按钮，进行滤色。按数字键盘上的 <0> 键进行预览，飞机和云朵产生了放电感应。这就是利用物体的位置和起始点产生了链接，得到了表达式所设置的动画效果22。

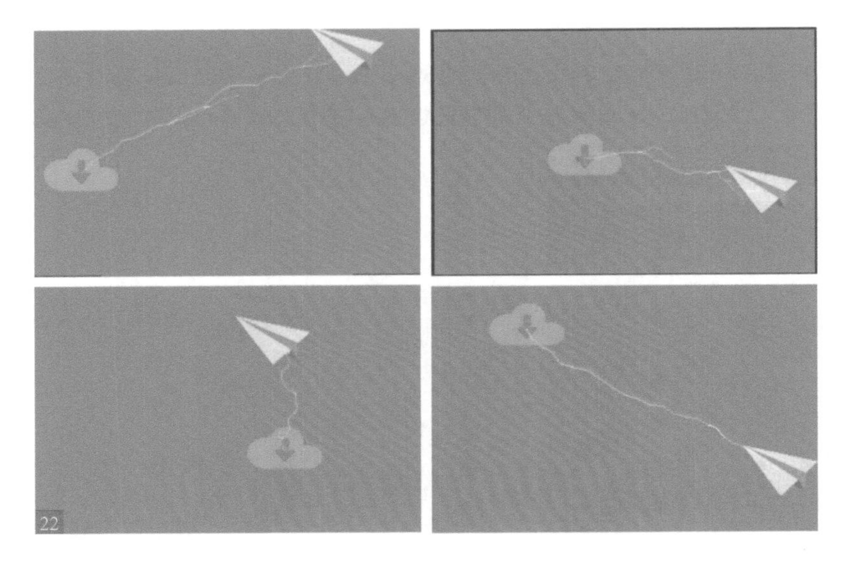

3.4.3 线圈运动表达式

扫码看本节视频

本例练习线圈运动表达式的应用23。

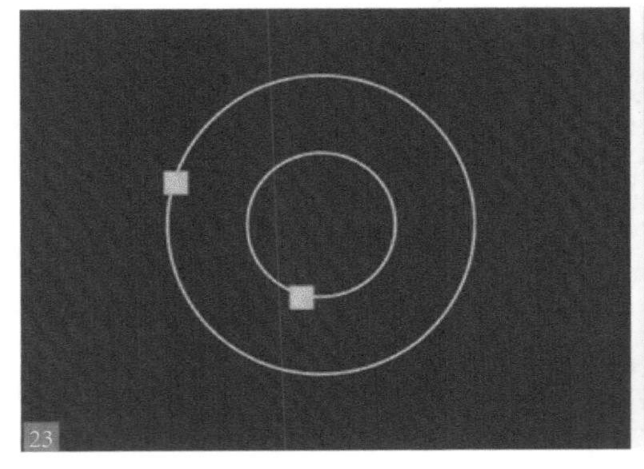
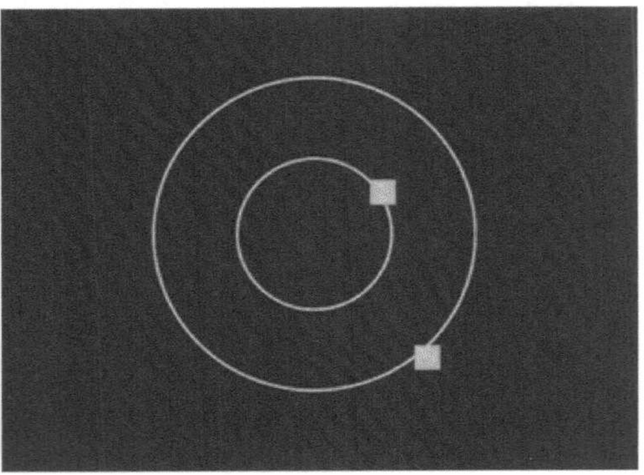

01 选择菜单中的“合成 > 新建合成”命令，新建一个合成窗口，命名为“线圈运动” 24。之后选择菜单中的“图层 > 新建 > 纯色”命令，新建一个固态层，命名为“背景” 25。

24

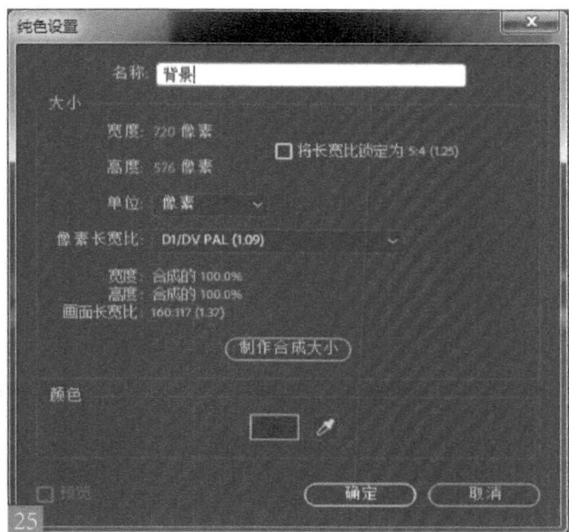

25

02 选择菜单中的“图层 > 新建 > 纯色”命令，新建一个固态层，命名为 Circle 26。单击工具栏中的工具，按住 <Shift> 键的同时单击鼠标左键，在合成窗口中画一个正圆形的蒙版，并将此蒙版移动到合成窗口的正中 27。

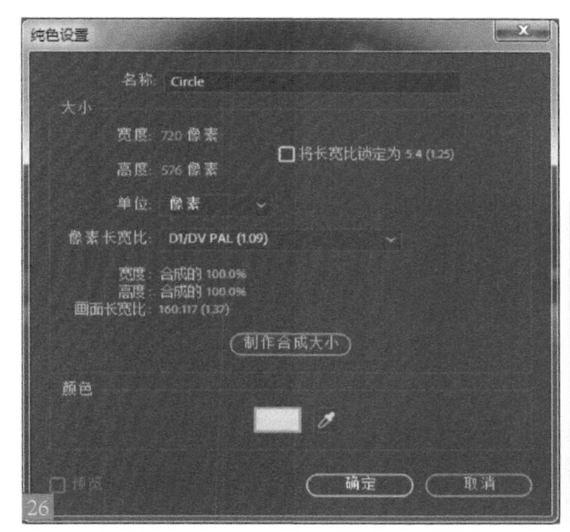

26

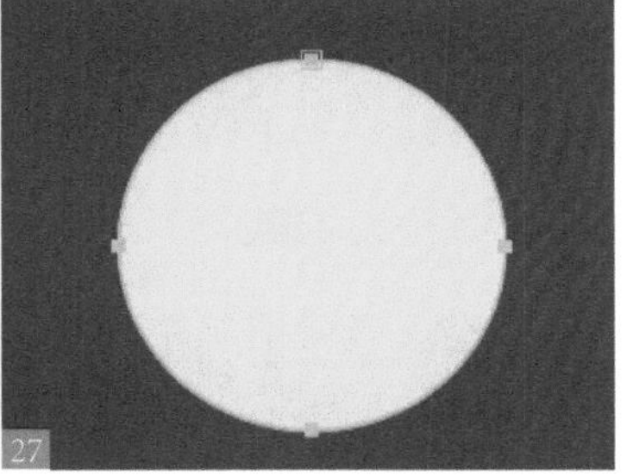
27

03 选中 Circle 层，选择菜单中的“效果 > 生成 > 描边”命令，为其添加一个描边滤镜 28，在特效控制面板中调整参数（注意选择“绘画样式”为“在透明背景上”）29。

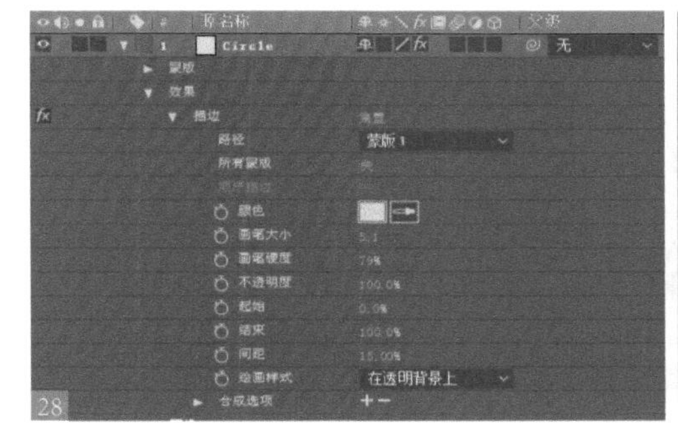

28

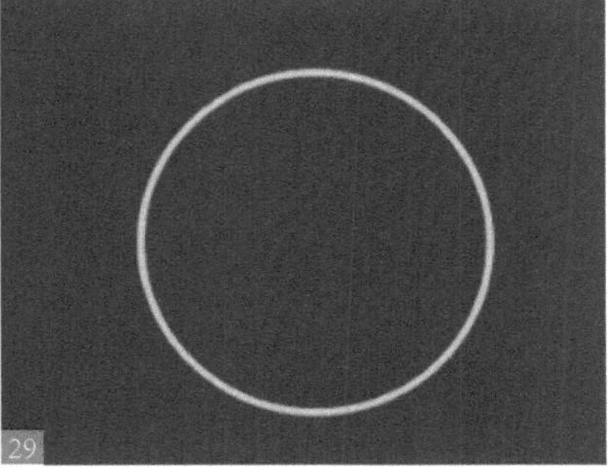
29

04 选择菜单中的“图层 > 新建 > 纯色”命令，新建一个固态层，并命名为“块”30，选中“块”层，按<P>键展开“块”层的位置属性。选中位置属性，再选择菜单中的“动画 > 添加表达式”命令，为当前属性添加表达式，在表达式输入栏中输入如下表达式（调整表达式中的 Radius 值可以改变“块”层的运动半径大小）31。

```
radius = 185; // 环绕旋转的圆的半径
cycle = 3; // 完成旋转一圈所需的秒数
if (cycle == 0) {cycle = 0.001;} //避免除法运算中除数为 0
phase =90; // 从底部算起的初始相位（角度）
reverse = -1; // 1 为逆时针旋转，-1 为顺时针旋转
X = Math.sin(reverse * degrees_to_radians(time * 360 / cycle + phase));
Y = Math.cos(degrees_to_radians(time * 360 / cycle + phase));
add(mul(radius, [X,Y]),position)
```

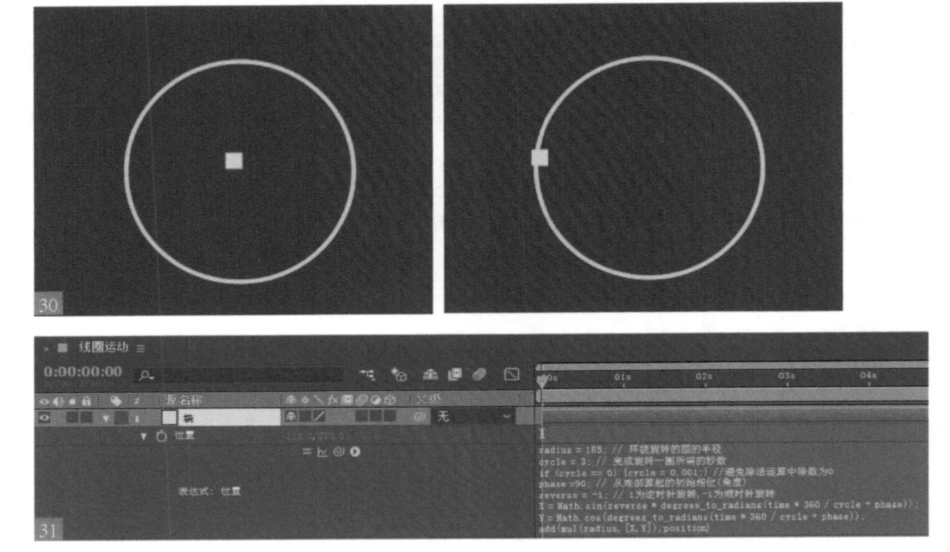

05 按数字键盘上的<0>键进行预览32。

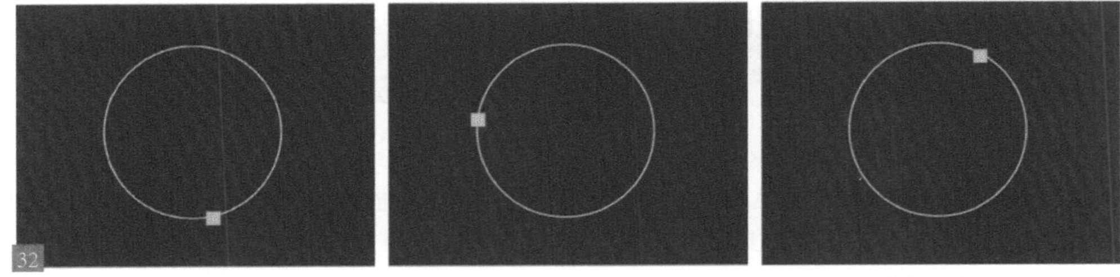

06 利用同样的方法再创建一个圆圈和一个块，使在内圈的方块绕着内圈旋转。在块的表达式中调整 Radius 和 Phase 的值。使得内外方块运动的顺序有先后之分33。

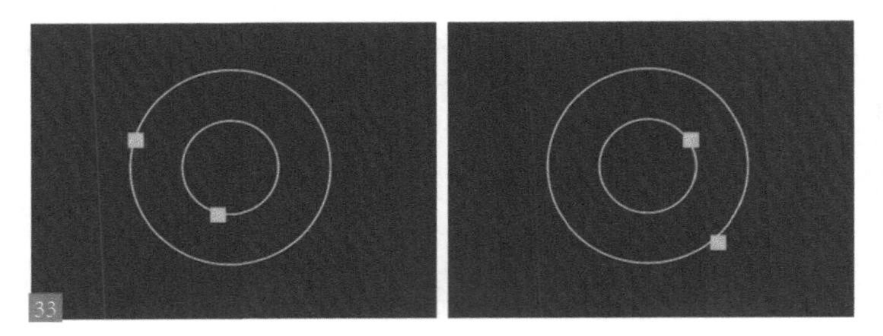

3.4.4 音频指示器表达式

扫码看本节视频

本例练习音频指示器表达式的应用34。

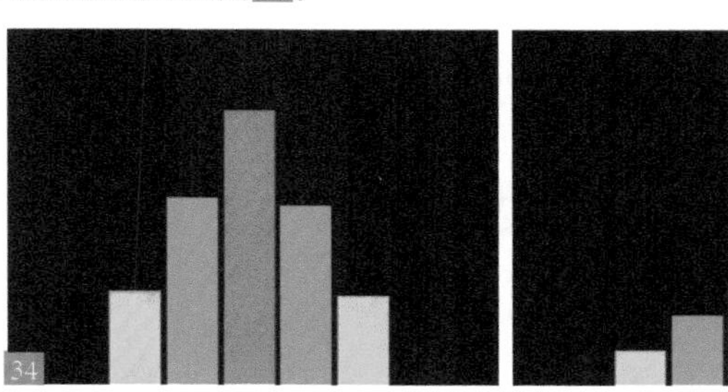

34

01 选择菜单中的“合成 > 新建合成”命令，新建一个合成窗口，命名为“音频指示器”35。之后选择菜单中的“文件 > 导入 > 文件”命令，导入本书资源 DJ.mp3，并将其拖动到时间线窗口中36。

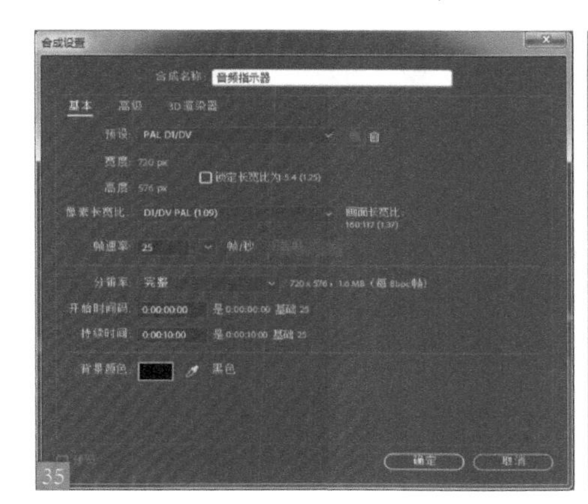

35

36

02 选中 DJ.mp3 层，选择菜单中的“动画 > 关键帧辅助 > 将音频转换为关键帧”命令，应用此命令后，时间线窗口自动产生一个新层“音频振幅”，此时按 <U> 键，可以看到“音频振幅”层已添加的关键帧37。

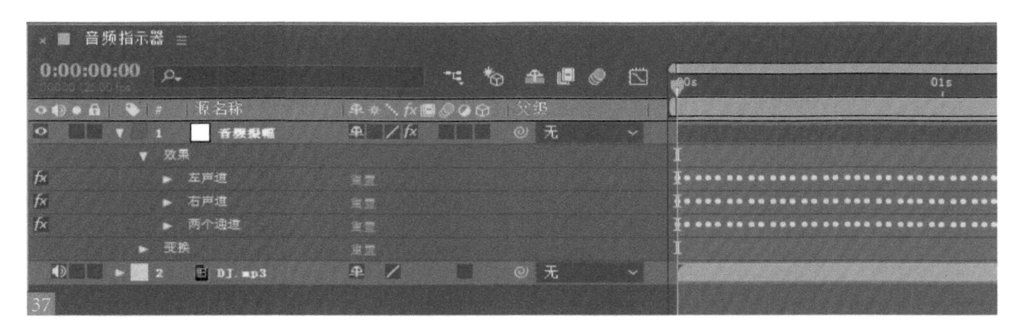

37

03 选择菜单中的“图层 > 新建 > 纯色”命令，新建一个固态层，命名为 Yellow Solid1。选中 Yellow Solid1 层，单击工具栏中的按钮，在合成窗口中将 Yellow Solid1 层的轴心点移动到图层底部38。

38

04 选中 Yellow Solid1 层，按 <P> 键打开该层的位置属性，调整位置参数，使得图层底部恰好与合成窗口底部边缘对齐。选中 Yellow Solid1 层，按 <S> 键展开该层的缩放属性。选中缩放属性，选择菜单中的“动画 > 添加表达式”命令，为缩放属性添加表达式，在表达式输入栏中输入如下表达式39。

```
temp = thisComp.layer("音频振幅").effect("Left Channel")("Slider")+20;
[100, temp]
```

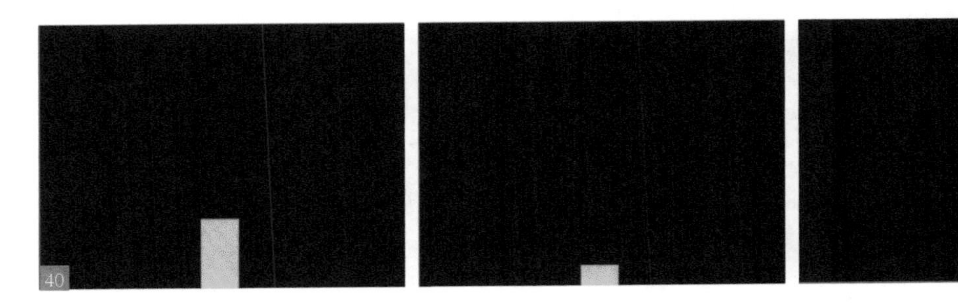

05 按数字键盘上的 <0> 键进行预览40。

40

06 用同样的方法，再新建几个固态层，并调整它们的位置，使它们组合成音频波形指示器。为了使中间的红色指示器波动幅度最大，绿色次之，黄色波动幅度最小，需调整各表达式里面的参数。其中绿色指示器表达式如下。

```
temp = thisComp.layer(" 音频振幅 ").effect(" 左声道 ")(" 滑块 ")+20;
[100, temp*2]
```

红色指示器的表达式如下。

```
temp = thisComp.layer("音频振幅").effect("两个通道")("滑块")+20;
[100, temp*3]
```

07 在制作右半边的波形指示时，要将右边的黄色和绿色波形指示层的表达式里面的“左声道”换成“右声道”。按数字键盘上的 <0> 键预览最终效果41。

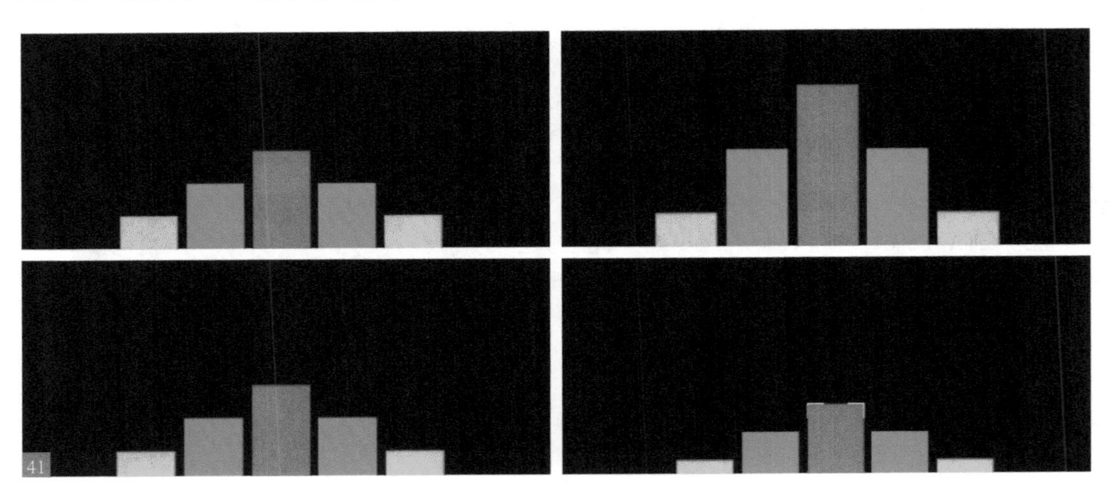

3.4.5 锁定目标表达式

本例练习锁定目标表达式的应用42。

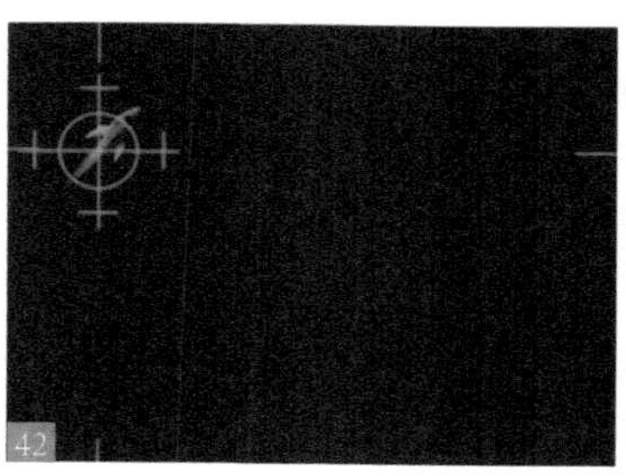

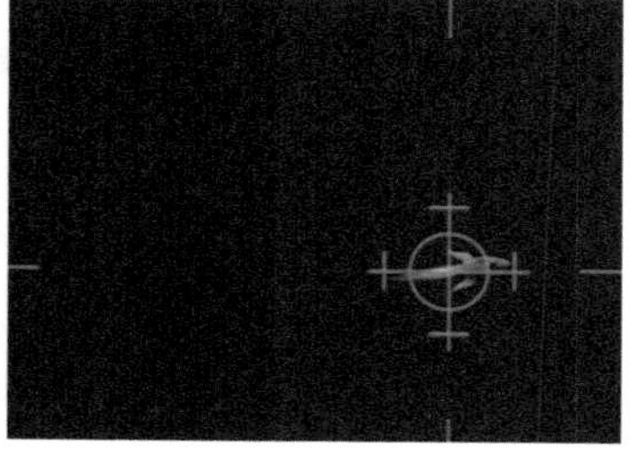

01 选择菜单中的“合成 > 新建合成”命令，新建一个合成窗口，命名为“导弹”。之后选择菜单中的“文件 > 导入 > 文件”命令，导入本书资源 flames.mov、rockei.psd 和 target.psd 43。

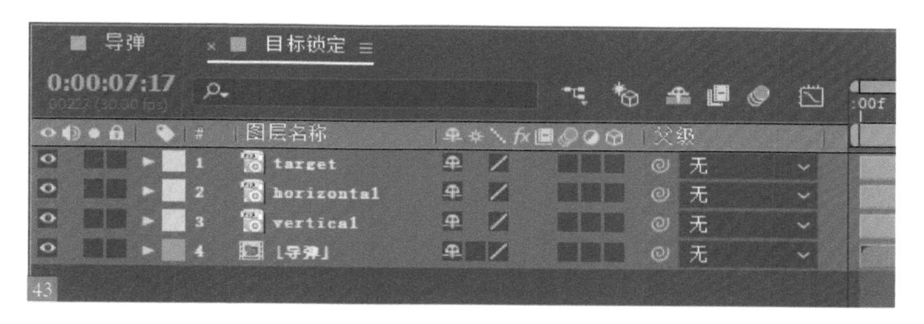

02 将项目窗口中的 flames.mov 和 rocket.psd 拖到时间线窗口中，并将 flames.mov 放在底层。在时间线窗口中将这两层选中，按下 <S> 键，打开这两层的缩放属性44。

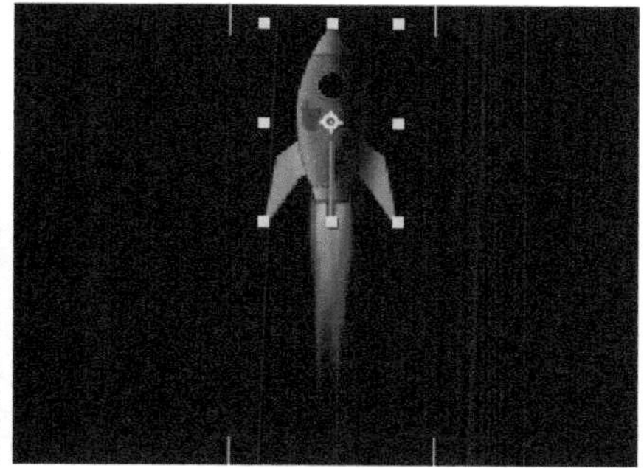

03 在选中这两层的情况下，按 <Shift+R> 快捷键，再展开这两层的旋转属性。接着设置这两层的缩放、位置和旋转属性值45。

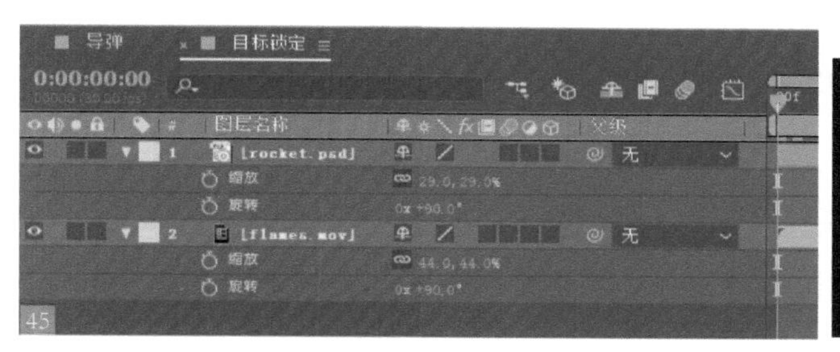

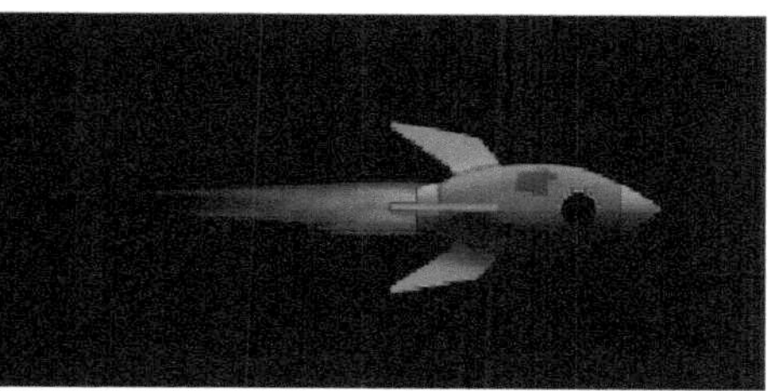

04 选择菜单中的“合成>新建合成”命令，新建一个合成窗口，命名为“目标锁定”。将项目窗口中的“导弹”拖到“目标锁定”合成的时间线窗口中46。

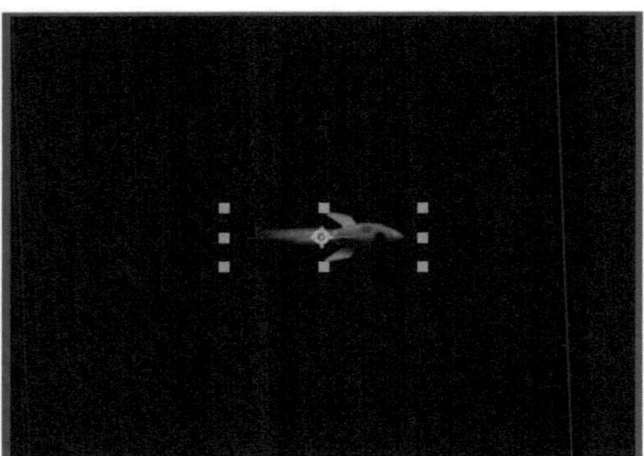

05 选择菜单中的“窗口>动态草图”命令，在打开的“动态草图”对话框中单击“开始捕捉”按钮47开始记录。按住鼠标左键在合成窗口中根据自己的需要描绘路径48。

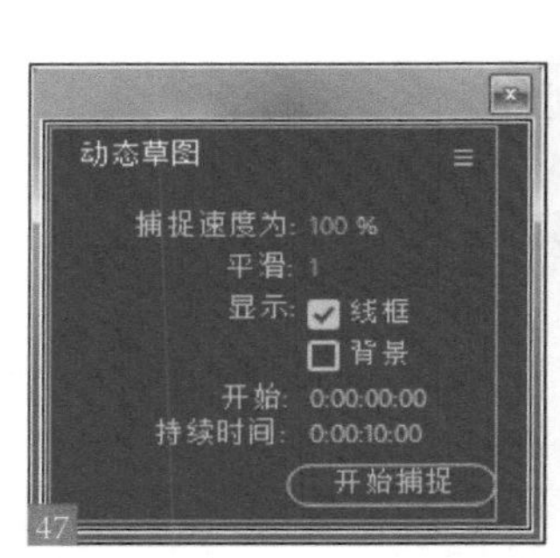

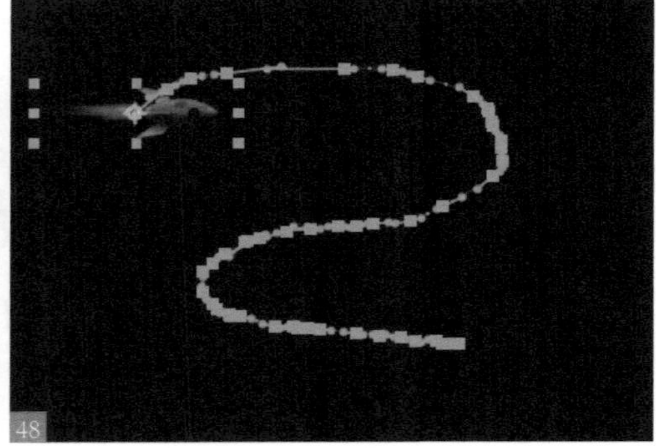

06 描绘完路径后，选择菜单中的“图层>变换>自动定向”命令，在弹出的“自动方向”对话框中选择“沿路径定向”选项49。此时，按数字键盘上的<0>键进行预览50。

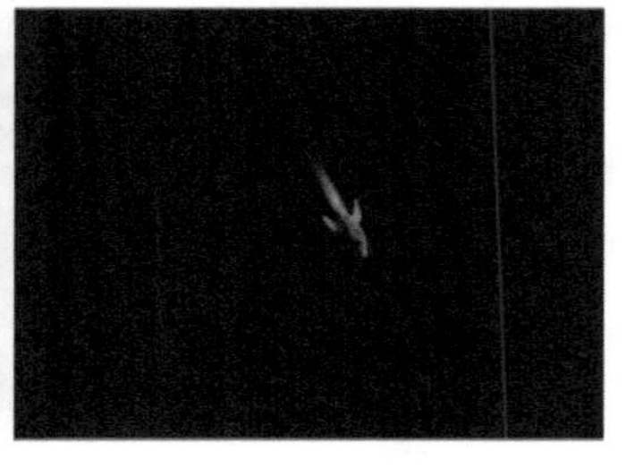

07 选中“导弹”层，按U键展开“导弹”层已经添加关键帧的属性，可以看到位置属性在每帧均产生了关键帧，现在要将这些关键帧中冗余的部分去掉。单击位置属性，可以看见所有的关键帧均已选中。选择菜单中的“窗口>平滑器”命令，在“平滑器”对话框中单击“应用”按钮51。这时再打开位置属性可以发现关键帧已经减少52。

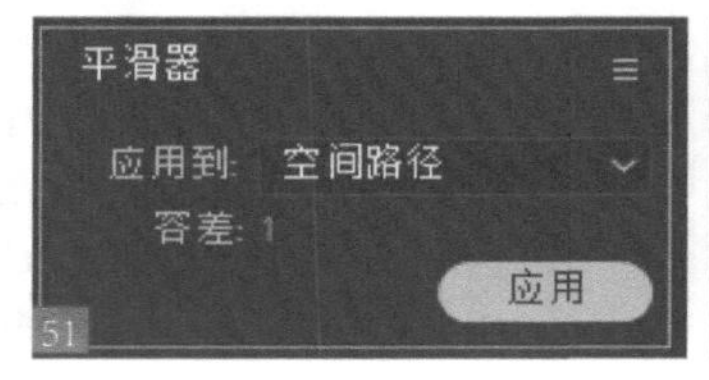

08 将项目窗口中属于 target.psd 的 3 个独立层文件拖到“锁定目标”的时间线窗口，并根据图形将各层名字分别更名为 target、vertical 和 horizontal。选中 target 层，按 <P> 键展开 target 层的位置属性。选中位置属性，再选择菜单中的“动画 > 添加表达式”命令，为当前属性添加表达式，在表达式输入栏中输入如下表达式53。

```
thisComp.layer(" 导弹 ").position
```

53

09 选中 target 层，按 <T> 键展开 target 层的不透明度属性，并将不透明度属性值改为 85%。此时，按数字键盘上的 <0> 键进行预览54。

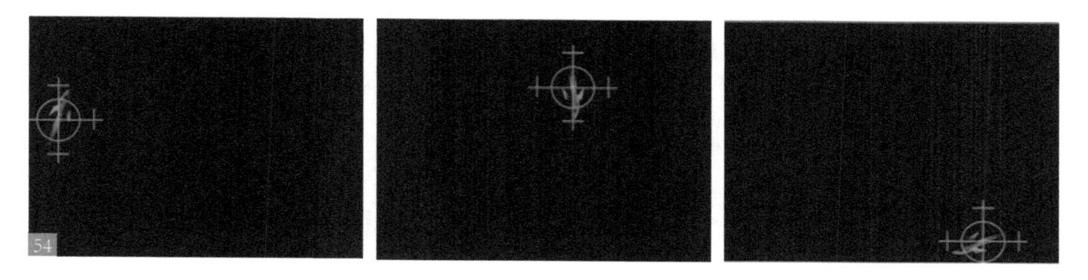
54

10 选中 vertica 层，按 <P> 键展开 vertical 层的位置属性。选中位置属性，再选择菜单中的“动画 > 添加表达式”命令，为当前属性添加表达式。在表达式输入栏中输入如下表达式。

```
[thisComp.layer("导弹").position[0],120]
```

11 选中 horizontal 层，按 <P> 键展开 horizontal 层的位置属性。选中位置属性，再选择菜单中的“动画 > 添加表达式”命令，为当前属性添加表达式，在表达式输入栏中输入如下表达式。

```
[160,thisComp.layer(" 导弹 ").posit ion[1]]
```

按数字键盘上的 <0> 键进行预览55。

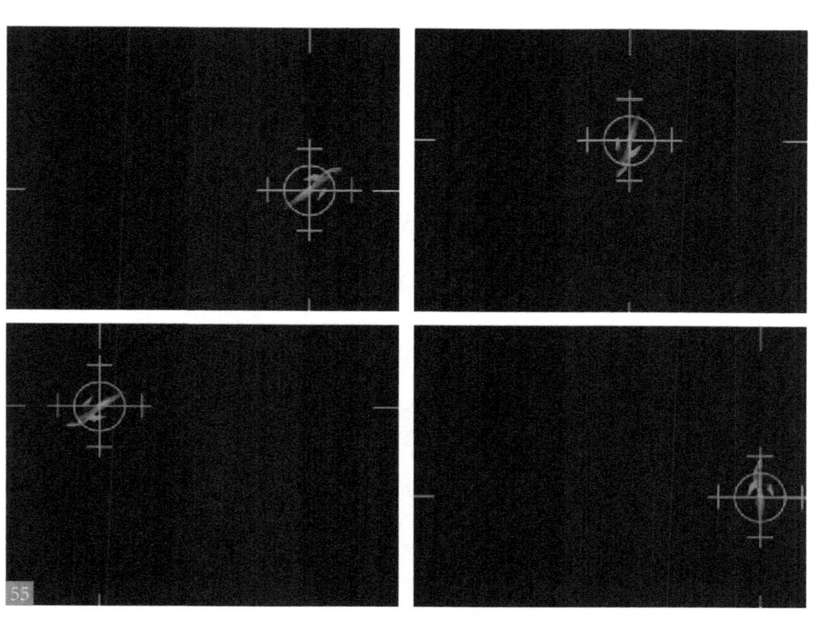
55

3.4.6 螺旋花朵表达式

扫码看本节视频

本例练习螺旋花朵表达式的应用56。

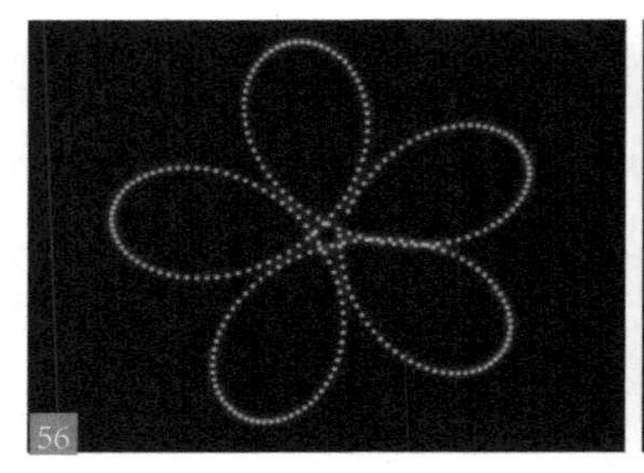
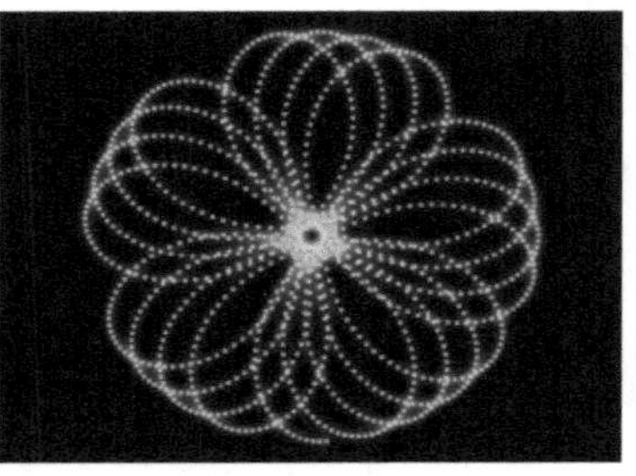

01 选择菜单中的“合成 > 新建合成”命令，新建一个合成窗口，命名为“螺旋花朵”57。之后选择菜单中的“图层 > 新建 > 纯色”命令，新建一个固态层，命名为“螺旋”58。

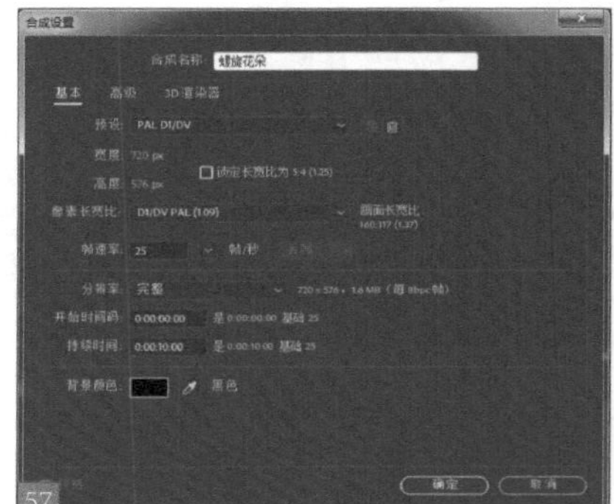
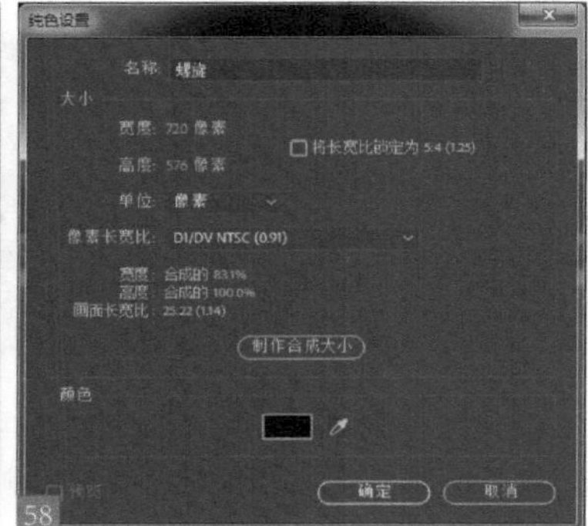

02 选中“螺旋”层，选择菜单中的“效果 >Generate> 写入”命令，为其添加“写入”滤镜59。在特效控制面板中调整参数，选中“螺旋”层，在时间线窗口中展开“写入”滤镜的参数，选中 Brush 位置属性，选择菜单中的“动画 > 添加表达式”命令，为其添加表达式，在表达式输入栏中输入如下表达式60。

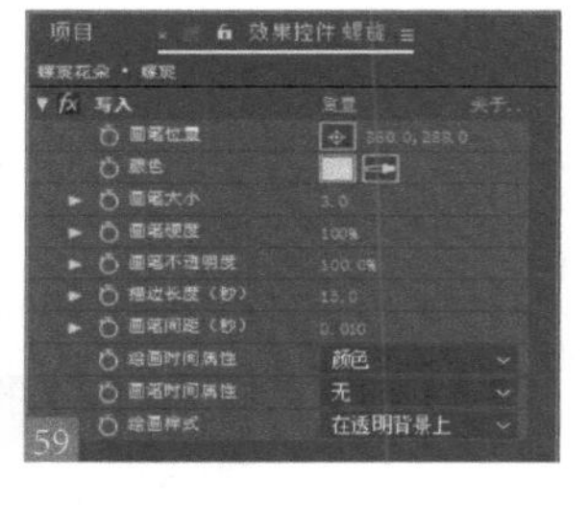

```
rad1=87; rad2=-18; offset=80; v=23; s=2;
x=(rad1+rad2)*Math.cos(time*v)-(rad2+offset)*Math.cos((rad1+rad2)*time*v/rad2);
y=(rad1+rad2)*Math.sin(time*v)-(rad2+offset)*Math.sin((rad1+rad2)*time*v/rad2);
[s*x+this_comp.width/2,s*y+this_comp.height/2];
```

按数字键盘上的 <0> 键进行预览61。

03 选中“螺旋”层，选择菜单中的“效果 > 模糊和锐化 > 高斯模糊”命令，为其添加“高斯模糊”滤镜，在特效控制面板中调整参数62。选中“螺旋”层，选择菜单中的“效果 > 风格化 > 发光”命令，为其添加“发光”滤镜，在特效控制面板中调整参数63。

62

63

04 按数字键盘上的 <0> 键进行预览64。

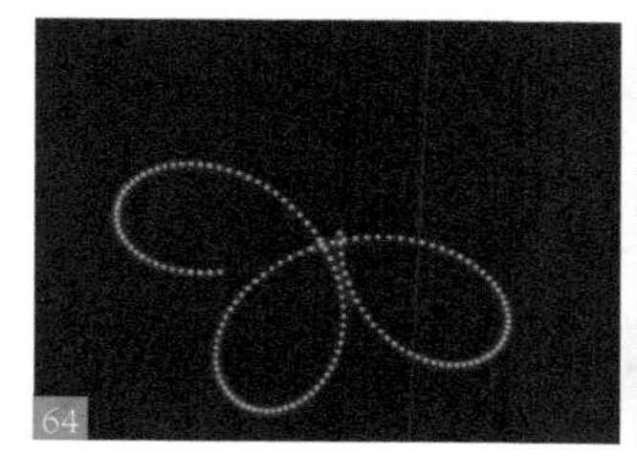
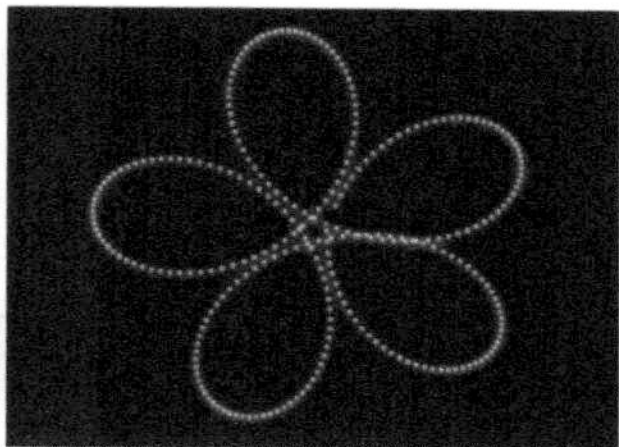
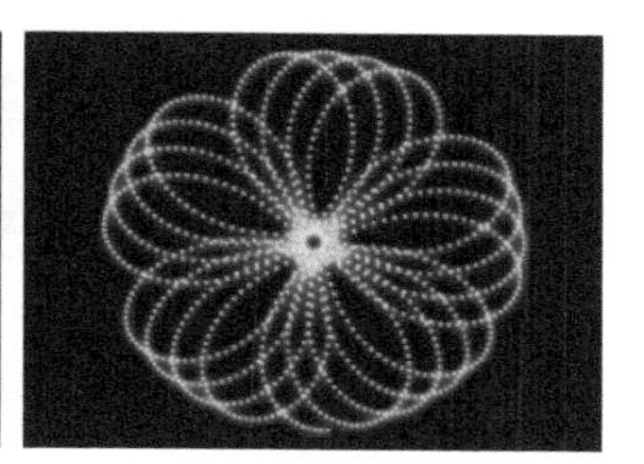
64

3.4.7 钟摆运动表达式

扫码看本节视频

本例练习钟摆运动表达式的应用65。

65

01 选择菜单中的“合成 > 新建合成”命令，新建一个合成窗口，命名为“钟摆运动”66。之后选择菜单中的“图层 > 新建 > 纯色”命令，新建一个固态层，命名为“钟摆支点”67。

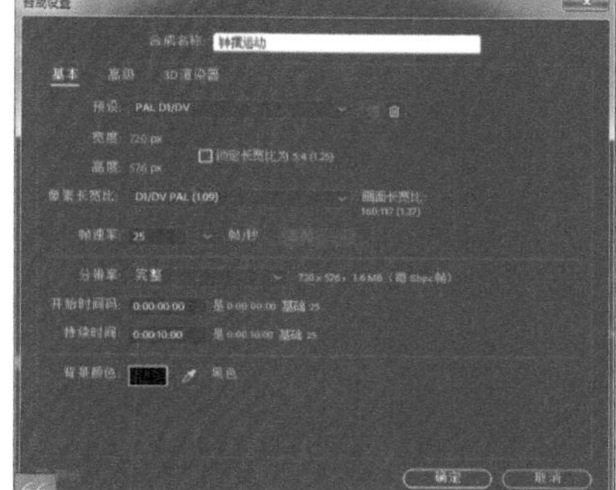

66

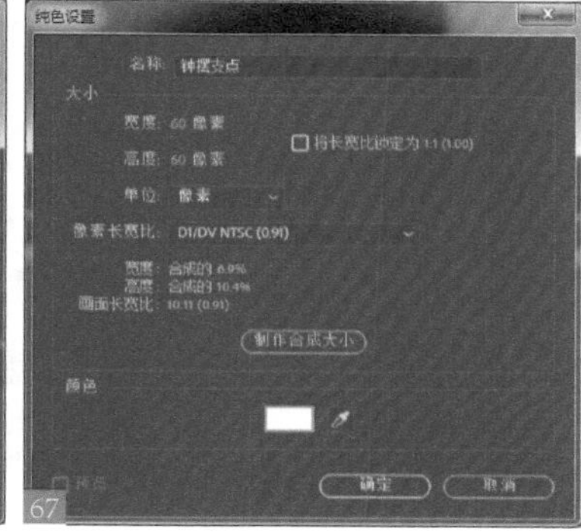

67

02 选择菜单中的“文件 > 导入 > 文件”命令，导入“钟摆背景 .tga”，并将其拖到时间线窗口中，放在最底层作为背景68。

03 选择菜单中的“图层 > 新建 > 纯色”命令，新建一个固态层，命名为“钟摆指针”。单击工具栏中的工具，在合成窗口中利用鼠标左键画一个矩形的蒙版，再单击工具栏中的工具，按住 <Shift> 键的同时利用鼠标左键再画一个圆形蒙版。移动“钟摆指针”的两个 Mask 以及“钟摆支点”的位置，使得此时合成窗口内的图形组成钟摆的形状69。

04 选中“钟摆指针”层，在时间线窗口中将其父层指定为“钟摆支点”层。选中“钟摆支点”层，按 <R> 键展开“钟摆支点”层的旋转属性。选中旋转属性，选择菜单中的“动画 > 添加表达式”命令，为该属性添加表达式，在表达式输入栏中输入如下表达式70。

```
veloc=7;
amplitude=80;
decay=.6;
amplitude*Math.sin(veloc*time)/Math.exp(decay*time)
```

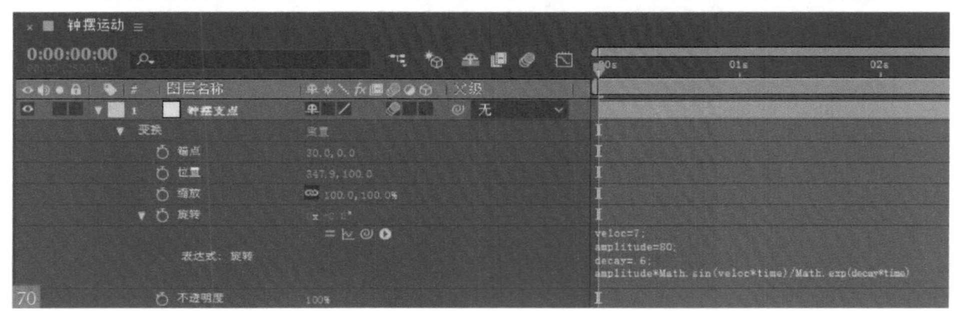

05 在时间线窗口中将“钟摆支点”层和“钟摆指针”层的运动模糊开关打开，并确认时间线窗口中的运动模糊按钮被按下了71。

71

06 按数字键盘上的 <0> 键预览最终效果72。

72

3.4.8 放大镜表达式

扫码看本节视频

本例主要练习表达式以及球面化滤镜模拟出放大镜效果73。

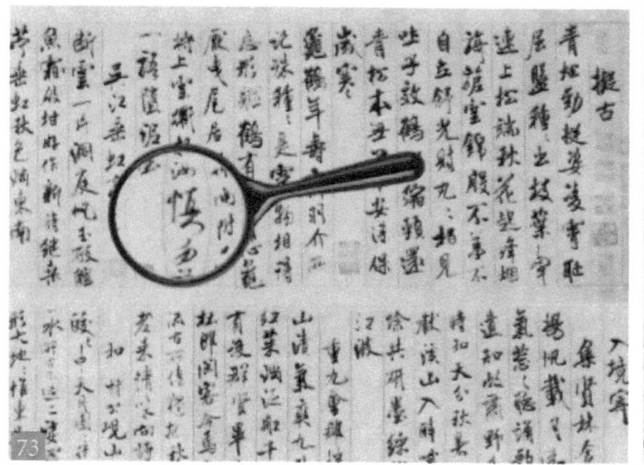
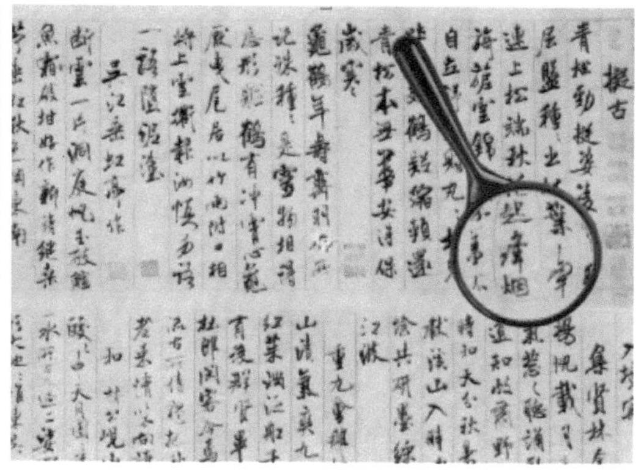
73

01 选择菜单中的“合成 > 新建合成”命令，新建一个合成窗口，命名为“放大镜”。之后选择菜单中的“文件 > 导入 > 文件”命令，导入“放大镜 .tif”和“书法字 .tga”，并将其拖到时间线窗口，将“放大镜 .tif”放在上层74。

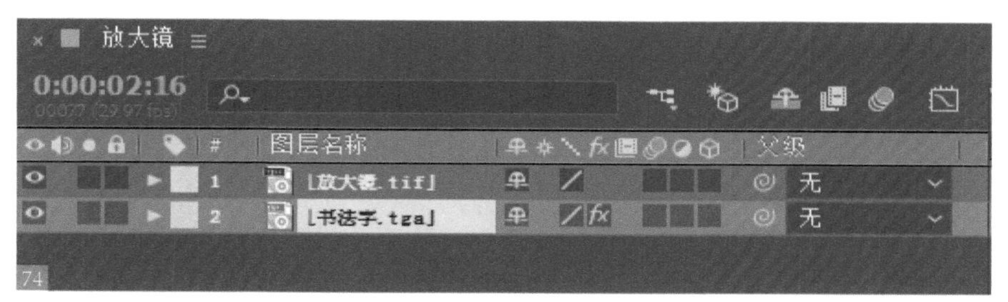

74

02 选中“放大镜 .tif”层，按 <S> 键展开该层的缩放属性，并将缩放值设为 50%。在选中“放大镜 .tif”层的情况下，按 <A> 键展开该层的锚点属性，并设置锚点值75。

03 单击工具栏中的工具，在合成窗口中沿放大镜镜片内圈画一个蒙版76。选中“放大镜 .tif”层，按 <M> 键展开“放大镜 .tif”层的蒙版属性，并勾选蒙版属性里的反转77。

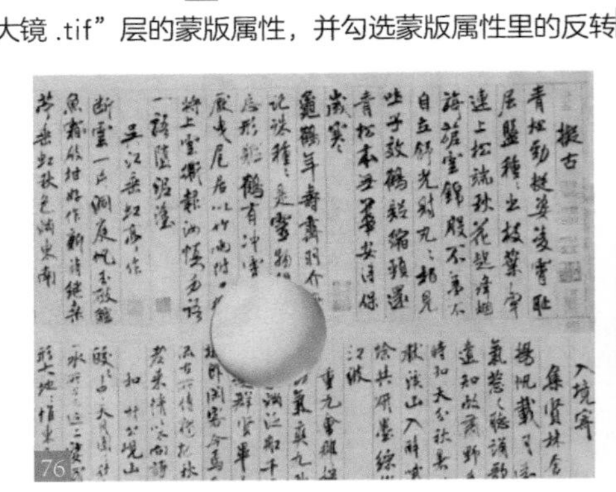

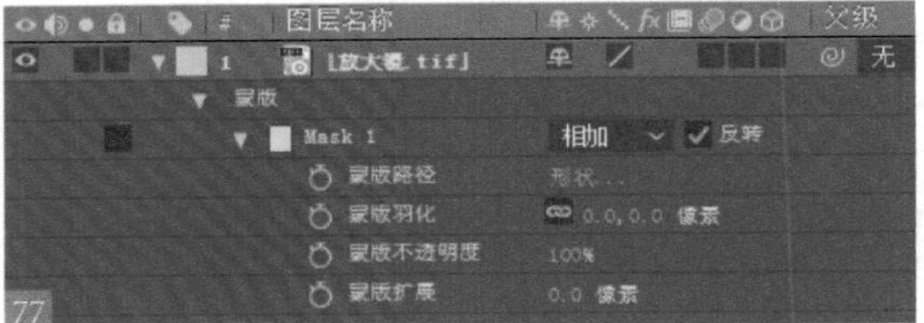

04 选中“放大镜 .tif”层，按 <P> 键展开“放大镜 .tif”层的位置属性，接着按下 <Shift+R> 快捷键，在打开位置属性的同时再展开“放大镜 .tif”层的旋转属性，然后在不同的时间点为位置和旋转参数设置关键帧。按数字键盘上的 <0> 键进行预览78。

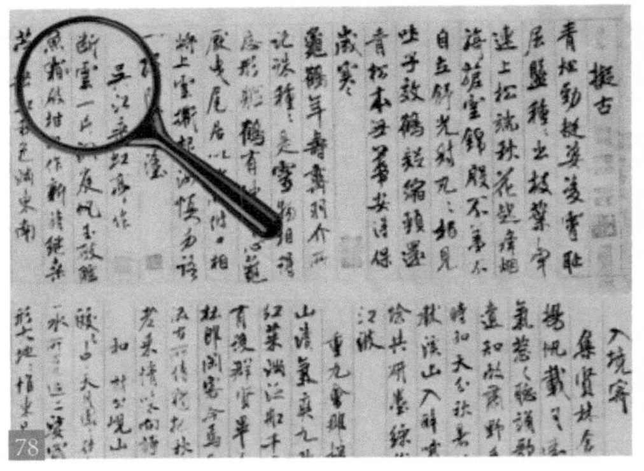

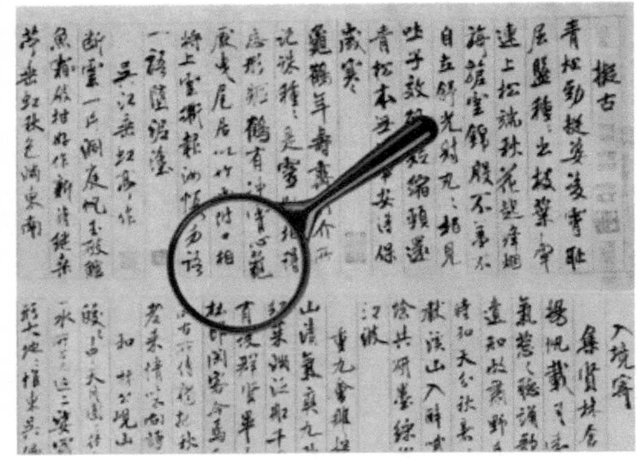

05 选中“书法字 .tga”层，选择菜单中的“效果 > 扭曲 > 球面化”命令，为其添加球面化滤镜，在特效控制面板中调整参数。在时间线窗口中展开球面化滤镜的参数，选中“球面中心”属性，选择菜单中的“动画 > 添加表达式”命令，为“球面中心”属性添加表达式，在表达式输入栏中输入如下表达式79。

```
this_comp.layer("放大镜 .tif").position
```

按数字键盘上的 <0> 键进行预览。

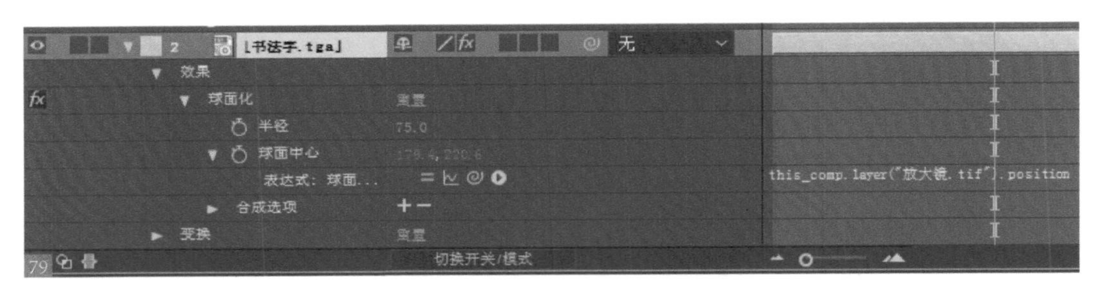

在 AE 中实现 UI 动效缓动

加速运动和减速运动可以为平庸的动态添加一些精彩效果。在 AE 中我们使用运动曲线可以让物体沿着路径运动，而整个路径动画的缓动则需要通过贝塞尔点曲线来控制。

3.5.1 制作典型 UI 动效

扫码看本节视频

下面通过一组简单的 UI 动画案例，学习 AE 强大的运动曲线调节功能。

01 启动 AE，按下 <Ctrl+Alt+N> 快捷键，新建一个项目窗口。双击项目窗口的空白处，在弹出的“导入文件”对话框中打开本书配套资源图片“运动曲线 .psd”，单击“打开”按钮，在弹出的窗口单击“确定”按钮退出对话框01。此时的时间线窗口显示了“运动曲线”合成02。

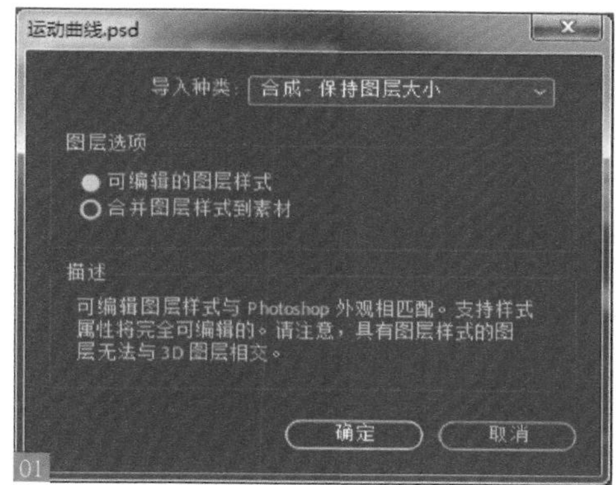

01

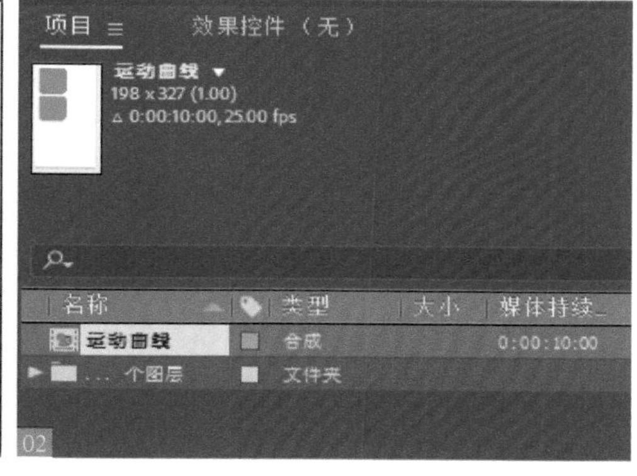

02

02 双击“运动曲线”合成，将该文件导入时间线窗口，目前画面中有两个圆角红方块，我们要制作的动画内容是：上面的方块缓动放大到窗口中部，下面的方块变红并向上移动，填补上面方块的位置03。

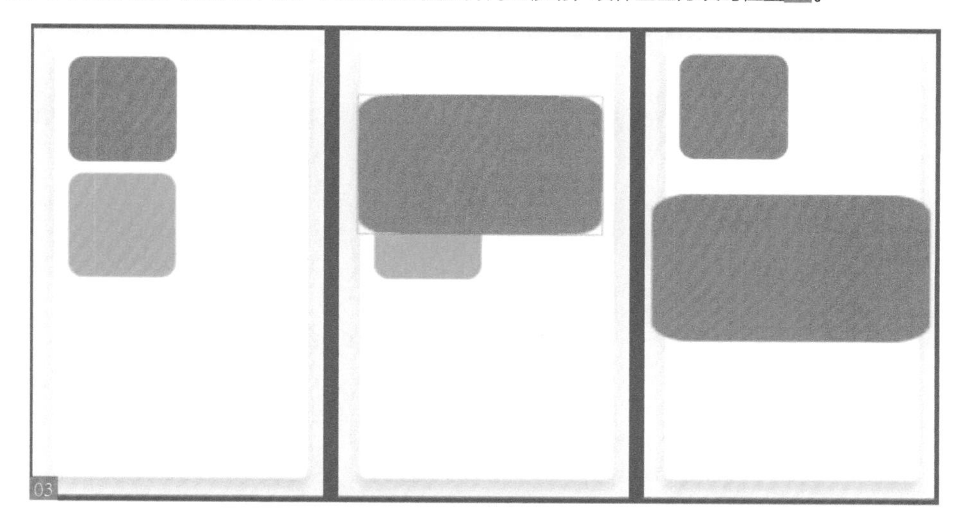

03

03 首先制作上方块的动画。选择“上方块”层，移动时间指针到第 0 秒，分别激活“位置”和“缩放”左边的按钮，打开关键帧记录功能04。

04

04 移动时间指针到第 1 秒，移动上方块到画面中间05，并放大其尺寸06。单击工具栏“转换顶点”工具，拖动路径两头的贝塞尔手柄，将直线路径改成弧线路径07。

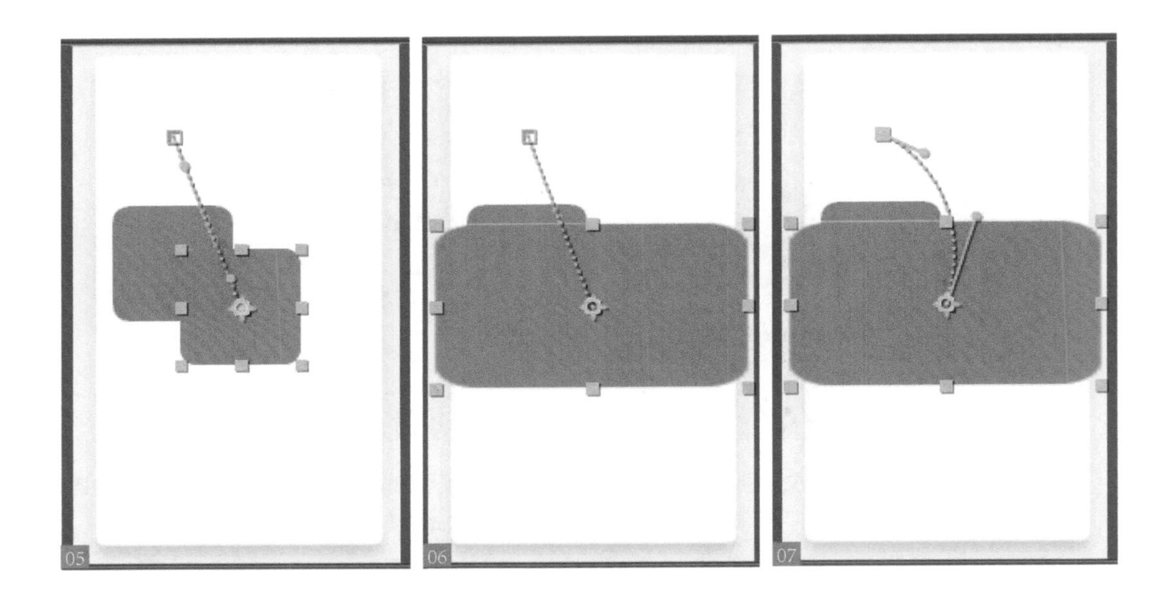
05 06 07

05 下面制作下方块的动画。选择“下方块”层，移动时间指针到第 0 秒，分别激活“位置”和“不透明度”左边的按钮，设置“不透明度”为 50%，打开关键帧记录功能08。

08

06 移动时间指针到第 1 秒，分别单击“位置”和“不透明度”左边的按钮，添加关键帧。移动时间指针到第 2 秒，移动方块到上方块的位置，并设置“不透明度”为 100% 09。两秒钟的动画制作完成 10。

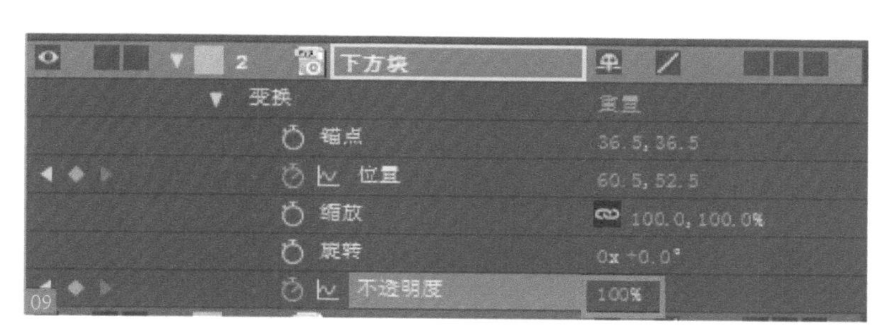

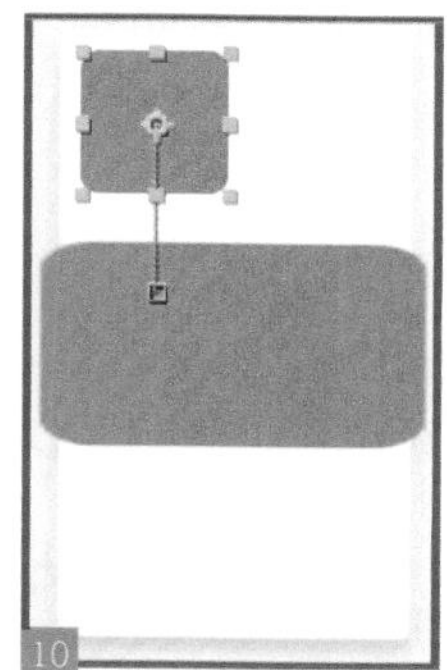

3.5.2 调整 UI 动效缓动曲线

目前的动画还只是个比较生硬的动态旋转，我们需要将整个动画连接得更加舒缓。

扫码看本节视频

01 按 <Ctrl+A> 快捷键全选所有物体，按 <U> 键将所有做过动画的图层显示出来，用鼠标左键在时间线窗口框选这些关键帧并单击鼠标右键，在弹出的快捷菜单中选择“关键帧辅助 > 缓动”命令（按 <F9> 键也可以直接执行缓动操作）。此时时间线上的所有关键帧都变成了漏斗造型，动画就制作完成了，继续播放动画你会发现动态比刚才连接的柔和多了，AE 可以智能化地将所有生硬的动画处理得非常流畅 11。

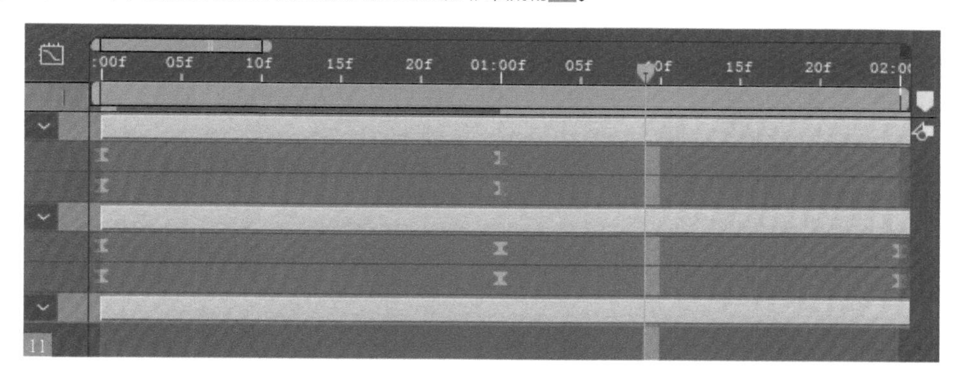

02 选择上方块的位置参数，单击按钮，显示图标编辑器 12，在这里可以调整动画的平顺度。选择左边的贝塞尔手柄向右拖动，将曲线调整成 13 的效果。

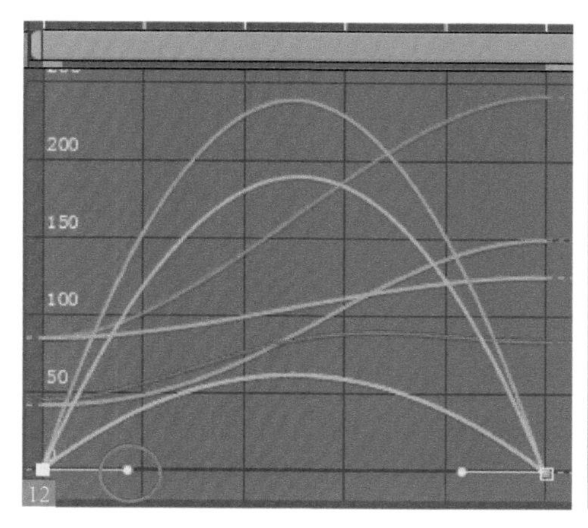

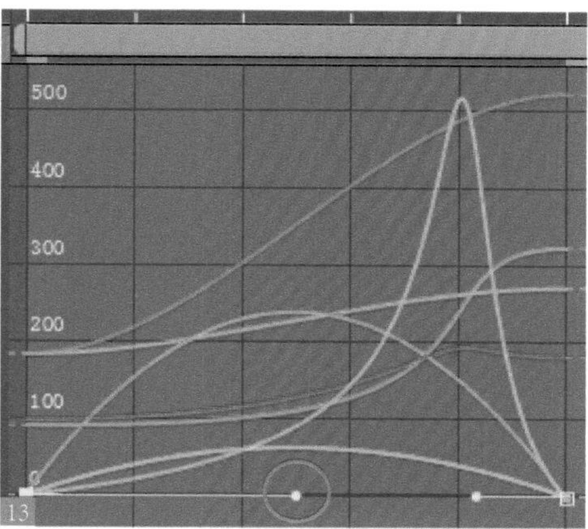

03 放大显示“上方块”层，会发现在调整运动曲线的时候，动画曲线上的节点会从均匀变成了不同的间距14，这些间距代表了时间的加速度。在合成窗口选择下方块，图标编辑器显示出该图层的运动曲线，选择位置参数颜色相对应的紫色曲线（不同颜色的曲线和参数相对应，这让用户很容易选择），向左拖动右边的曲线贝塞尔曲线手柄，让方块加速运动15。

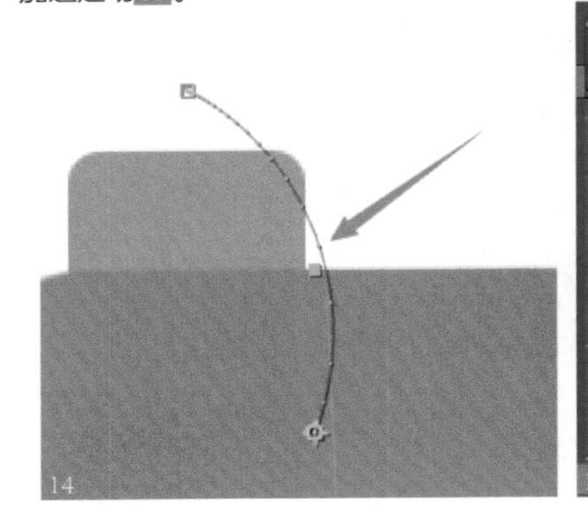
14

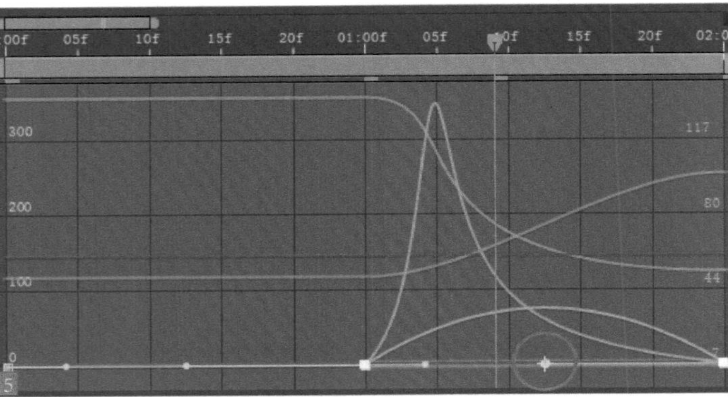

15

04 播放动画，会发现两种不同速度的动画位移动画，一种是上方块的减速位移并放大，一种是下方块的加速位移并改变透明度。缓动动画是一种比较常见的动画效果，对于 UI 动效来讲必不可少。

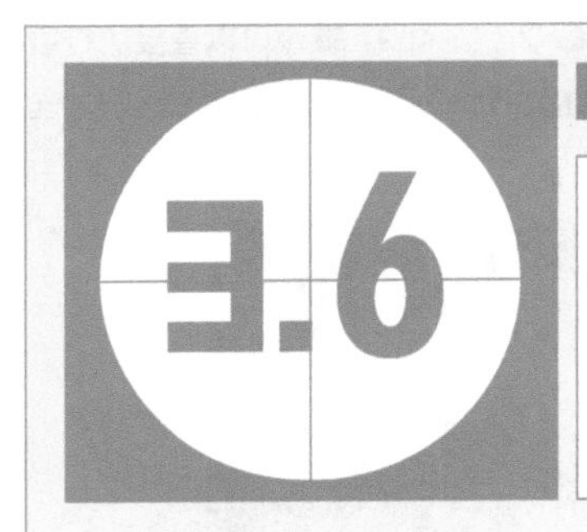

3.6 UI 动效高级实践

下面分别以不同元素和不同用途来制作几个典型的 UI 动效案例。

3.6.1 闹铃抖动 UI 动效

扫码看本节视频

本实例学习制作闹钟图标。该闹钟以椭圆为基本形状，需要用到椭圆的减法运算，再配以时针、底座等完成最终效果。最后用抖动表达式制作图标抖动的效果。

01 启动 PS 软件，执行“文件 > 新建”命令，创建 567×425 像素、分辨率为 300 像素的文档。新建一个空白文档，按下 <Ctrl+R> 快捷键，打开标尺工具，拉出辅助线01。

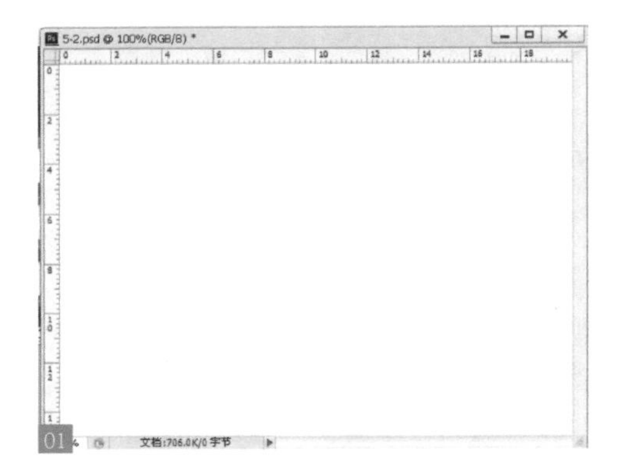
01

02 选择椭圆工具，设置颜色为绿色，在中心点的位置按住 <Shift+Alt> 快捷键拖曳鼠标绘制正圆02。在选项栏中选择“减去顶层形状”03。在中心点的位置按住 <Shift+Alt> 快捷键绘制同心圆04。

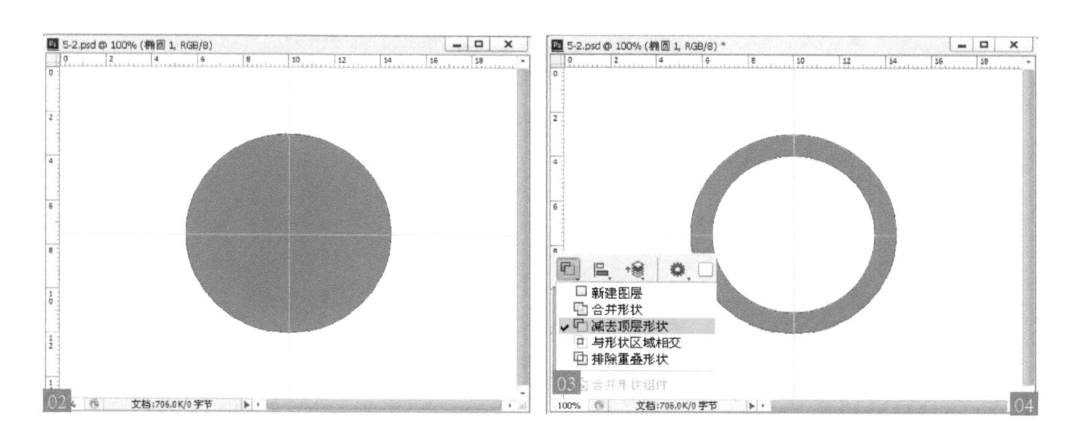

03 绘制时针。接下来我们会遇到第一个难题，闹钟是分时针和分针的，这些最好是一个像素宽，这样整体看来会显得比较合理。选择矩形工具，绘制分针05。在选项栏中选择“合并形状”选项06，在正圆中绘制时针07。

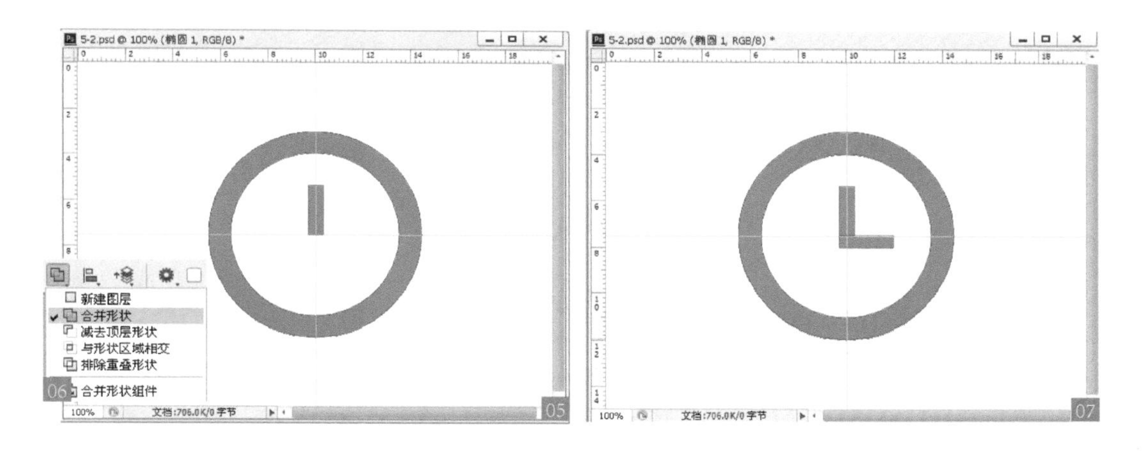

04 接下来画两个铃铛，铃铛的形状不是很规则的圆形，那该怎么样控制路径呢？选择椭圆工具，在选项栏中选择“新建图层”选项08，在图像上绘制椭圆形状09。选择直接选择工具，可以稍微调整锚点绘制出铃铛的形状10。

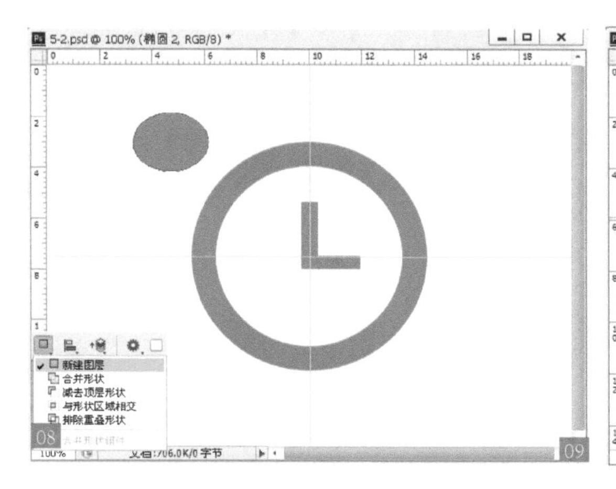

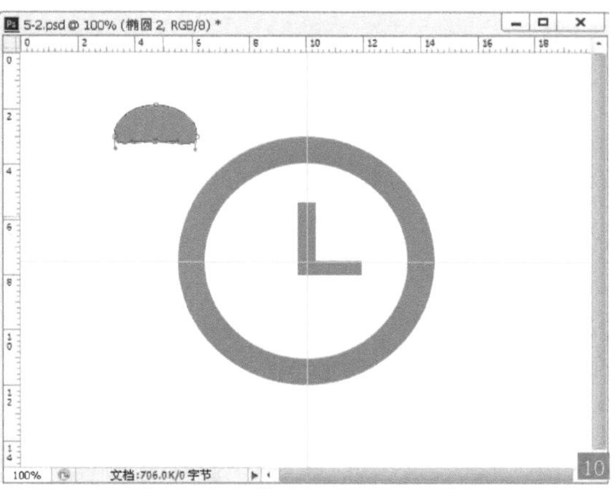

05 按下 <Ctrl+T> 快捷键，旋转角度11，按下 <Enter> 键确认操作12。

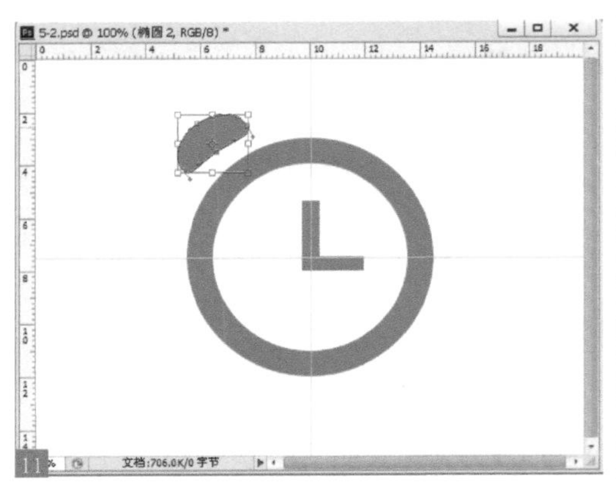

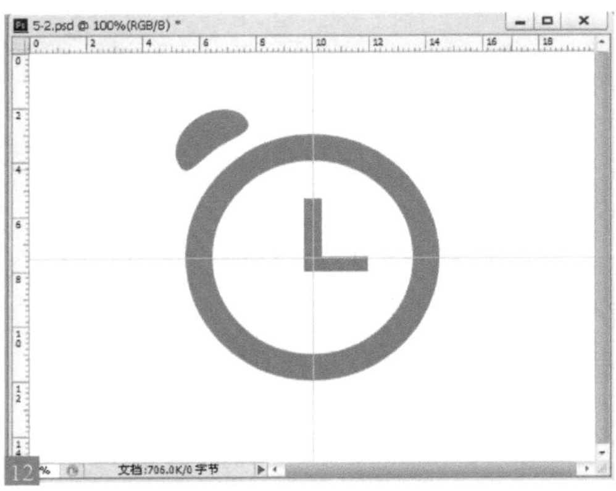

06 将该图层进行复制，按住 <Ctrl+T> 快捷键，在控制框内单击鼠标右键，选择“水平翻转”命令13，按下 <Enter> 键确认。使用移动工具，按住 <Shift> 键水平移动位置14。因为这一步牵扯变形和翻转，所以在绘制的时候一定要用矢量路径工具。如果是位图，变形后会失真。

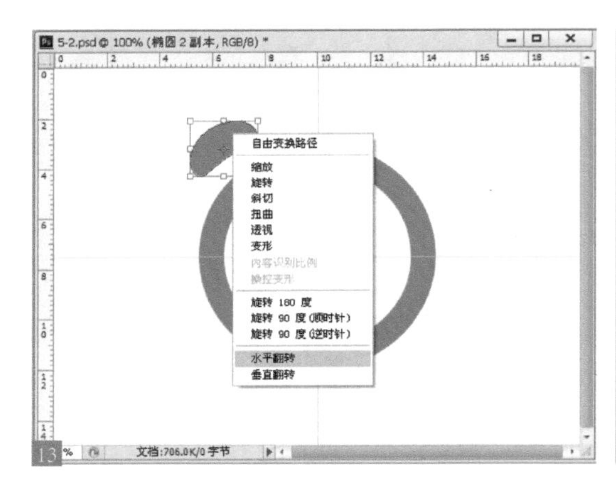

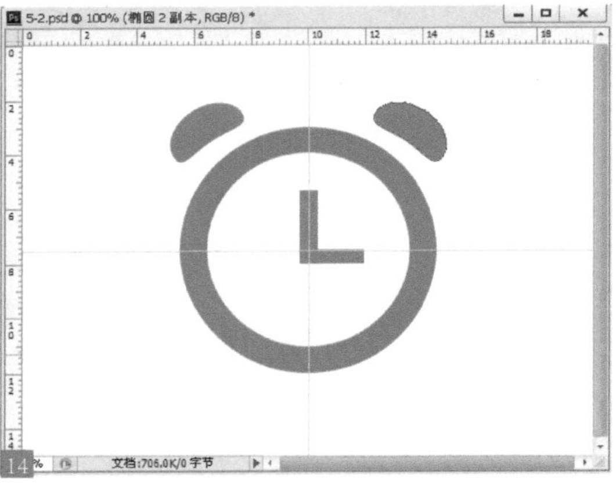

07 选择椭圆工具绘制支角，使用直接选择工具改变形状15。使用同样的方法对其进行旋转、复制和移动等操作，完成闹钟图形的制作16。

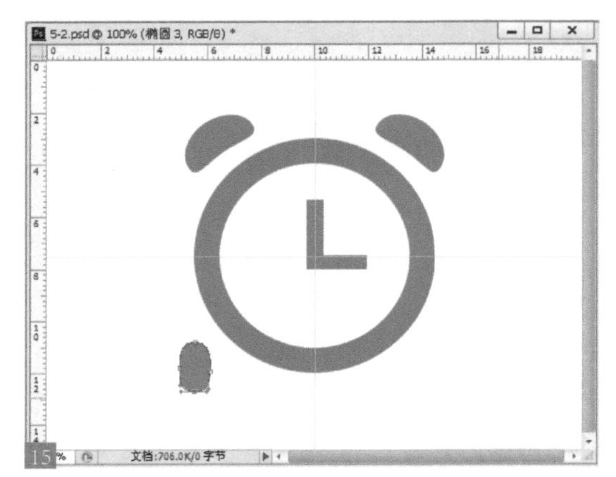

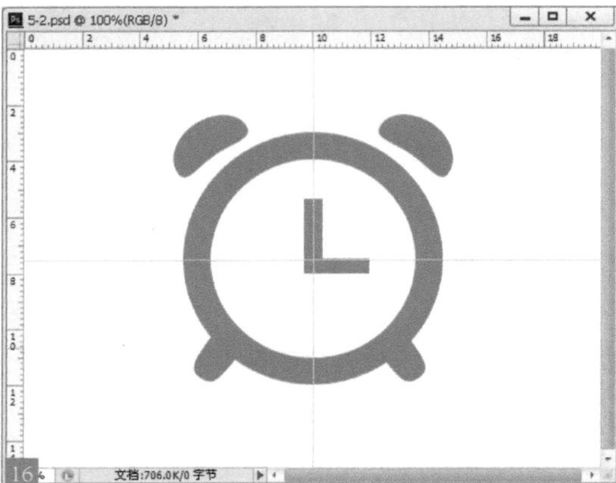

08 将闹钟两边的闹铃分别分层为“左耳”和“右耳”，闹钟其他部位合并为一层17，将该文件保存为“闹钟 .psd”文件。下面制作动画。启动 AE，按下 <Ctrl+Alt+N> 快捷键，新建一个项目窗口。双击项目窗口的空白处，在弹出的“导入文件”对话框中打开本书配套资源图片“闹钟 .psd”18。

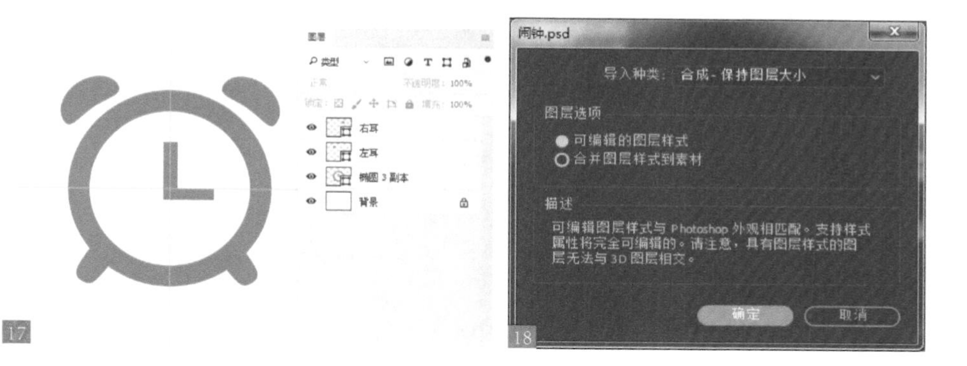

17 18

09 双击“闹钟”合成，将该文件导入时间线窗口，目前画面中除了背景层外，还有 3 个图层代表了闹钟的 3 个部分，我们要制作闹钟的抖动动画，其中两个闹铃抖动幅度最大，闹钟身体抖动幅度小一些。

10 选择除了背景的其他 3 个图层，按 <P> 键打开它们的位置参数，按 <Alt> 键的同时分别单击位置参数左边的按钮，给 3 个图层分别添加表达式19。

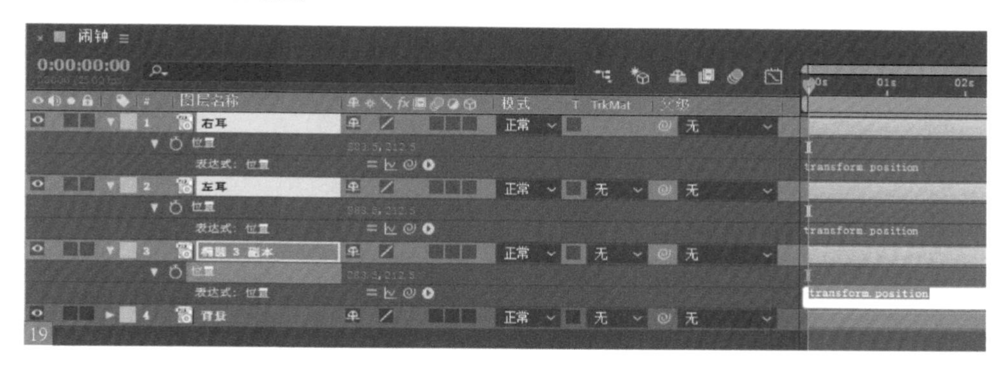

19

11 表达式 wiggle(x, y)的含义为：x 表示频率，即 1 秒抖动多少次，y 表示抖动幅度。设置左耳和右耳的抖动幅度大一些(设置为 5)，闹钟身体的抖动幅度小一些（设置为 2），它们的抖动频率为 20（既每秒钟 20 次抖动频率）20。

20

12 按空格键播放动画，我们将看到闹铃抖动的效果，不同部位的抖动效果不同。表达式是一种非常实用的动画制作工具，使用它可以简化复杂的动画制作流程。

3.6.2 圆形旋转进度条 UI 动效

扫码看本节视频

在本例中，我们将学会如何制作简单的进度条界面，通过使用椭圆工具、圆角矩形工具、自定义形状工具、横排文本工具以及图层样式工具等来快速制作大方美观的加载界面。

01 执行“文件 > 新建”命令，创建 874*653 像素的文档，设置前景色的颜色21，为背景填充前景色22，将“背景”图层解锁23。

02 按下 <Ctrl+R> 快捷键，打开“标尺工具”，拉出水平线和垂直线，选择钢笔工具，在图像上建立锚点，绘制形状24，“图层”面板此时增加了“形状 1”图层25。

03 复制“形状 1”图层，得到“形状 1 副本”图层。按下 <Ctrl+T> 快捷键，自由变换，旋转角度，移动中心点到标尺中央位置26，“图层”面板此时增加了“形状 1 副本”图层为27。

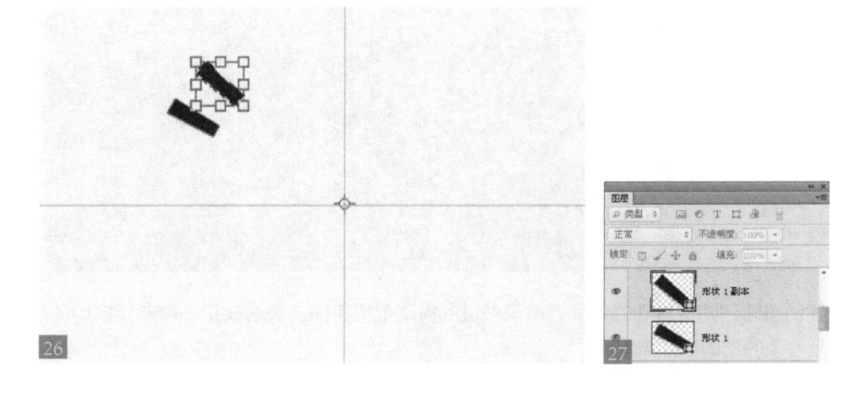

04 复制旋转。将中心点位置移动完成后，按下 <Enter> 键确认操作，按下 <Ctrl+Alt+Shift+T> 快捷键，对该形状进行旋转复制28。完成后，将图层进行合并29。

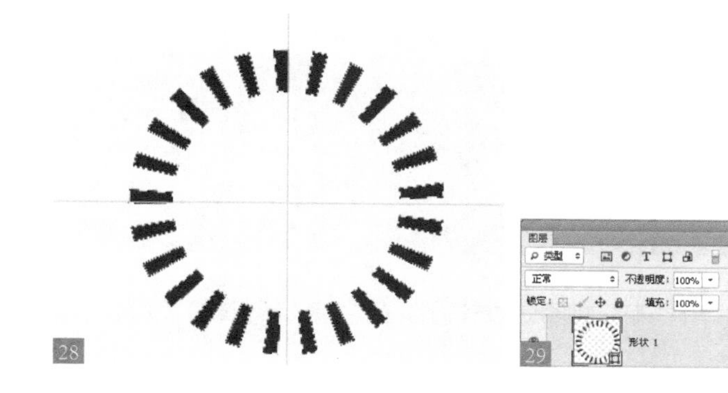

28
29

注意：对图像进行变换操作后，可以通过“编辑 > 变换 > 再次”命令再一次对它应用相同的变换。如果按下 <Alt+Shift+Ctrl+T> 快捷键，则不仅会变换图像，还会复制出新的图像内容。

05 为形状添加颜色。双击当前图层，在打开的“图层样式”对话框中选择“渐变叠加”选项，设置该参数30，绘制加载进度31。

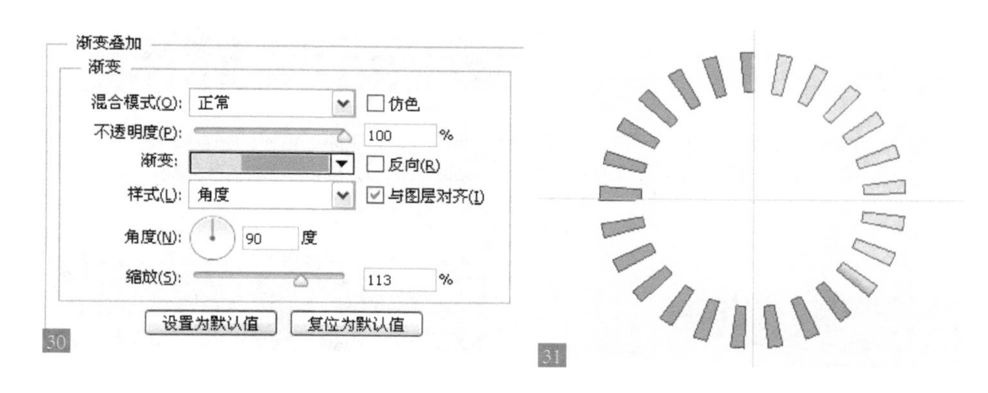

30
31

06 选择“椭圆选框工具”，在参考线交接的地方单击鼠标左键并按住 <Alt+Shift> 快捷键绘制正圆32，“图层”面板将做好的图层分成 3 部分，分别为进度、圆盘和背景33。下面输入文字。选择“横排文本工具”并输入文字（这里仅输入百分比符号，数字在 AE 中做动画）34。

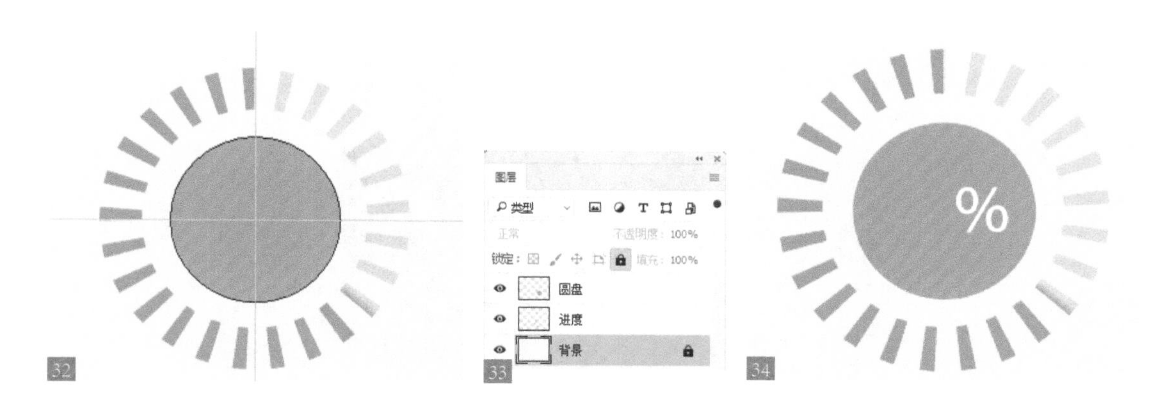

32
33
34

07 启动 AE，新建一个项目窗口。导入刚才制作的“进度条 .psd”，双击“进度条”合成，将该文件导入时间线窗口。先制作进度条动画，选择“进度”层，按 <R> 键打开旋转参数，在第 0 秒单击左边的按钮，打开自动关键帧。移动时间指针到第 5 秒，设置旋转参数为 5x（旋转 5 周）35。

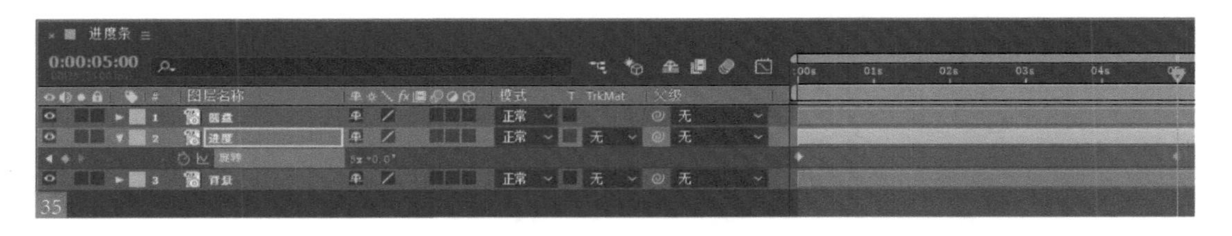
35

08 单击工具栏T按钮，输入数字 00，并将其移动到百分比左边36，在“字符”面板设置文字为白色37。

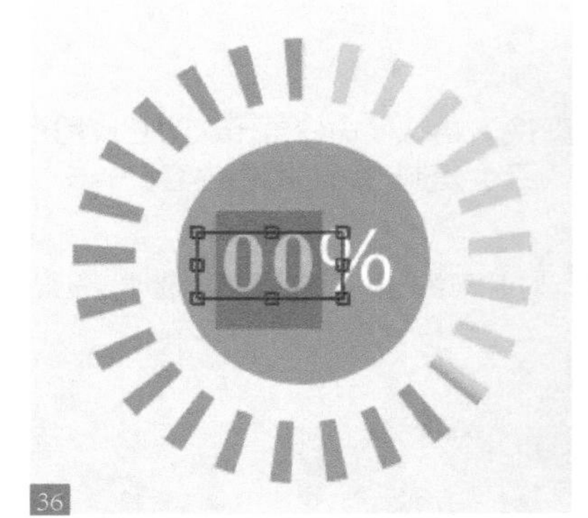
36

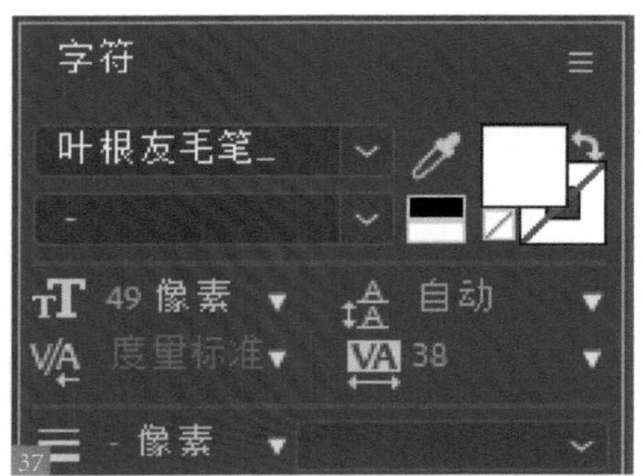

37

09 在时间线窗口单击文本的动画按钮，选择“字符位移”选项，给文字添加位移动画38。单击“字符位移”参数左边的按钮，添加表达式39。在表达式输入框输入 wiggle(1,100)，其中 1 代表变化幅度，100 为变化频率，可以自行修改。

38

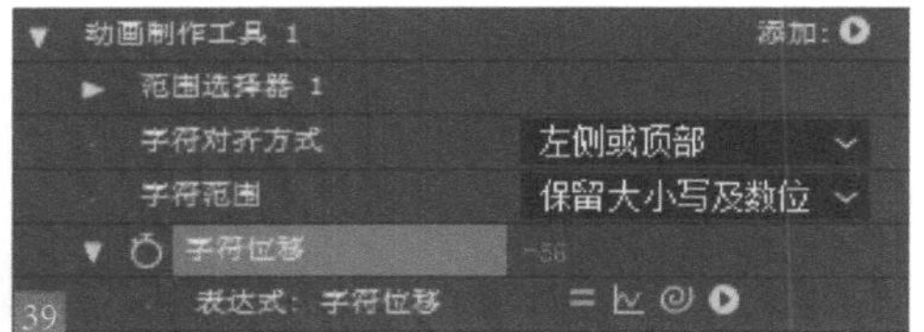

39

10 播放动画，可以看到数字随着进度条的旋转在变化40。数字变化的表达式非常多，这里介绍的是一种随机变化的表达式，还有按时间和旋转角度的变化方式，由于篇幅原因这里不再赘述，感兴趣的读者可自行尝试。

40

▶▶▶ Chapter

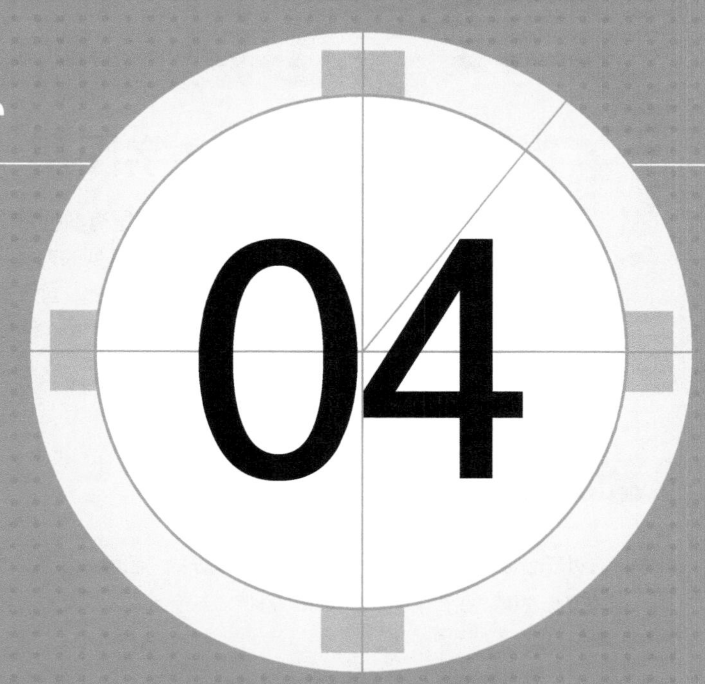

第 4 章　MG 字幕特效

文字不仅可以将字符单词指定为动画元素，还可以将文字的字体大小、间距及行距等多种格式属性进行动画处理。在本章中将对创建文字图层、制作路径文字以及设置文字动画进行详细介绍。

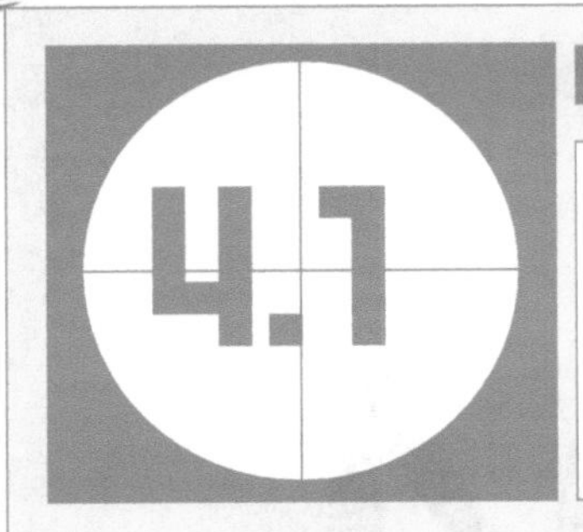

4.1 创建文字图层

要创建文字图层有多种方式，其中创建的文字可以是段落文字，也可以是艺术文本。排列的方式可以是横向排列，也可以是纵向排列。根据需要采取不同的方式，或者在不同的方式中进行转换。

扫码看本节视频

4.1.1 创建一个文字图层

01 在处于合成窗口或者时间线窗口时，可以选择“图层 > 新建 > 文本”命令，创建文字图层。在时间线窗口中单击鼠标右键，在弹出的快捷菜单中选择“新建 > 文本”命令，也可以创建文字图层 01 。当然最快捷的方式是按 <Ctrl+Shift+Alt+T> 快捷键。

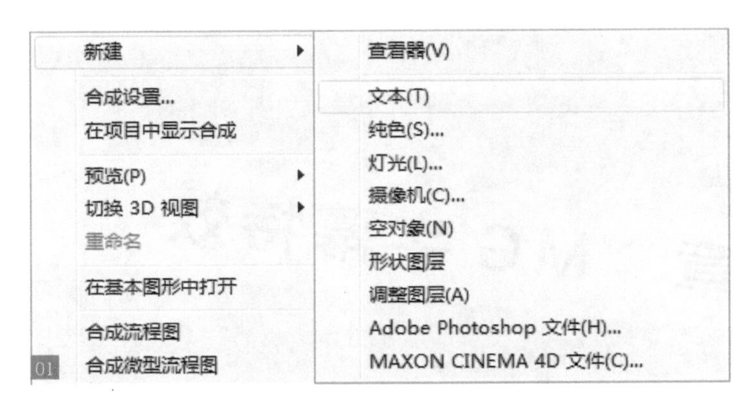

01

02 文字图层建立后，当前的工具自动变成文字工具，在合成窗口中输入文字 02 。

03 在时间线窗口或者合成窗口中，选择文字图层后，可以对图层的文字进行整体参数调节。双击文字图层，将选择文字图层的全部文字，文字呈高亮显示，并且当前工具转换成文字工具，之后可对文字图层的内容进行修改。在“段落”面板可对文字进行编辑 03 。

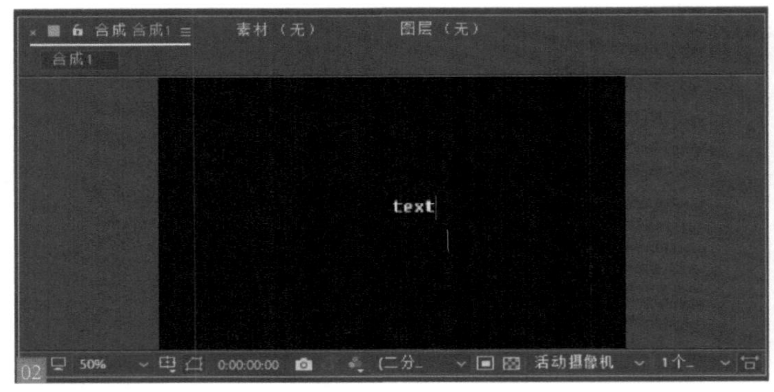

02

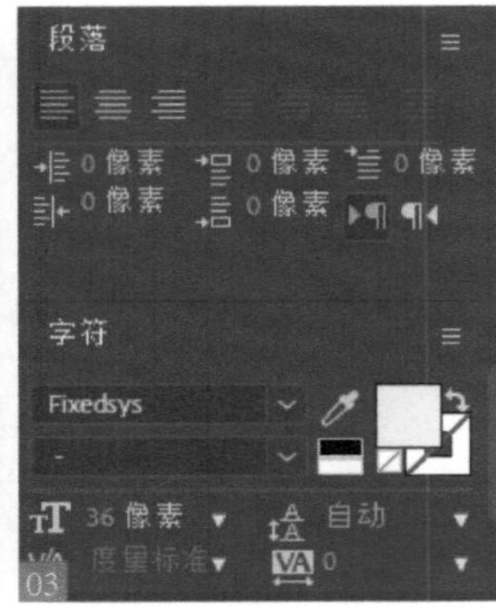

03

4.1.2 利用文字工具添加文字图层

单击工具栏中的T工具，直接在合成窗口中单击，然后在其中输入文字，同时也建立了文字图层。在文字输入的过程中，将文字工具移动到文字之外，文字工具会转换成选取工具，这时单击鼠标左键拖动，就可以移动文字，将光标移动到输入符号处，工具还原成文字工具。不移动文字工具，直接按 <Ctrl> 键，同样可以将工具暂时转换为选取工具。

要结束文字的输入，可以按数字小键盘上的 <Enter> 键，或者将光标移到合成窗口之外单击。但不要按大键盘上的 <Enter> 键，按下它不会结束文字的输入，实际上是输入了一个换行符。

在文字输入完之后，程序将自动以输入的文字给图层命名。当然也可以和对其他图层一样，修改图层的名字，文字图层的内容不会因图层名字的改变而变化。

4.1.3 文字的竖排和横排

扫码看本节视频

在工具栏中按住T不放，弹出相应的菜单，在其中包括横排文字工具和直排文字工具，两个工具分别用来创建横排和竖排的文字。虽然文字在最初输入时就确定了是竖排还是横排，但在输入完成后，也可以相互转换排列方式。

01 在时间线窗口中选择需要竖排的文字图层，或者调用选取工具在合成窗口中选择需要转换排列方式的文字 04。

02 调用T文字工具，确保文字层不在输入状态。在合成窗口中的空白处单击鼠标右键，在弹出的快捷菜单中选择“水平”命令。此时竖排文字转变成横排文字。同样的方法也可以将横排的文字转变成竖排文字 05。

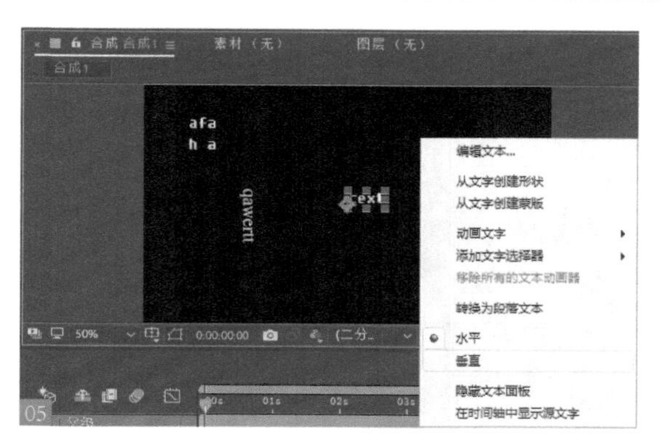

03 在工具栏中选择T直排文字工具，在合成窗口中单击鼠标左键，然后输入文字“影视风云 2028”。在画面上可以看到，虽然采用竖排文字，但其中的数字排列方式不符合日常的习惯 06。

04 用文字工具选择文字图层中的“2028”这几个数字。在字符面板中单击右上角的 ≡ 按钮，在出现的菜单中选择“标准垂直罗马对齐方式”命令 07。

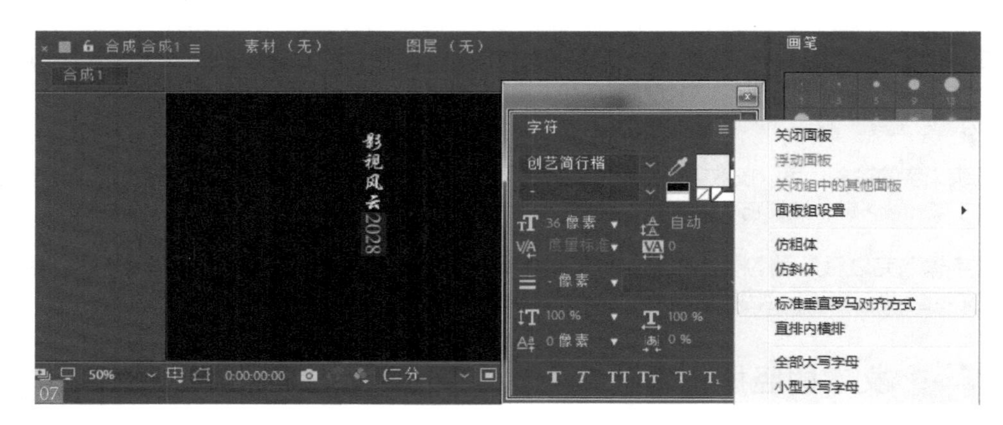

05 此时文字效果已经变成了单个竖排 08。如果在字符面板菜单中选择“直排内横排”命令 09。数字将以另一种方式排列，整组数字变成了横排 10。

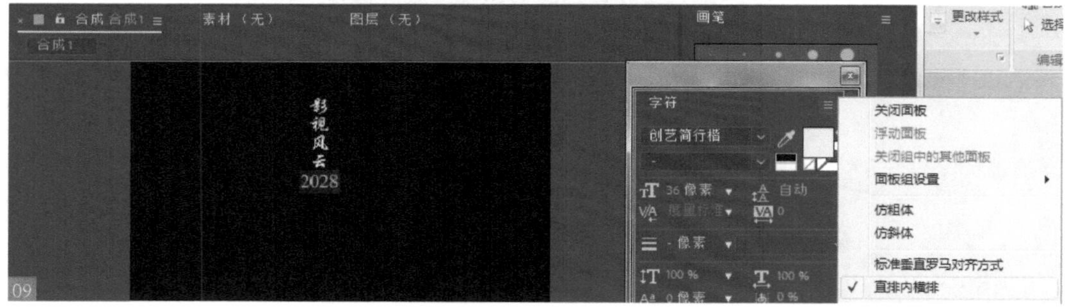

06 使用文字工具输入文字时，按住鼠标左键拖动，可以拖出一个文本框 11。然后在文本框中输入文字。此时输入的就是段落文本 12。

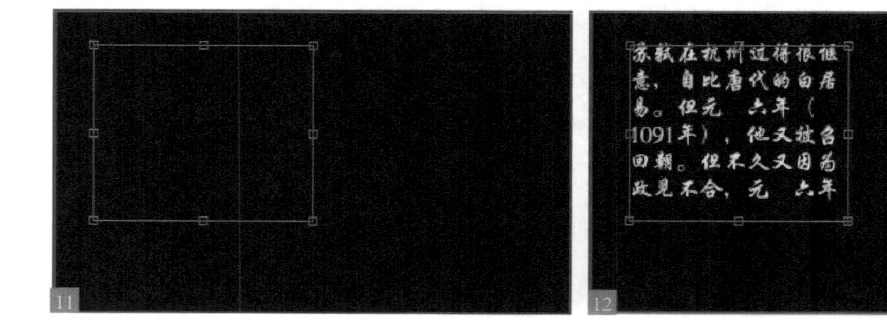

07 和艺术文本不同，段落文本四周的文本框限制了文字书写的区域，并且文字还会自动换行。如果文本的内容超出了文本框可容纳的大小，那么在文本框右下角的方框中会用加号显示13。可以拖动文本框下方的操控手柄来扩大文本框的范围，以便显示所有的文本。当右下角方框中的加号消失，说明显示出了文本中的全部内容14。

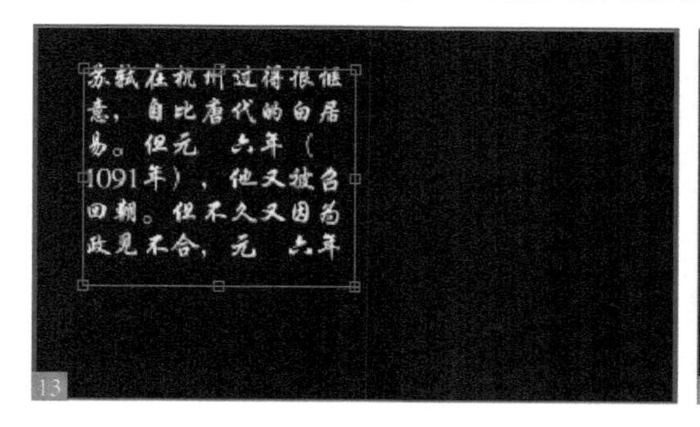

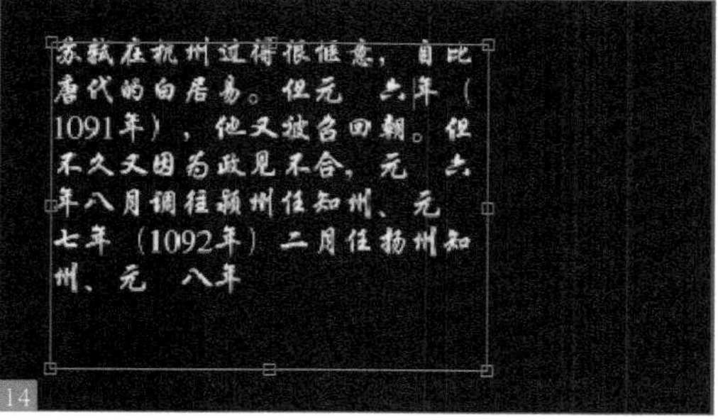

08 在不同的情况下可以选择采用艺术文本或段落文本，它们之间也可以相互转换。在字符面板中设置好文字的字体、大小和颜色。用文字工具在窗口中拖出一个文本框，在其中输入一段文字。按小键盘上的 <Enter> 键结束输入。

09 按下 <V> 键，调用选取工具，在合成窗口中选择文字图层，或者在时间线窗口中选择文字图层。

10 按 <Ctrl+T> 快捷键，调用文字工具。确保文字图层不在输入状态，在合成窗口中单击鼠标右键，在弹出的快捷菜单中选择“转换为点文本”命令15。这样就将段落文本转换成艺术文本。要将艺术文本转换成段落文本，可以再次单击鼠标右键，在弹出的快捷菜单中选择“转换为段落文本”命令16。

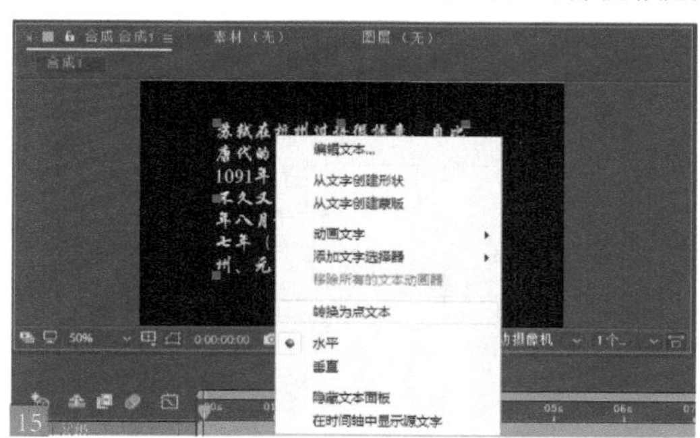

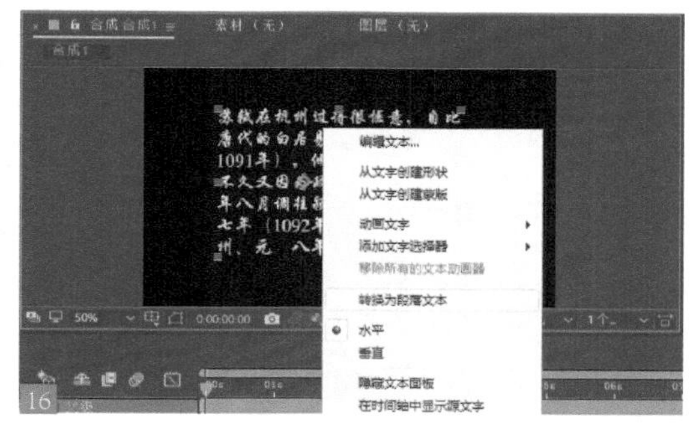

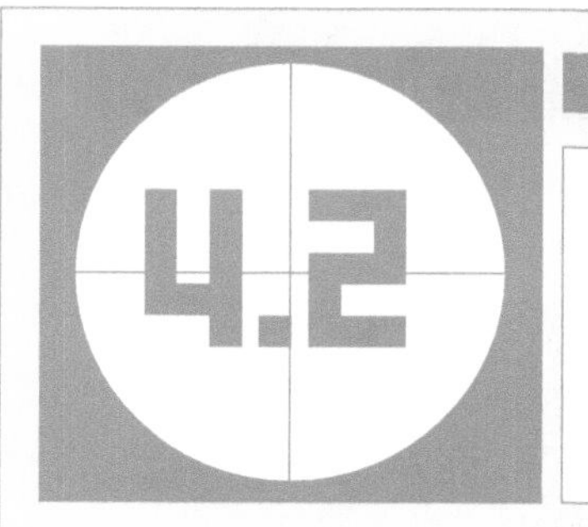

4.2 创建文字动画

文字动画在 MG 动效领域可以说是数不胜数，设计师想出了各种文字的动态。通过本节的介绍，读者可以领略到 AE 文字图层的强大功能，还可以学习运用动画组和选择器建立丰富多彩的文字动画的相关方法。

4.2.1 车身文字动画

本例主要是练习使用 AE 的文字格式化及动画功能，并通过对范围选择器设置关键帧来达到车身文字飞入的动画效果。

扫码看本节视频

01 启动 AE，选择菜单中的“合成 > 新建合成”命令，新建一个合成窗口，命名为 “飞来文字” 01。导入本书素材 text-1.jpg 文件，并将其拖动到时间线窗口 02。

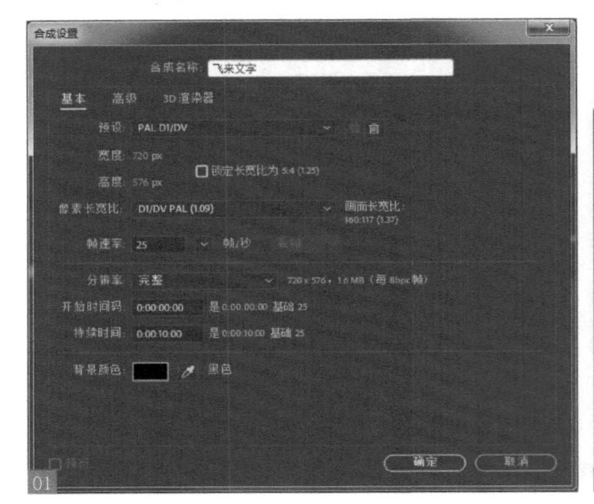

01

02

02 单击工具栏中的 T 文字工具，在合成窗口单击，并输入文字 FREE，设置字符面板中的参数 03。此时观察合成窗口的效果 04。

03

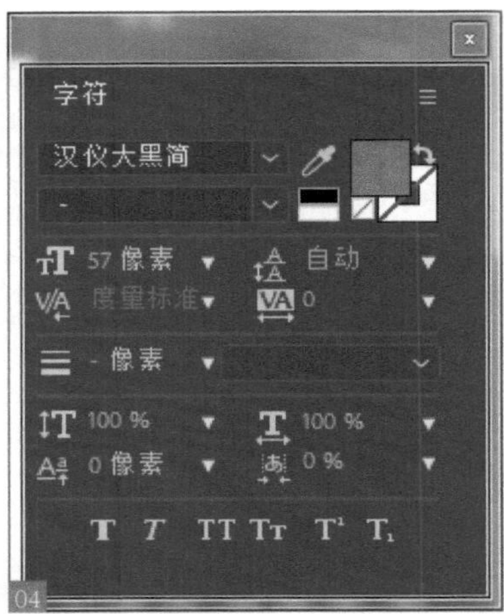

04

03 在时间线窗口中展开文字层的属性，单击图中动画右侧的 按钮，在弹出的菜单中选择“位置”命令，为文字层添加位置动画，并设置位置参数 05。

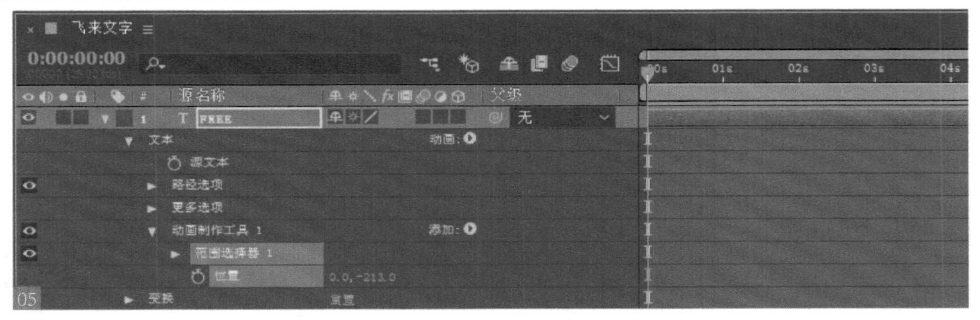

05

04 展开动画制作工具 1 下面的范围选择器 1 的属性，并为起始属性设置关键帧。在时间 0:00:00:00 处设置关键帧。在时间 0:00:02:20 处设置关键帧 06。此时按下数字键盘上的 0 键预览合成窗口的效果 07。

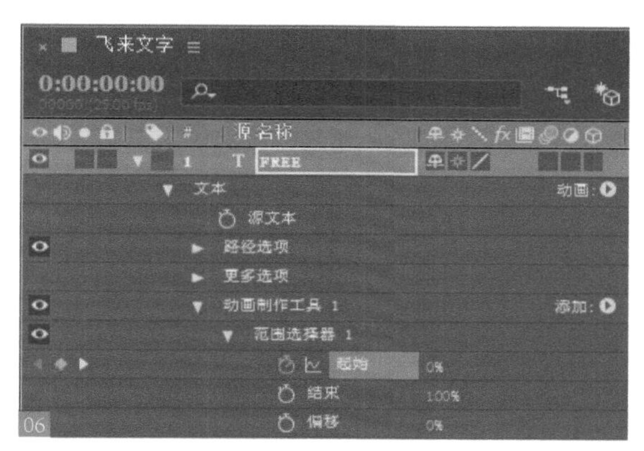

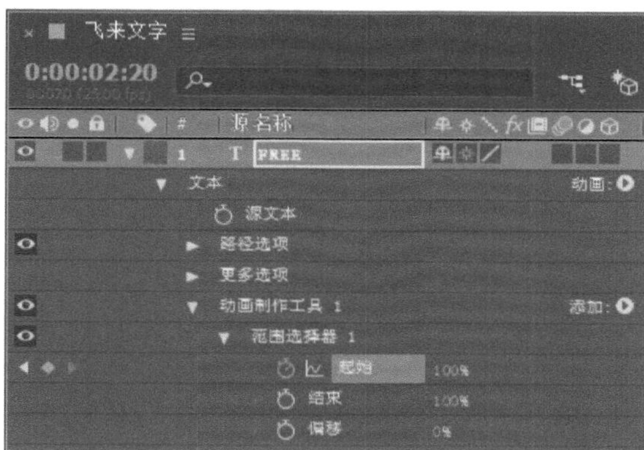

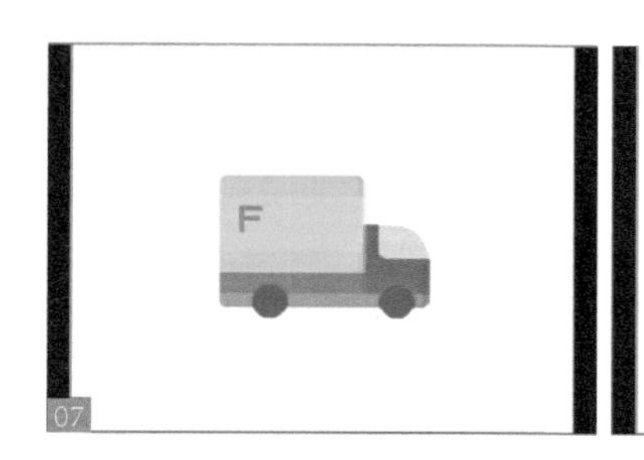

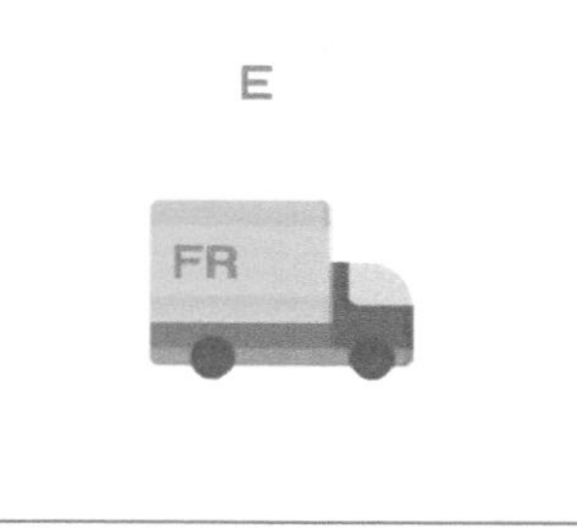

05 单击动画制作工具 1 右侧“添加”旁的按钮，在弹出的菜单中选择“缩放”命令08，为文字添加缩放动画。同样单击动画制作工具 1 右侧“添加”旁的按钮，在弹出的菜单中选择“旋转”命令，再为文字添加旋转动画。为缩放和旋转设置参数。单击时间线窗口中的图标，将运动模糊按钮打开，同时将图层的复选框选中09。

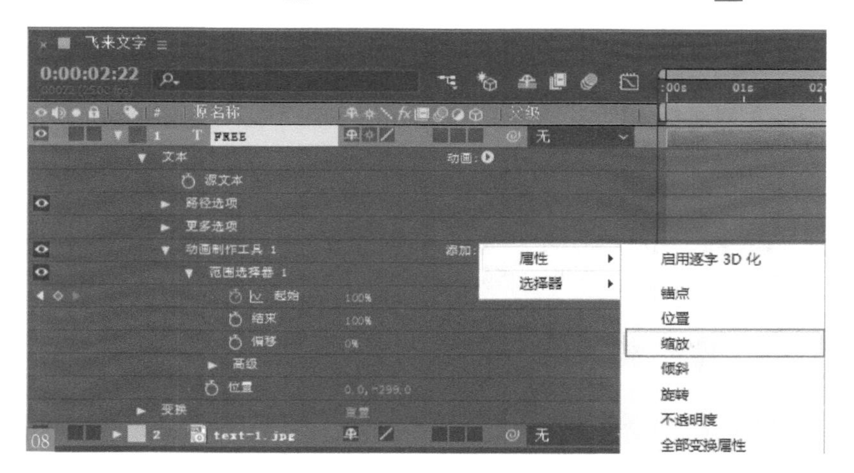

06 按数字键盘上的 <0> 键进行预览，观看合成窗口中的效果 10 。

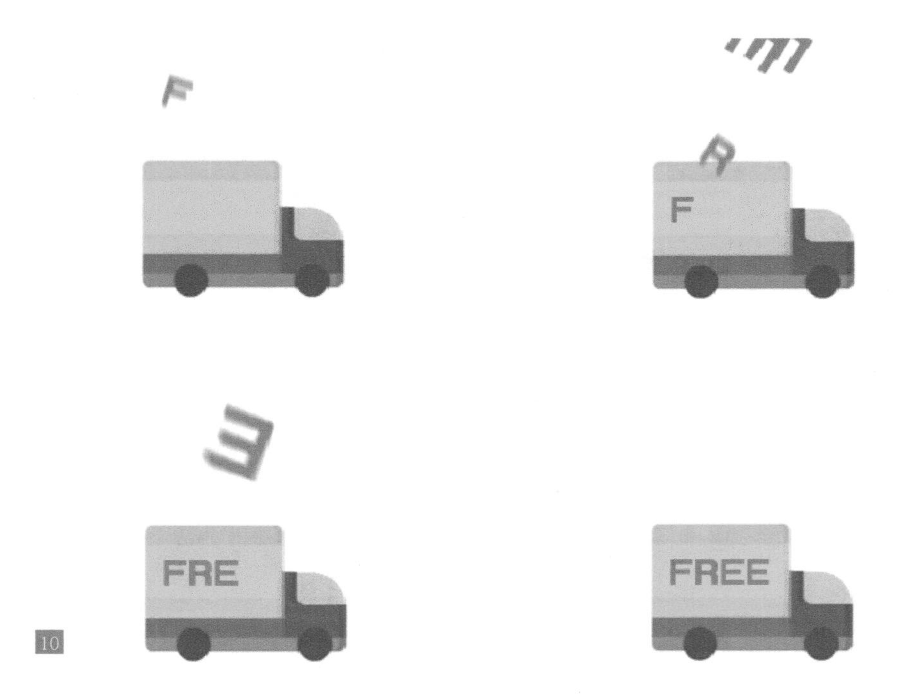

10

4.2.2 文字旋转动画

本例主要练习使用 AE 的旋转文字动画功能，通过调整更多选项的参数以及对范围选择器的控制来完成旋转文字飞入的动画效果。

扫码看本节视频

01 启动 AE，选择菜单中的“合成 > 新建合成”命令，新建一个合成窗口，命名为 “旋转文字” 11 。导入本书素材 text-1.jpg 文件，并将其拖动到时间线窗口 12 。

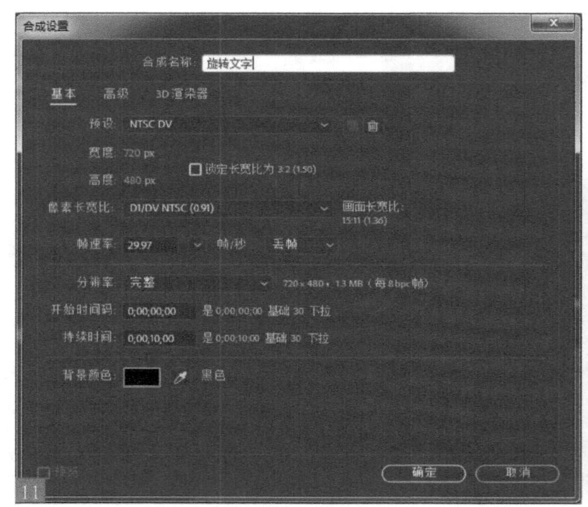

11

12

02 单击工具栏中的T文字工具，在合成窗口单击，并输入文字“职场要冲刺” 13，设置字符面板中的参数，观察此时合成窗口的效果 14。

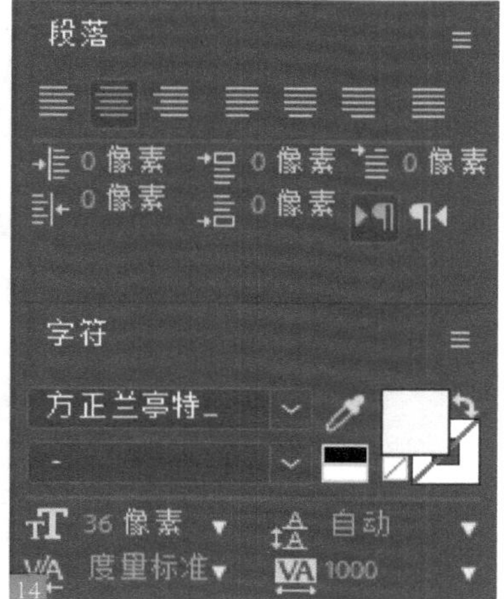

03 在时间线窗口中展开文字层的属性，单击动画右侧的按钮，在弹出的菜单中选择“旋转”命令，为文字层添加旋转动画，并设置旋转参数为 4x（旋转 4 周）15。

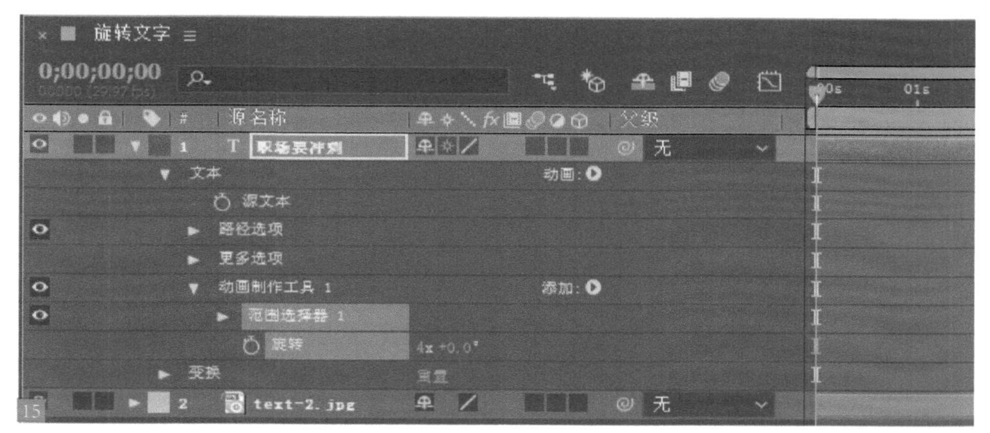

04 展开文字层的属性，单击动画制作工具 1 右侧“添加”旁的按钮，在弹出的菜单中选择“不透明度”命令，为文字添加不透明度动画，将不透明度的值设为 0%，设置范围选择器 1 属性中的结束参数为 68 16。

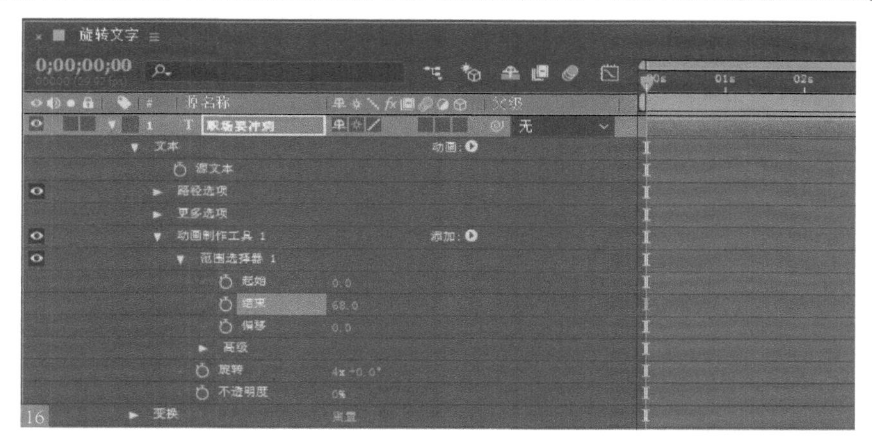

05 展开动画制作工具 1 下面的范围选择器 1 的属性，并为偏移属性设置关键帧。在时间 0:00:00:00 处设置偏移参数为 −55，单击按钮设置关键帧。在时间 0:00:03:00 处设置偏移参数为 100。单击时间线窗口中的图标，将运动模糊按钮打开，同时将图层的复选框选中。此时按下数字键盘上的 <0> 键预览合成窗口的效果17。

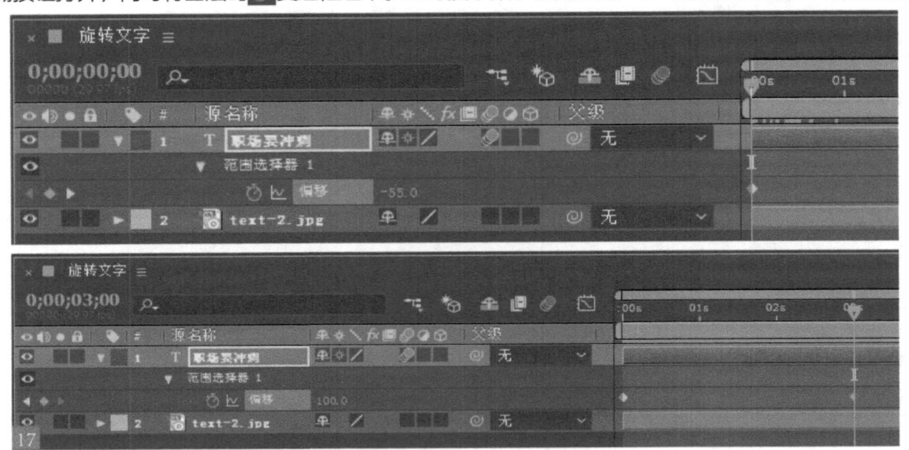

06 将文字层的“更多选项”属性打开，将“锚点分组”设置为“行”，设置“分组对齐”参数18。此时按下数字键盘上的 <0> 键进行预览19。

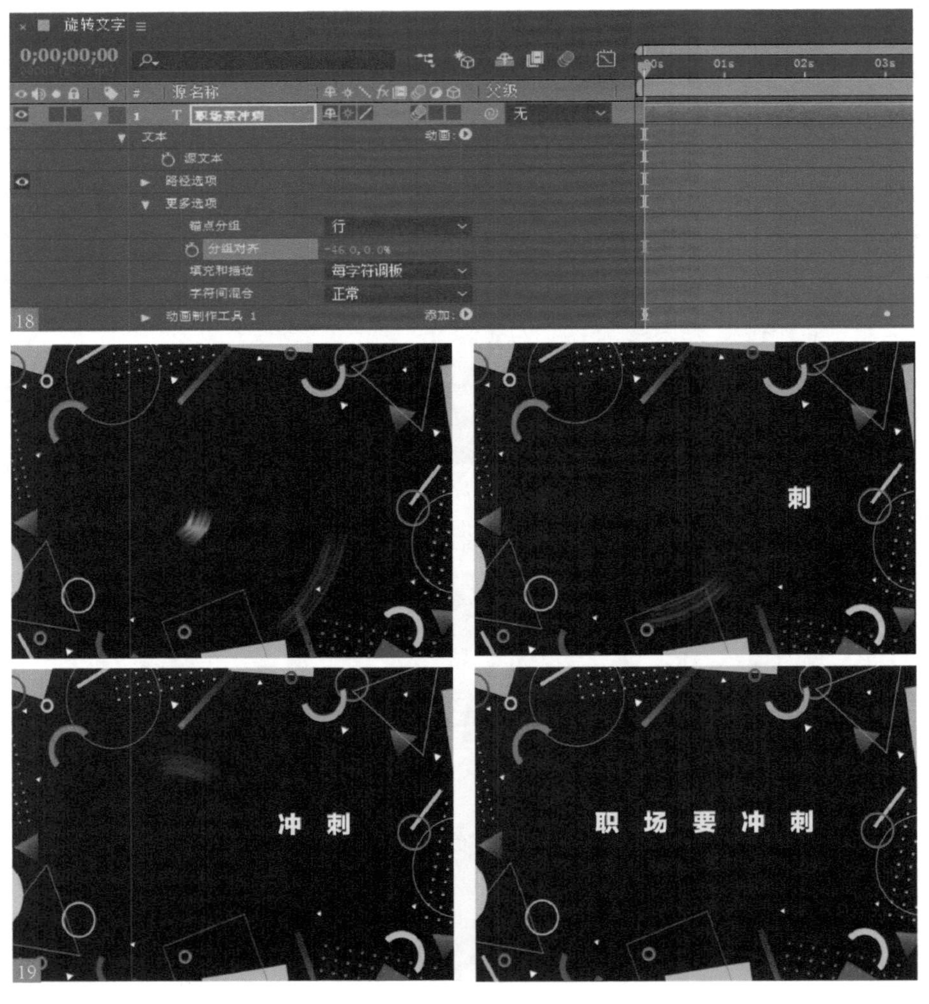

4.2.3 路径文字动画

本例主要练习使用 AE 的路径文字动画功能，可以让图层中的文字跟随路径排列，还可以给它们设置路径动画。

扫码看本节视频

01 启动 AE，选择菜单中的“合成 > 新建合成”命令，新建一个合成窗口，命名为“路径文字” 20 。导入本书素材 text-4.jpg 文件，并将其拖动到时间线窗口 21 。

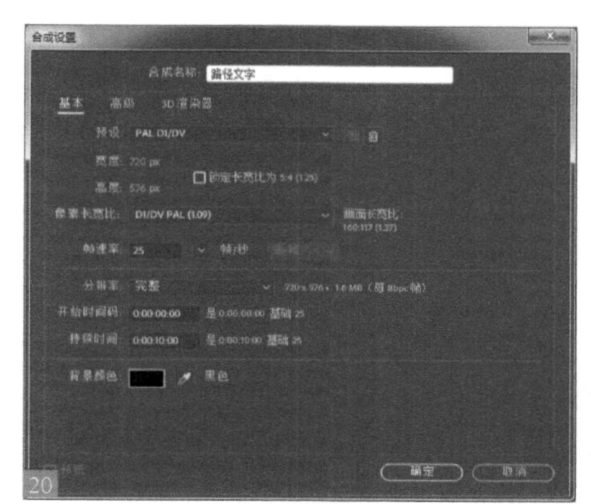

20

21

02 单击工具栏中的 T 文字工具，在合成窗口中输入一段长文字。按下 <G> 键，调用钢笔工具，在合成窗口中建立路径 22 。

22

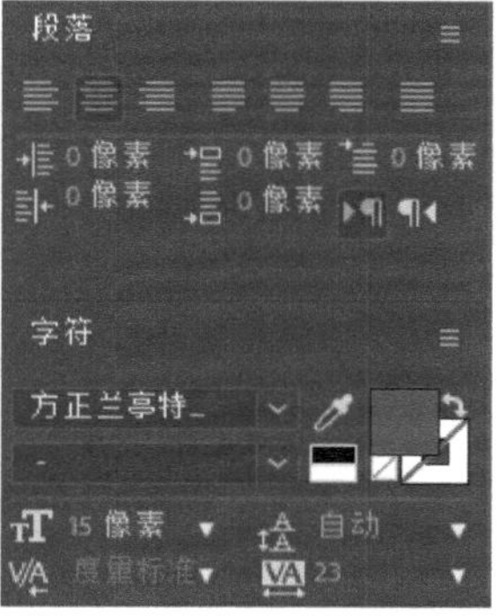

03 在时间线窗口中展开文字图层的“路径选项”参数，在右边的下拉列表中选择“蒙版 1”选项，将创建的路径指定为文字的路径 23 。

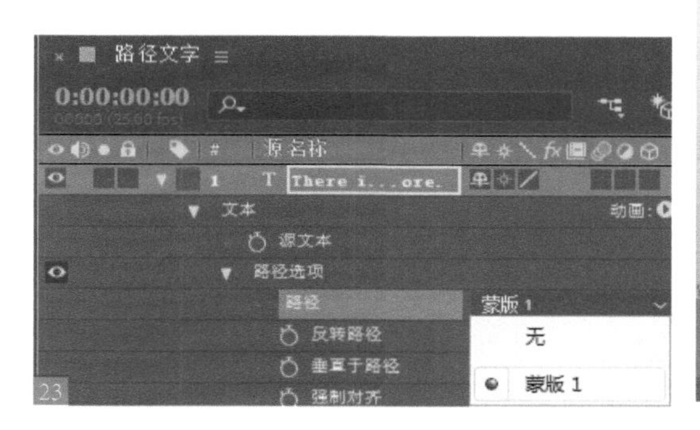

23

04 在时间线窗口中设置文字图层的“反转路径”为“关”，“垂直于路径”为“开”，“强制对齐”为“关”，“首字边距”为 -100，“末字边距”为 0.0。此时文字已经跟随路径排列 24。

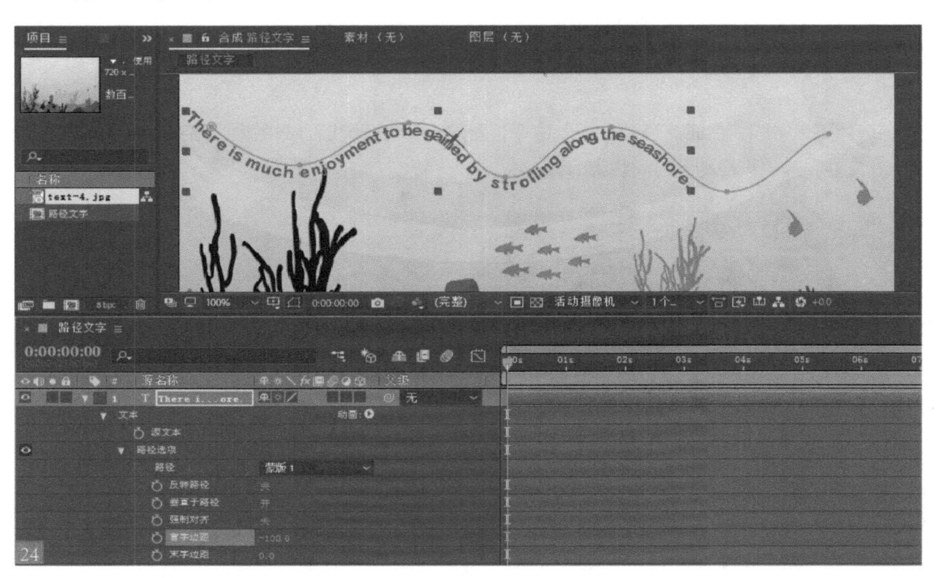

05 在动画的第 1 帧将“末字边距”参数设置为 -610（文字开始进入轨道），创建动画关键帧，在最后 1 帧设置为 815（文字走出轨道）25。此时按数字键盘上的 <0> 键进行预览 26。

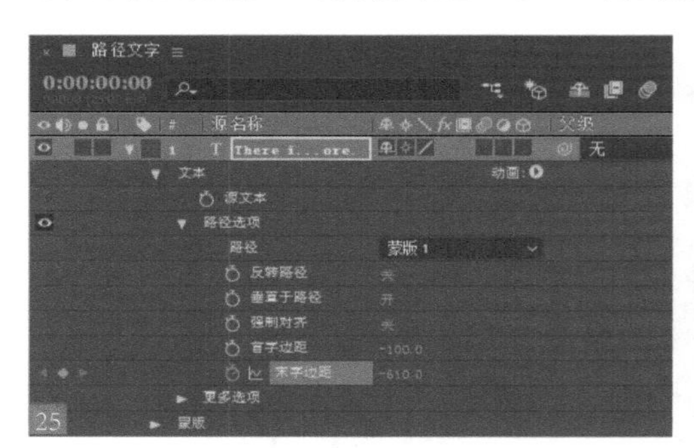

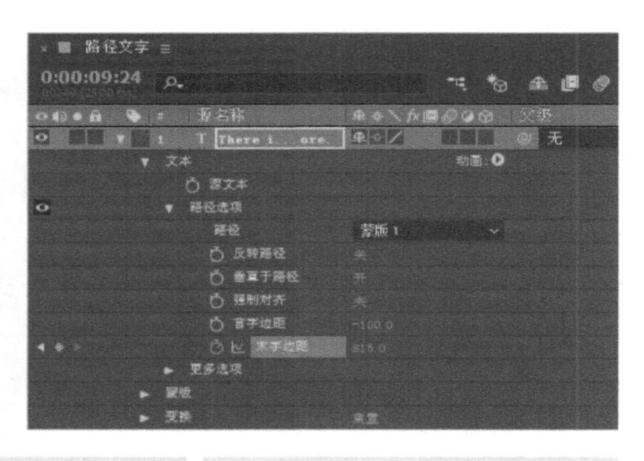

06 将“垂直于路径”设置为“开”，“强制对齐”设置为“关”，文字强制与路径起始端对齐 27。

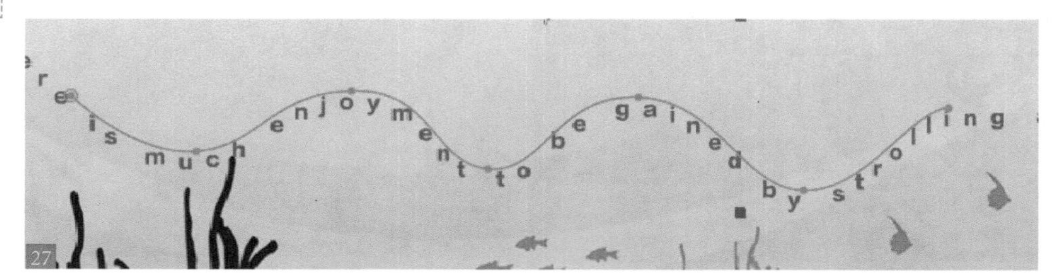

07 除了“路径选项”栏中的参数外，在“更多选项”栏中的一些参数同样影响路径文字排列的方式28。在“锚点分组”参数中选择“词”方式，文字将以每个单词为单位跟随路径运动29。

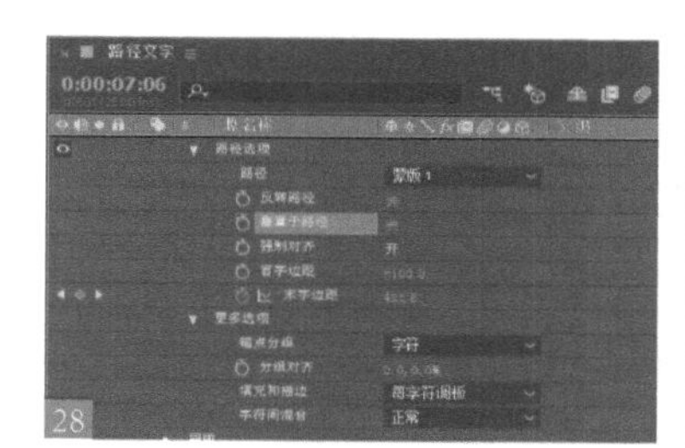
28

29

4.2.4 涂鸦文字动画

扫码看本节视频

本例主要练习使用 AE 的涂鸦文字动画功能制作一段涂鸦动画。

01 启动 AE，选择菜单中的“合成 > 新建合成”命令，新建一个合成窗口，命名为“涂鸦”30。在项目窗口中双击导入本书配套素材“地面 .tga、墙 .tga”文件31。

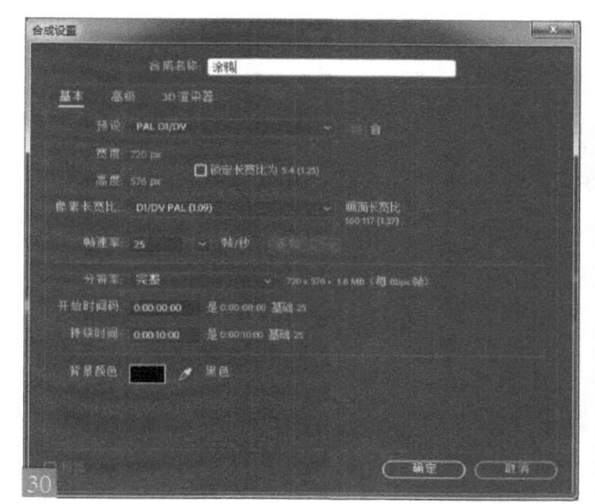
30

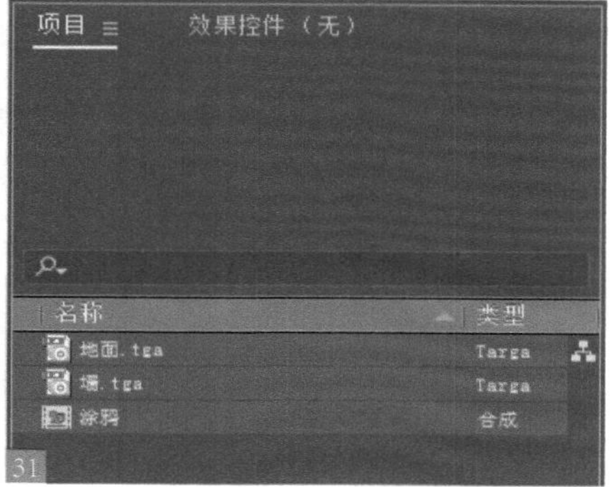

31

02 单击工具栏中的T文字工具，在合成窗口中输入一段文字32。

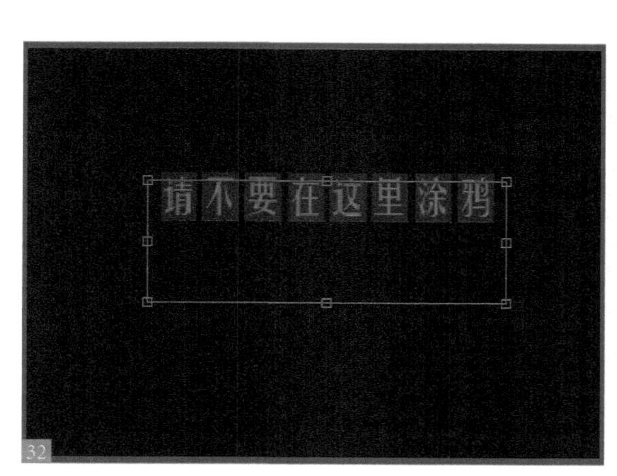

32

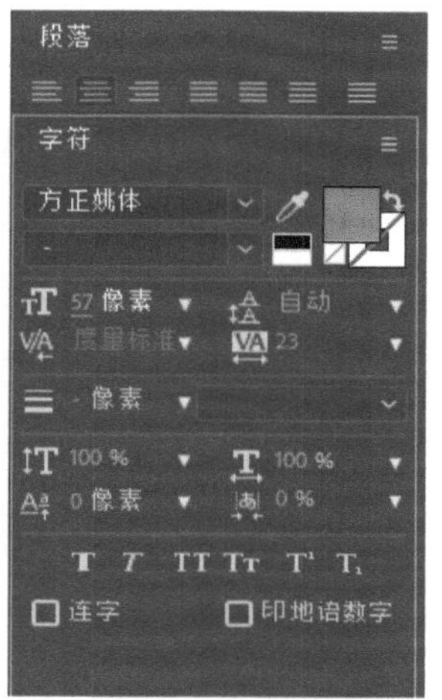

03 单击钢笔工具，在合成窗口中对文字进行描边，画一个蒙版33。

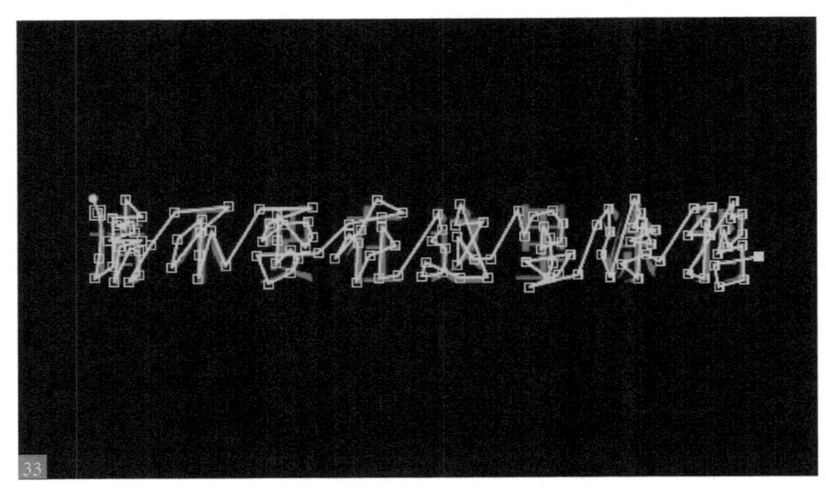
33

04 选中文字层，选择菜单中的“效果 > 发生 > 描边”命令，为蒙版添加描边特效。在特效控制面板中调整参数34。

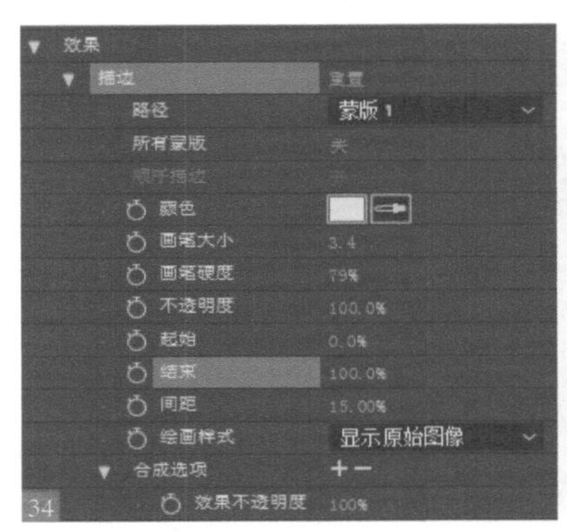

34

05 在时间线窗口中展开描边特效的“结束”参数，单击记录关键帧35。

35

06 按键盘上的 <Ctrl+N> 快捷键，新建一个合成，命名为“涂鸦 1”。将项目窗口的“地面 .tga 和墙 .tga”拖到时间线窗口中，打开它们的三维属性开关。利用旋转工具和移动工具分别调整两个图层在视图中的位置36。

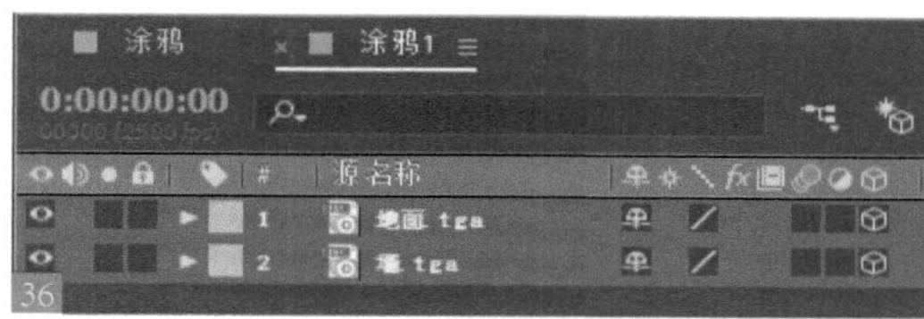

36

07 在时间线窗口中单击鼠标右键，在弹出的快捷菜单中选择“新建 > 摄像机”命令创建一架摄像机37。

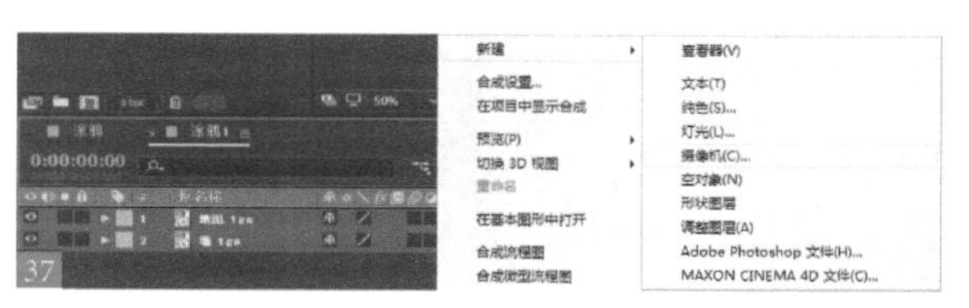
37

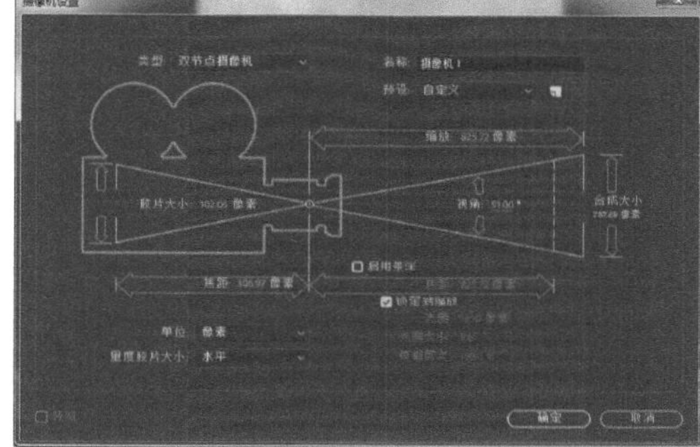

08 在时间线窗口中单击鼠标右键，在弹出的快捷菜单中选择“新建 > 调整图层”命令新建一个调节层。选择菜单中的“效果 > 颜色校正 > 曲线”命令，为此层添加曲线调节。在特效控制面板中调节曲线的形状38。

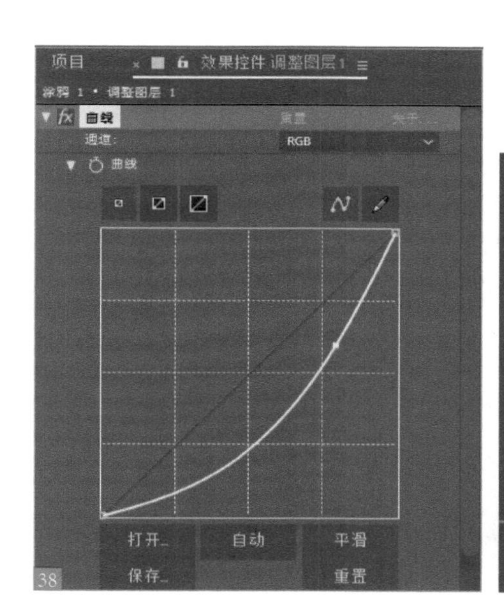

38

09 在时间线窗口中单击鼠标右键，在弹出的快捷菜单中选择“新建 > 灯光”命令创建一盏灯，将文字图层从项目窗口拖到时间线窗口中 39 。

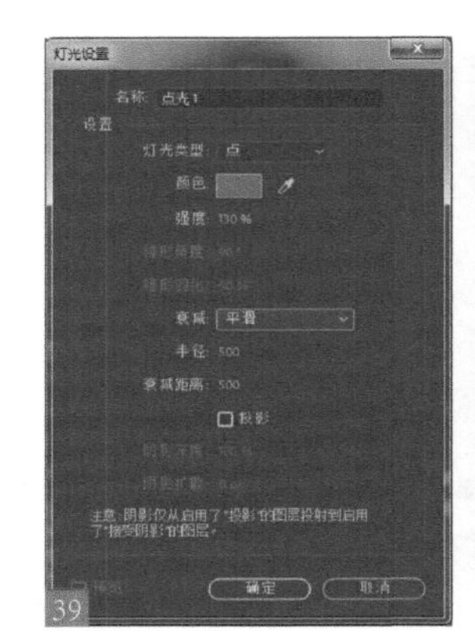

39

10 将刚才制作的文字图层复制并粘贴到涂鸦 1 合成的时间线窗口，打开摄像机的缩放属性，给该属性制作镜头伸缩的动画 40 。

40

11 按数字键盘上的 <0> 键进行预览 41 。

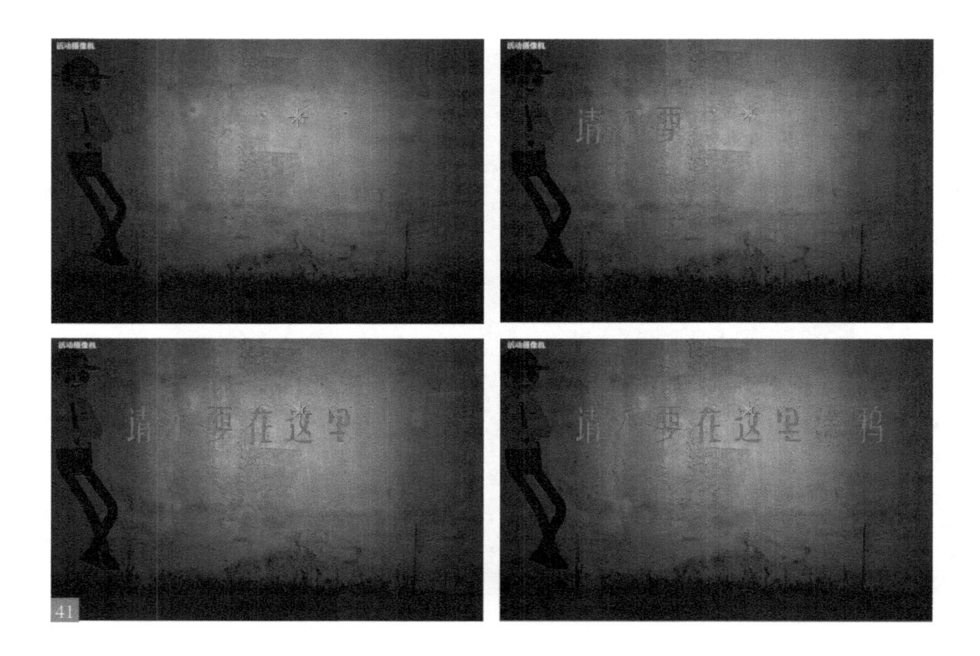

41

12 打开灯光的位置属性，给该属性制作从上到下的位移动画 42。

42

4.2.5 文字特性动画

在建立动画组时，已经加入了所指定的特性，可以让文字产生更多变化。比如选择文字图层，选择“动画 > 动画文本 > 填充颜色 >RGB”命令，建立动画组，在时间线窗口中可以看到填充颜色的特性已经在动画组之中了。

扫码看本节视频

01 启动 AE，选择菜单中的“合成 > 新建合成”命令，新建一个合成窗口，命名为 Offset 43。单击“背景颜色”区域的色块，在弹出的“背景颜色”对话框中设置合成的背景颜色为黑色 44。

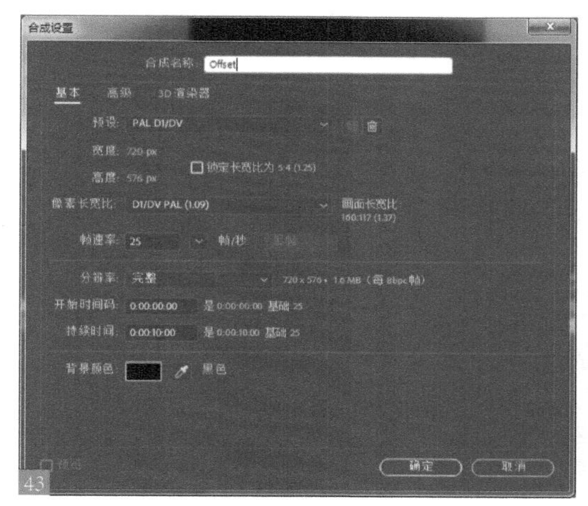

43

44

02 按 <Ctrl+T> 快捷键，调用文字工具，在合成窗口中输入任意一个带小数点的数字，建立文字图层，并将图层命名为 Offset 45。

45

03 保持对文字图层的选择状态，在字符面板中设置文字的字体为 Digital Readout，大小为 50，颜色为红色。然后将文字移动到合适的位置上 46。

04 在时间线窗口中展开 Offset 图层的属性，然后在图层的动画菜单中选择“字符位移”命令，给图层添加动画组，结果在 Offset 文字图层中已经创建了一个名为 Animator 1 的动画组，其中包含有字符位移特性和选择器 Range Selector 1 47。

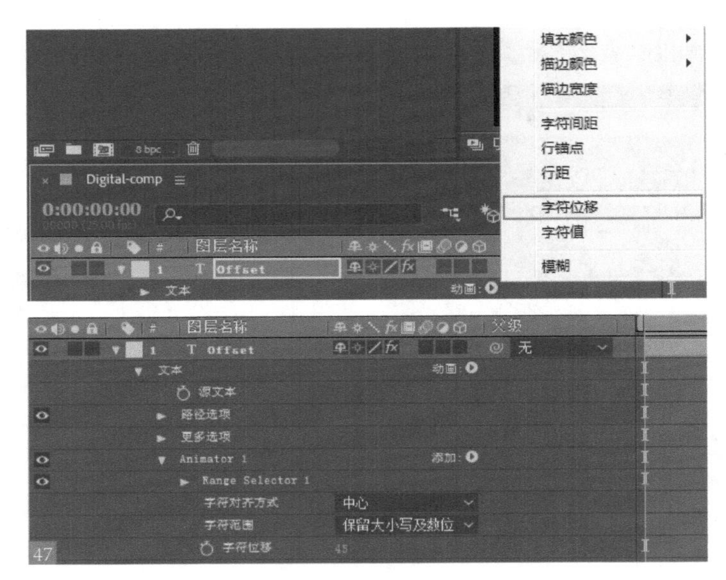

05 将字符位移设置为 45，观察画面中数字发生的变化，但同时小数点也成了其他的符号。在合成窗口将选择器右边的操控手柄移动到小数点之前 48。

06 在动画组 Animator 1 的“添加”菜单中选择“选择器 > 范围”命令，建立另一个选择器。然后在合成窗口中将选择器左边的操控手柄移动到小数点之后。这样小数点就不会发生变化了。在“添加”菜单中选择“选择器 > 摆动”命令，添加一个 Wiggly Selector1 选择器49。预览动画，可见数字会产生变换。展开 Wiggly Selector1 的参数进行调节，设置摆动参数50。

07 选择文字图层，选择“效果 > 风格化 > 发光”命令，给文字添加一点辉光。在效果控制面板中调整参数51。

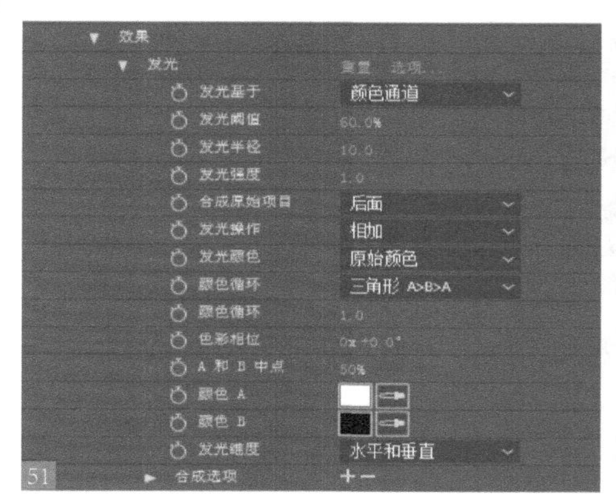

08 按数字小键盘上的 <0> 键，预览动画52。

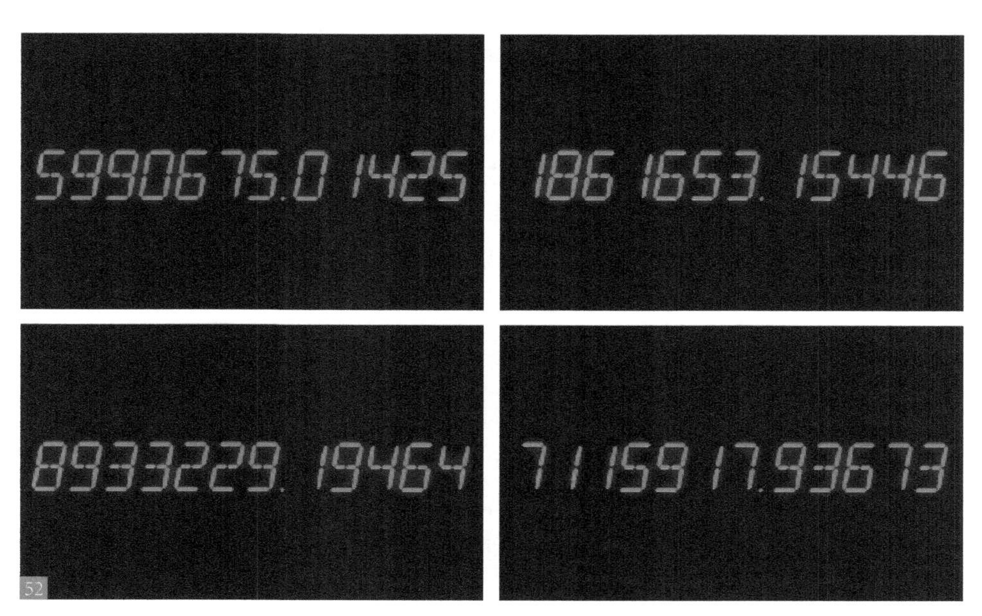

4.2.6 选择器的高级设置

在时间线窗口中展开 Ranges Selector 1 选择器的属性，可以看到其中有一项为“高级”的属性，展开高级属性，其中包含了很多参数53。

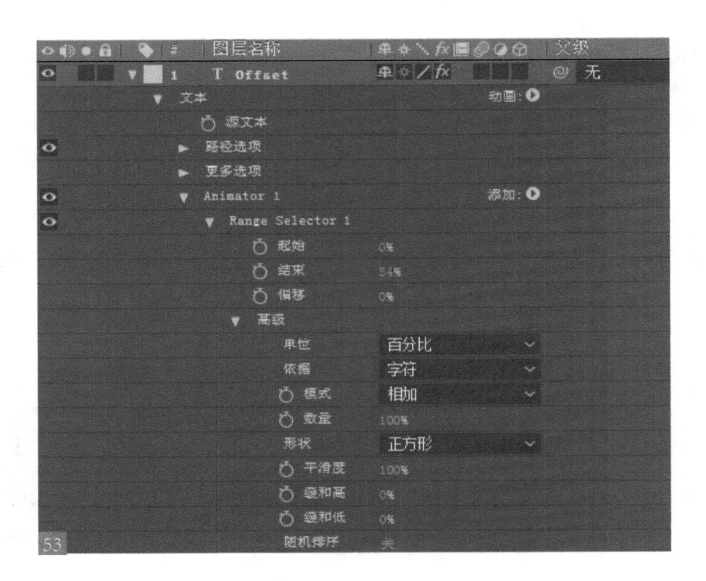

● 单位：确定在指定选择器的起点终点和偏移时所采用的计算方式。在其菜单中选择“百分比”和“索引”两种方式54。

● 依据：在其菜单中确定将文本中的“字符”“不包括字符的空格”“词”或“行”作为一个单位计算。比如，设置选择器的“起始”参数为 0，“结束”参数为 2，并且“单位”设置为“索引”，“依据”设置为“词”，那么选择器选择的是文本中的前两个单词。如果“依据”设置为“字符”，那么选择的将是前两个字符。

● 模式：在其菜单中选择选择器和其他选择器之间采取的合成模式，这主要是一种类似遮罩的合成模式，包括相加、相减、相交、最小、最大和相反几个选项。比如，在动画组中只有一个选择器，选择了最前面的两个字符并把它们放大，合成模式选择“相减”模式，则会反转选择的范围，画面中除被选择的前两个字符，其他的字符都被放大。

● 数量：确定动画组中的特性对选择器中的字符影响的大小。设置为 0%则动画组中的特性将不会对选择器产生影响；设置为 50%则特性的作用有一半在选择器中显现。

● 形状：在其菜单中确定在被选字符和没被选字符之间以什么样的形式过渡。

● 光滑度：指定动画从一个字符到下一个字符所需要的过渡效果。

● 缓和高 / 缓和低：设定选择权从完全被选择器选择到完全不被选择变化的速度。

● 随机顺序：设置为“开”状态，可以打乱动画组中特性的作用范围。

4.2.7 文字动画预设

扫码看本节视频

在 AE 程序中提供了大量的动画预设。

01 选择“窗口 > 效果和预设”命令，打开“效果和预设”面板55。单击“动画预设”左侧的小三角将其展开，在面板上部的文本框中输入“文字”后按 <Enter> 键，在面板中会罗列和文字相关的预设56。

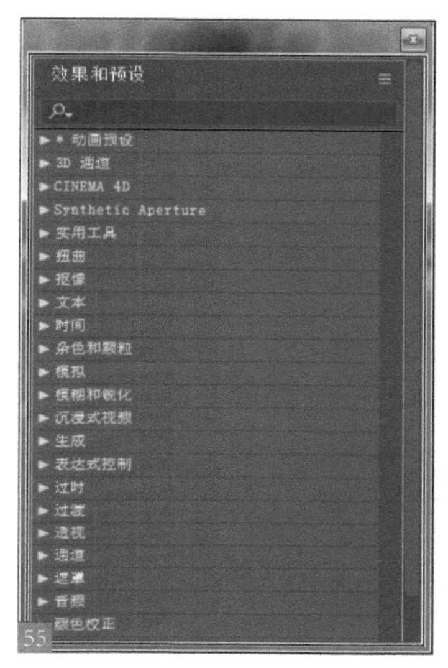

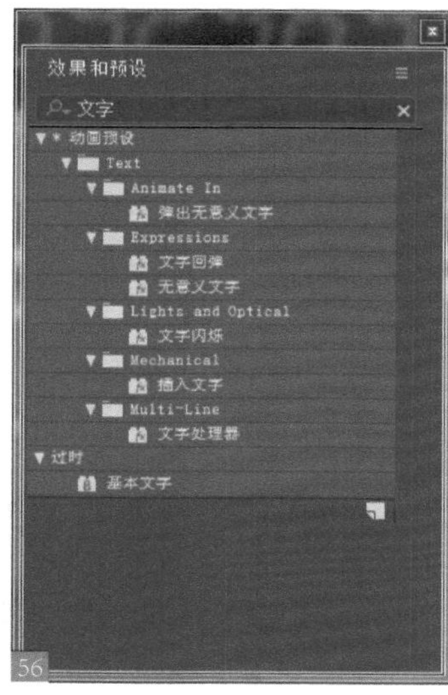

02 单击文件夹左边的小三角可以关闭文件夹。这些预设根据不同的类型将放置在不同的文件夹中57。

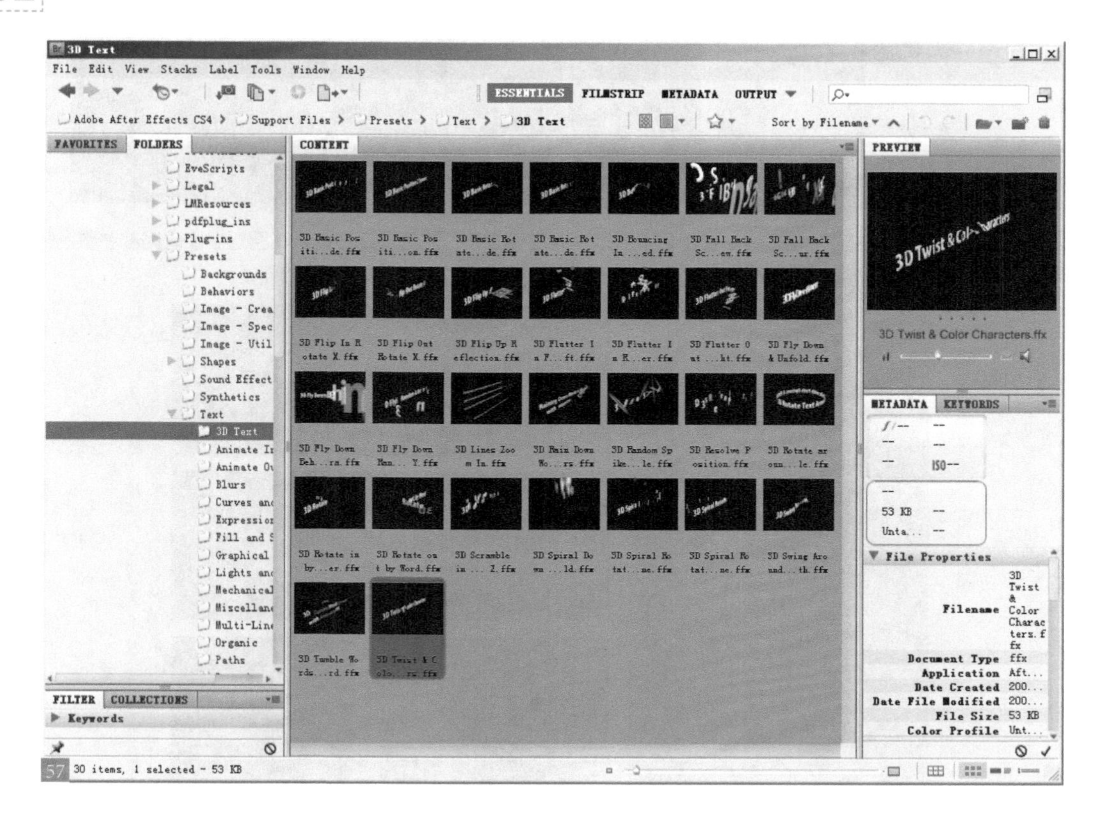

03 继续上一节的例子，在时间线窗口展开 Offset 文字图层，删除 Animator 1 和效果图层。此时文字图层的动画和效果都将消失，我们使用预设动画来制作动画效果58。

04 选择“窗口 > 效果和预设”命令，打开“效果和预设”面板。单击“动画预设”左侧的小三角将其展开59，在面板上部的文本框中输入“文字”后按 Enter 键。在面板中选择“回落混杂和模糊”预设，字节自动产生了动画60。

05 选择“向下盘旋和展开”预设尝试应用更多的预设并观察效果，这些预设都可以在图层中修改局部参数61。我们可以利用这些海量动画预设制作想要的效果，前提是要提前熟知这些预设的效果62。

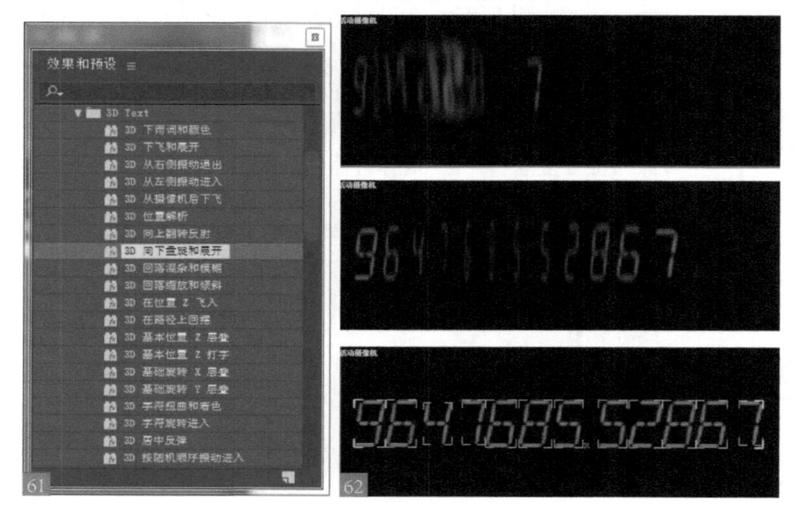

创建三维文字动画

除了二维特效，AE 在仿三维通道方面也很强大。通过本节的介绍，读者可以领略 AE 三维文字图层的强大功能，进一步了解摄像机与灯光配合使用的华丽三维效果。

4.3.1 三维空间文字

扫码看本节视频

本例主要练习对 AE 中文字三维图层的操控能力01。

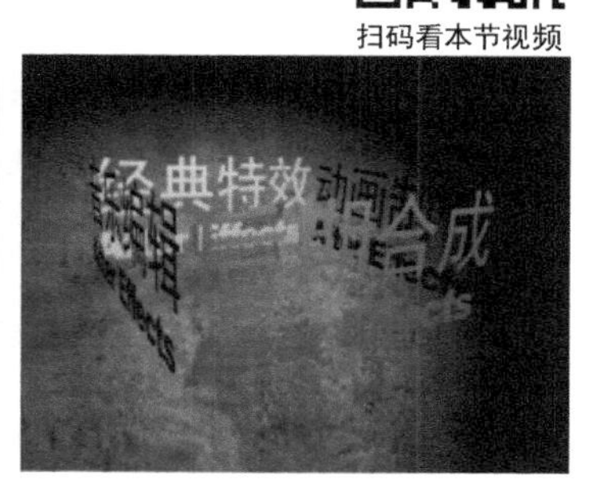

01

01 启动 AE，选择菜单中的“合成 > 新建合成”命令，新建一个合成窗口，命名为“空间文字”，按 <Ctrl+T> 快捷键，调用文字工具，在合成窗口中单击，并输入文字“经典特效 After Effects”，设置文字工具控制面板中的参数02。

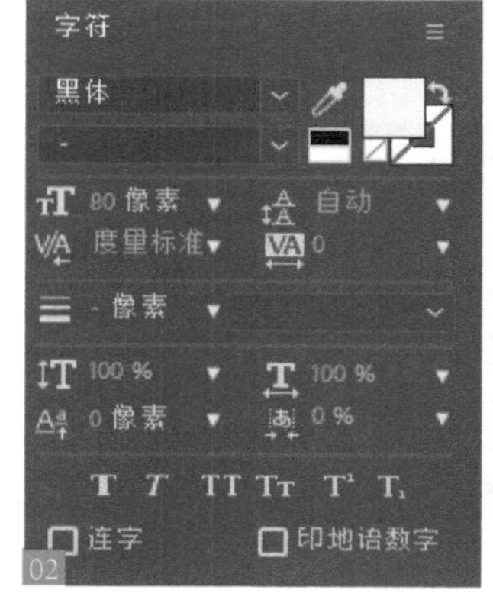

02

02 用同样的方法，再创建 3 个文字层，文字内容分别是“音乐编辑 After Effects”“动画制作 After Effects”和“后期合成 After Effects”。选择菜单中的“图层 > 新建 > 摄像机”命令，创建一盏摄像机。单击时间线窗口中各文字层的 3D 属性开关03。

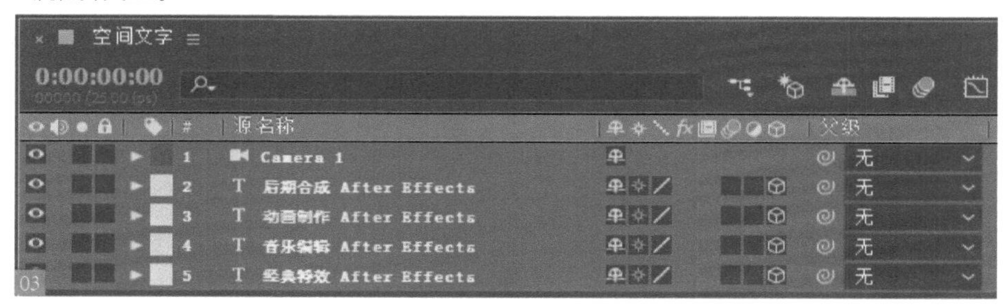

03

03 在时间线窗口中展开各文字层的旋转和位置属性，并设置各层参数，选中 Camera1 层，并设置其位置和旋转参数04。

04 选择菜单中的“图层 > 新建 > 灯光”命令，创建一个灯光层 Light1 05。在项目窗口导入一个背景图片，并将其放在最底层06。

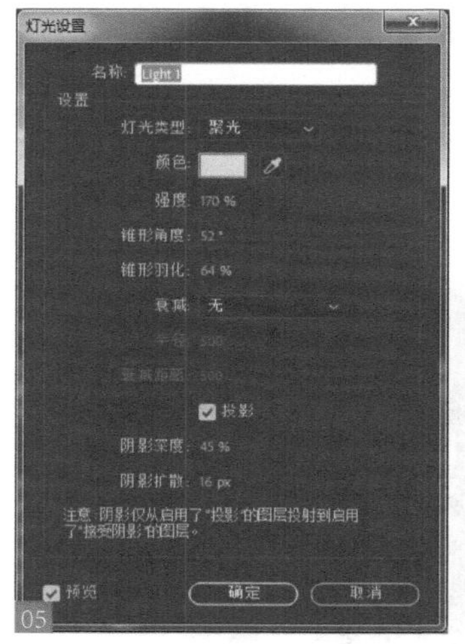

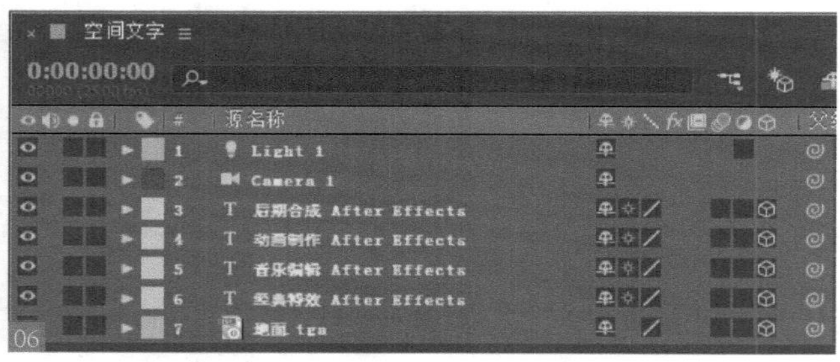

05 展开 Light1 层的变换属性07。

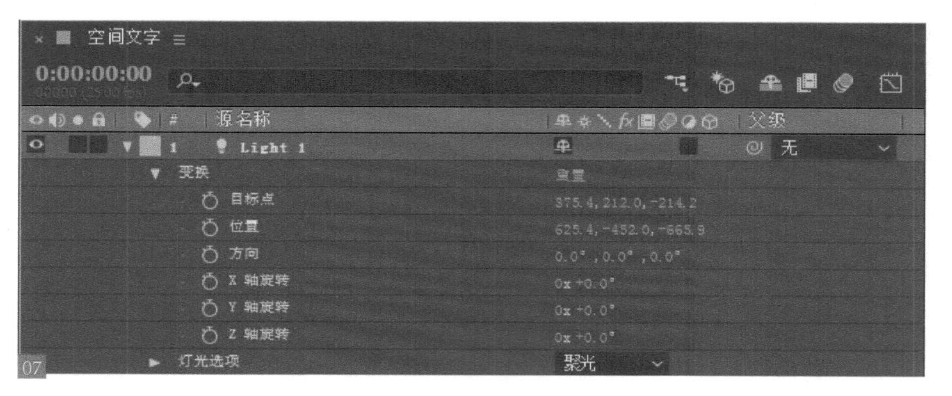

06 选中背景图层，将3D属性开关打开，设置“背景”图层“变换”下面的位置和旋转属性，将“材质选项”下面的“投影”设置为“开”。为Camera1置关键帧。在时间0:00:00:00处、0:00:02:12处和0:00:04:18处分别设置参数，让摄像机镜头移动08。

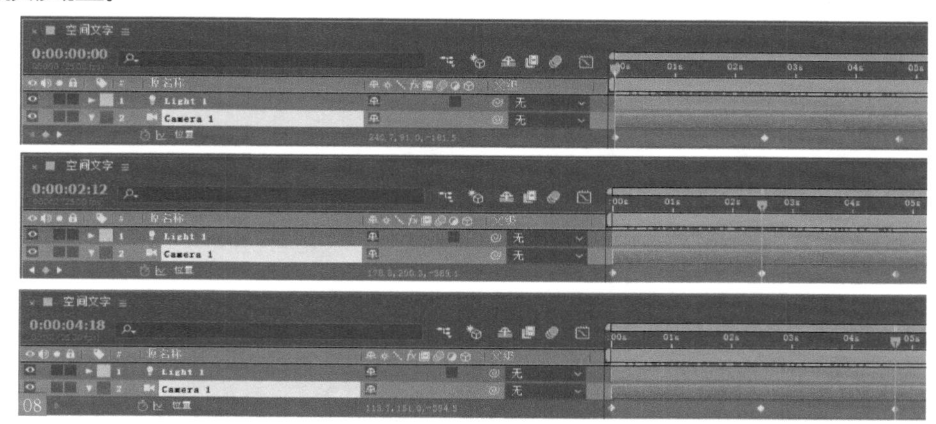

07 按数字小键盘上的 <0> 键，预览动画09。

4.3.2 三维反射文字

扫码看本节视频

本例主要介绍在AE中如何使用灯光和图层的三维属性，通过综合处理得到逼真的反射效果。

01 启动AE，选择菜单中的“合成>新建合成”命令，新建一个合成窗口，命名为“三维环境”10。按<Ctrl+T>快捷键，调用文字工具。在合成窗口中单击并输入文字“宁静湖畔”，设置文字工具控制面板中的参数11。

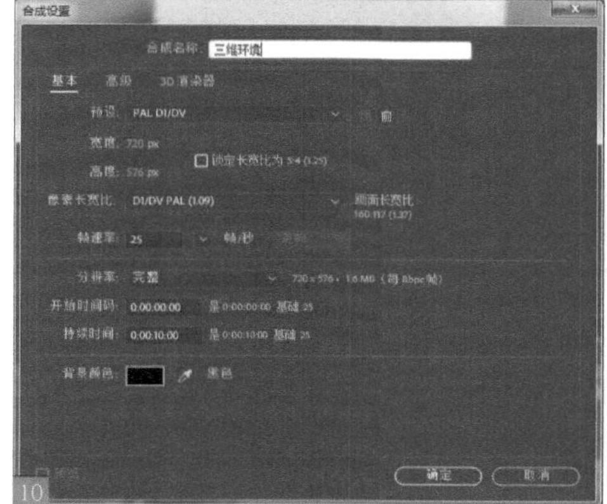
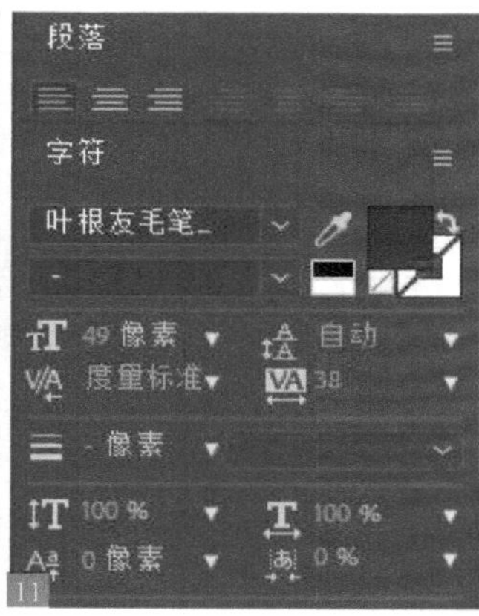

02 在时间线窗口中按住键盘上的 <Alt> 键，双击文字图层，进入 TEXT 合成窗口。选择文字层并对其进行复制。选中上面的文字层，将其重命名为 Reflection，对其属性进行相应设置12。

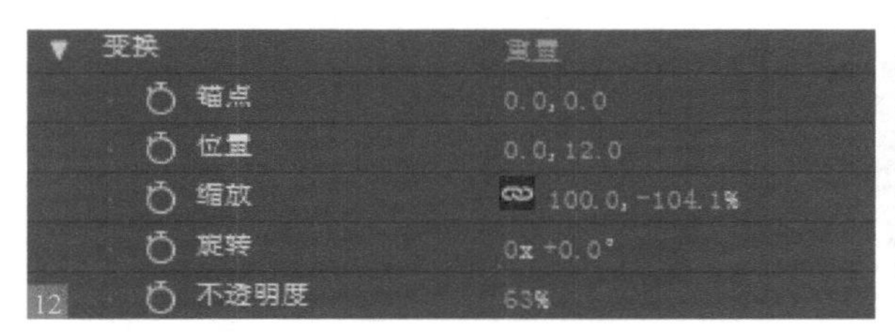

03 选中 Reflection 层，选择菜单中的“效果 > 过渡 > 线性擦除”命令。在特效控制面板中设置线性擦除的参数13。

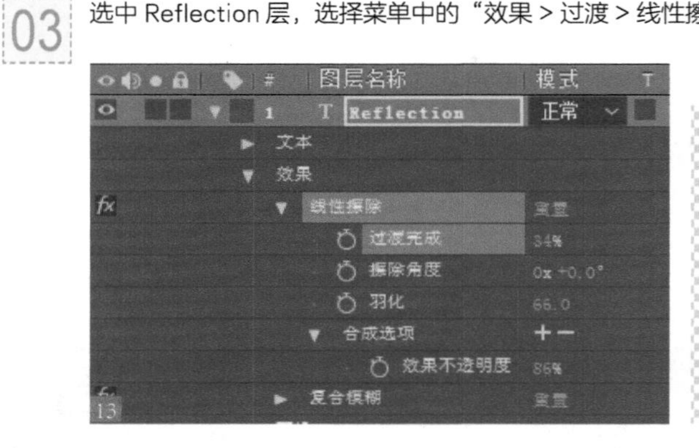

04 回到“三维环境”合成窗口，在项目窗口导入背景素材 text-5.jpg，将其拖动到时间线窗口最下层14。

05 在时间线窗口中单击鼠标右键，在弹出的快捷菜单中选择“新建 > 摄像机”命令，创建一架摄像机，单击工具栏中的，在合成窗口中按住鼠标左键拖动调整摄像机视角15。

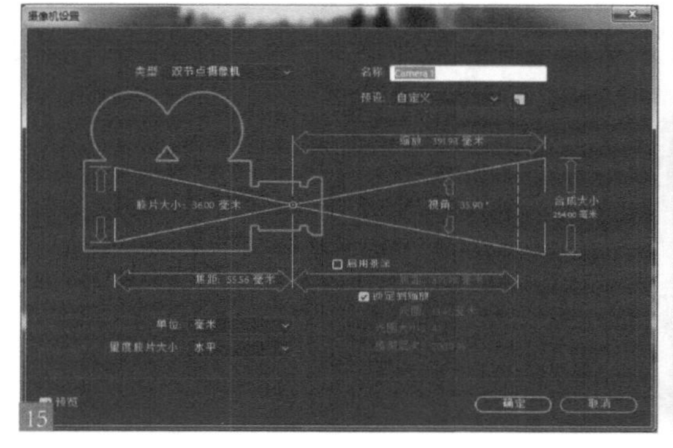

06 在时间线窗口中单击鼠标右键，在弹出的快捷菜单中选择“新建 > 灯光”命令，在场景中创建一个点光源 Light1 并调整灯光的位置16。

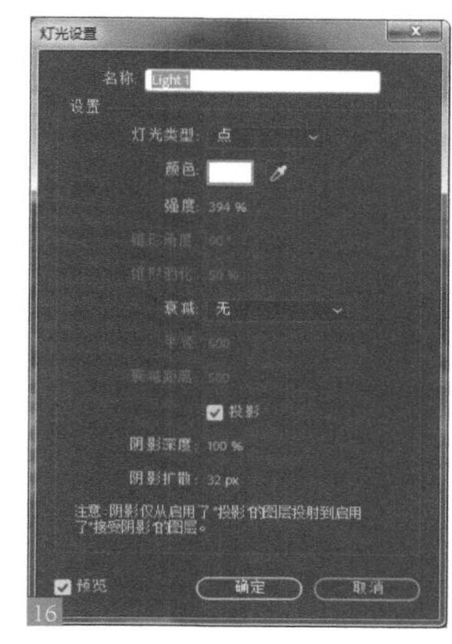

16

07 再次选择“新建 > 灯光”命令，在场景中创建环境光 Light2。分别选择灯光层，按键盘上的<T>键展开其强度属性，调节此值的大小可控制场景的亮度17。

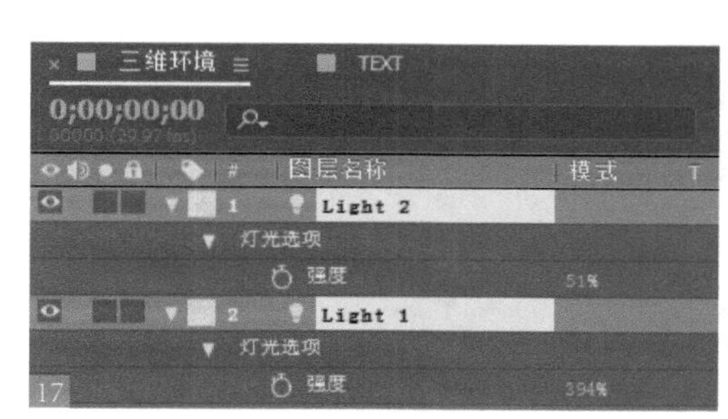

17

08 在时间线窗口中单击鼠标右键，在弹出的快捷菜单中选择“新建 > 纯色”命令，新建一个固态层并将其命名为 Floor 18。之后将 Floor 层拖到文字层的下面，打开两个图层的三维属性开关19。

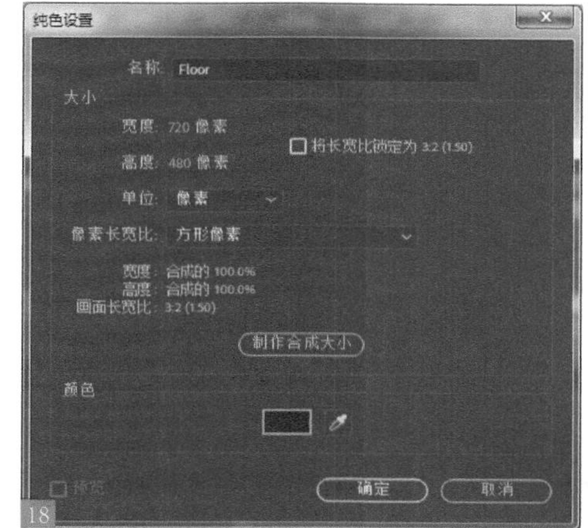

18

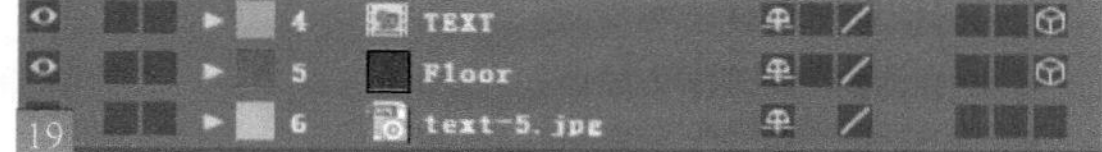

19

09 设置不透明度为 30%，单击工具沿着图层透过的湖面绘制蒙版20。

10 设置不透明度为 100%，设置蒙版 1 的羽化参数21和材质选项的参数22，让湖面与 Floor 层融合，使湖面变得更加通透和透明23。

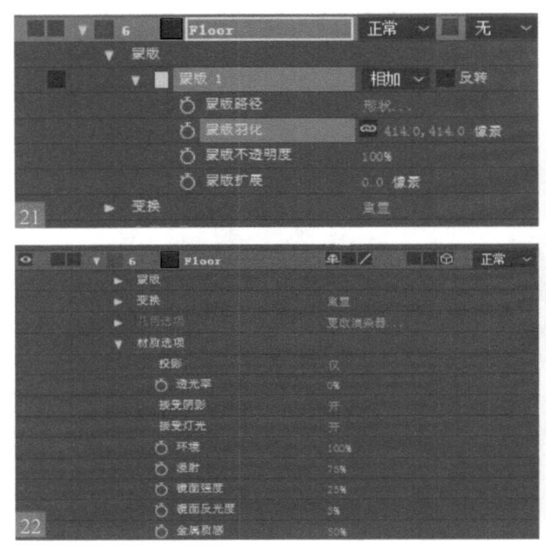

11 回到“三维环境”合成窗口，选择菜单中的“图层 > 新建 > 调整图层”命令新建一个调节层。将此层拖到文字层的下面作为间隔层，这样可显示文字层的倒影24。

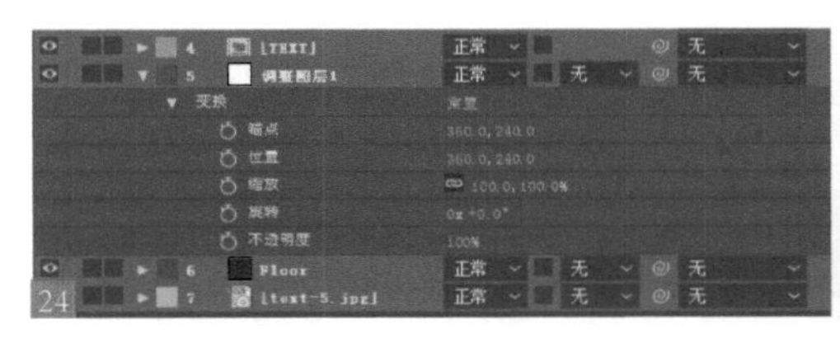

12 选择 Camera1 图层，按 <P> 键给位置属性添加动画25。

13 按数字小键盘上的 <0> 键预览动画26。

4.3.3 飘云字动画

扫码看本节视频

本例主要使用了复合模糊和置换图滤镜：利用复合模糊制作层模糊效果，然后利用置换图制作扭曲飘动的效果。

01 启动 AE，选择菜单中的“合成 > 新建合成”命令，新建一个合成窗口，将其命名为“文字”。选择菜单中的“图层 > 新建 > 纯色”命令，新建一个固态层，将其命名为 Text1。选中 Text1 图层，选择菜单中的“效果 > 过时 > 基本文字”命令，为其添加基本文字滤镜27。在特效控制面板中单击“编辑文本”选项，在弹出的“基本文字”对话框中输入文字，在特效控制面板中调整其他的参数28。

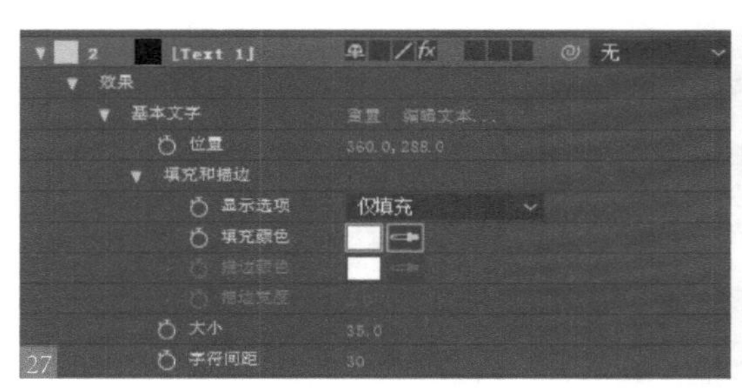

27

28

02 选中 Text1 层，按键盘上的 <Ctrl+D> 快捷键将当前层复制一次，并将其更名为 Text2。将 Text2 层的文字改为“地球部落”。将时间滑块拖动到时间 0:00:01:10 处，选中 Text1 层，按下 <Alt+] > 快捷键，使得 Text1 层从当前时间向后的部分被截掉。再选中 Text2 层，按下键盘上的 <Alt+ [> 快捷键，使得 Text2 层从当前时间向前的部分被截掉 29。

29

03 此时按下数字键盘上的 <0> 键进行预览，两层文字在时间 0:00:01:10 处进行硬切过渡。选择菜单中的“合成 > 新建合成”命令，新建一个合成窗口，将其命名为“飘动”。导入 Blur Map.mov 和 Displacement Map.mov，并将它们都拖入到时间线窗口中，在时间线窗口中关闭这两个图层的显示开关。将项目窗口中的“文字”拖入到时间线窗口中。选中“文字”层，选择菜单中的“效果 > 模糊和锐化 > 复合模糊”命令，为其添加复合模糊滤镜 30。在特效控制面板中调整相应参数（模糊图层选择 Blur Map.mov）31。

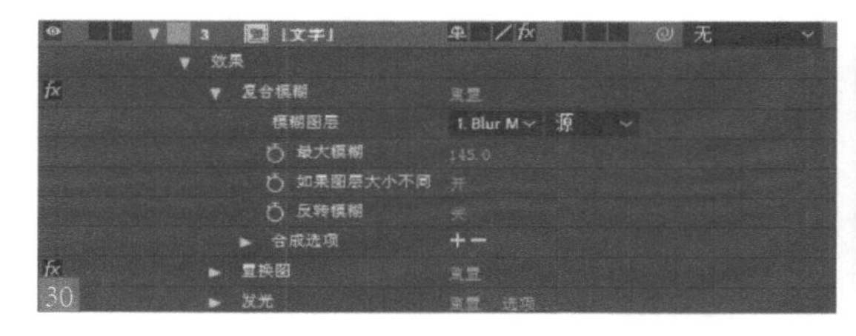

30

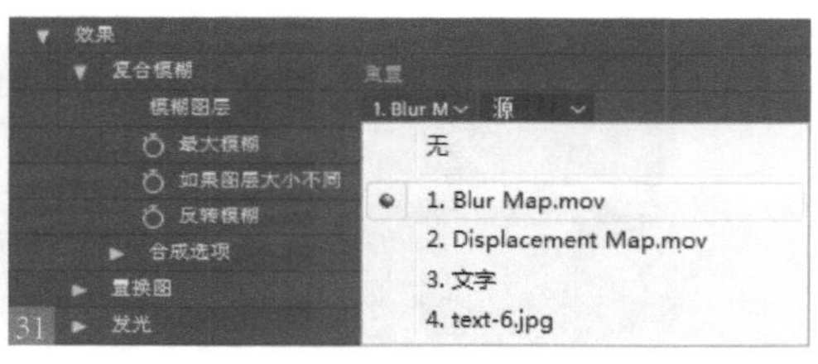

31

04 按下数字键盘上的 <0> 键进行预览 32。

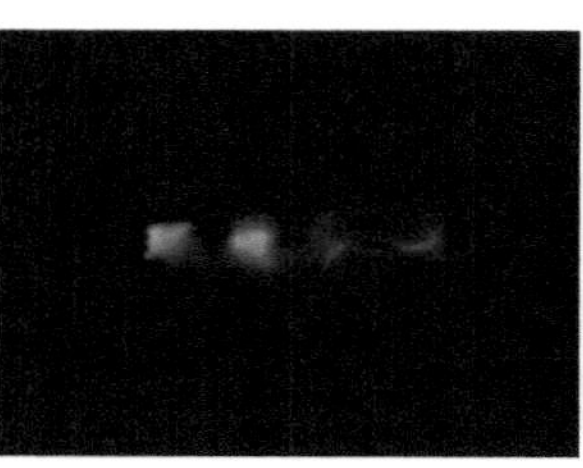

32

05 选中“文字”层，选择菜单中的“效果 > 扭曲 > 置换图”命令，为其添加置换贴图滤镜。在特效控制面板中调整相应参数（置换图层选择 Displacement Map.mov）33。选中“文字”层，选择菜单中的“效果 > 风格化 > 发光”命令，为其添加发光滤镜，在特效控制面板中调整相应参数 34。

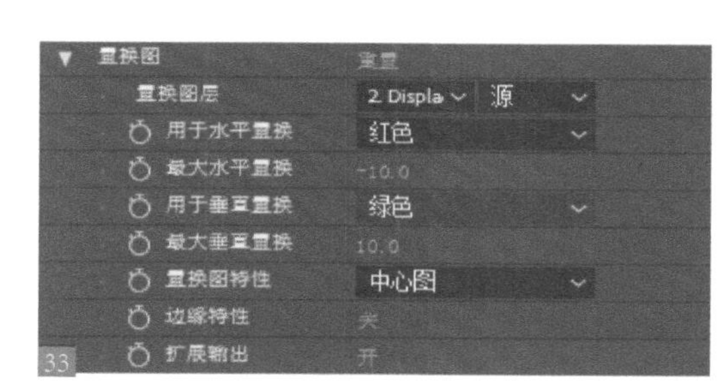

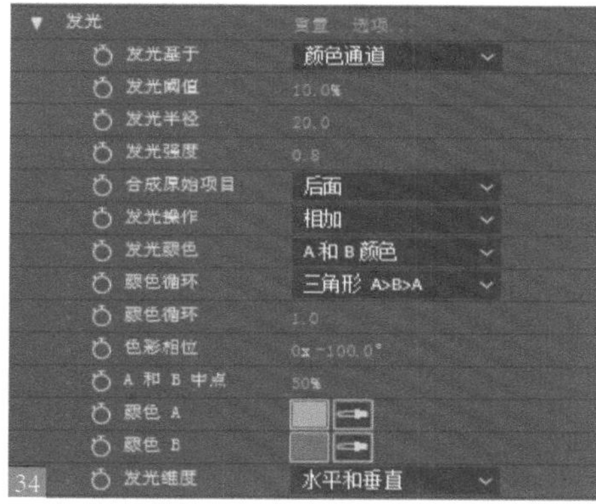

06 回到“三维环境”合成窗口，在项目窗口导入背景素材 text-6.jpg，将其拖动到时间线窗口的最下层35。此时按下数字键盘上的 <0> 键进行预览36。

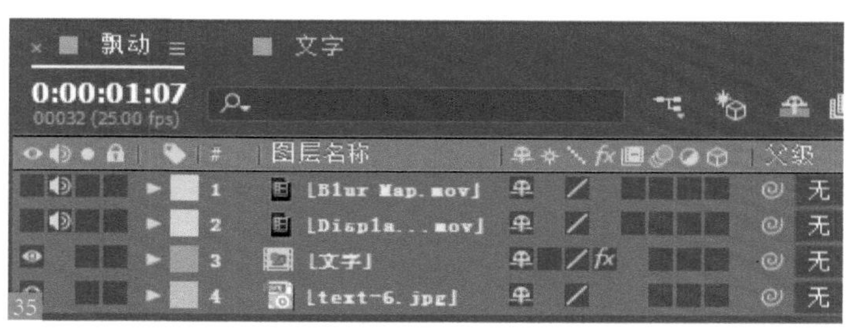

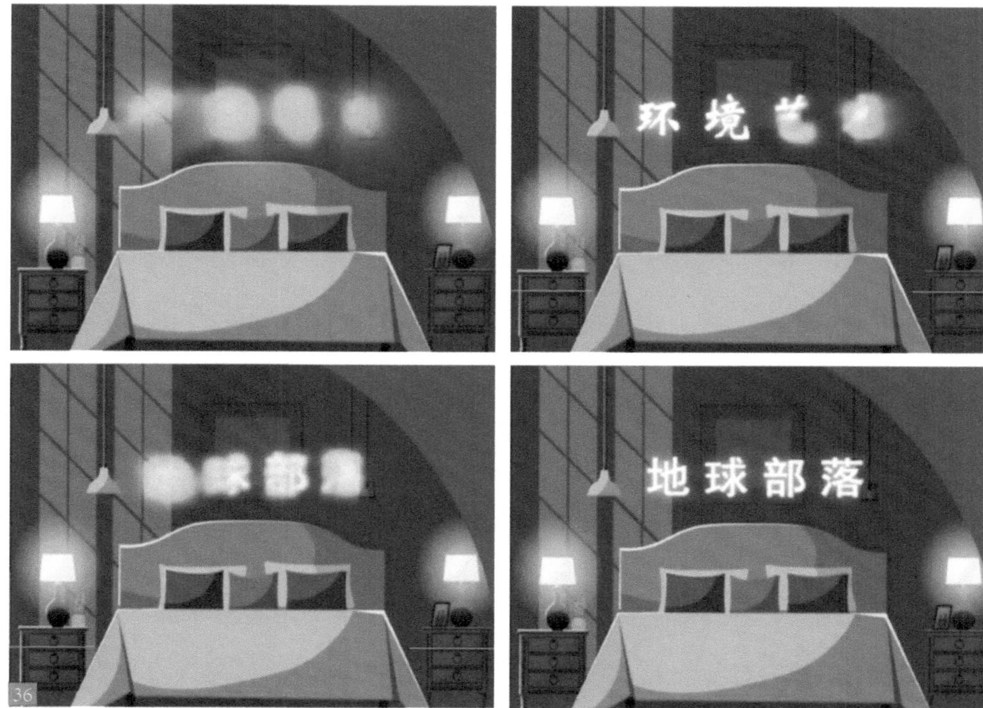

▶▶▶ Chapter

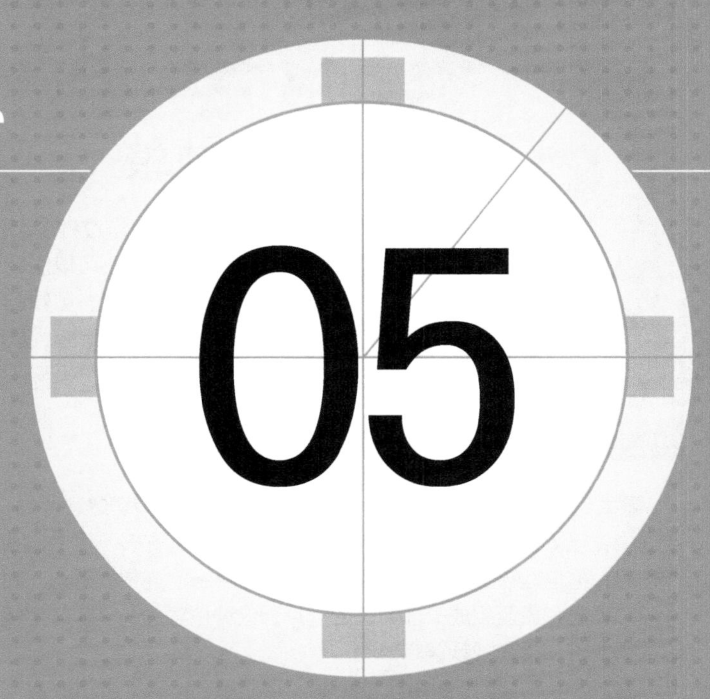

第 5 章　MG 动画剪辑与转场

剪辑和转场，是对所拍摄的镜头进行分割、取舍和组建的过程，并将零散的片段拼接为一个有节奏、有故事感的作品。对视频素材进行剪辑是确定影片内容的重要操作，相关从业者需要熟练掌握素材剪辑的技术与技巧。本章就为大家详细讲解视频素材剪辑的各项必备操作技术。

认识剪辑

剪辑是视频制作过程中必不可少的一道工序，在一定程度上决定了视频质量的好坏，可以影响作品的叙事、节奏和情感，更是视频的二次升华和创作根基。剪辑的本质是通过视频中主体动作的分解组合来完成蒙太奇形象的塑造，从而传达故事情节，完成内容的叙述。

5.1.1 蒙太奇的概念

蒙太奇（法文 Montage 的音译），原为装配、剪切之意，是一种在影视作品中常见的剪辑手法。在电影的创作中，电影艺术家先把全篇所要表现的内容分成许多不同的镜头，分别进行拍摄，然后再按照原先规定的创作构思，把这些镜头有机地组接起来，产生平行、连贯、悬念、对比、暗示和联想等作用，形成各个有组织的片段和场面，直至组成一部完整的影片。这种按导演的创作构思组接镜头的方法就是蒙太奇。注意，本节所讨论的蒙太奇主要在视频编辑范围。

蒙太奇表现方式大致可分为两类：叙事蒙太奇和表现蒙太奇。

1. 叙事蒙太奇

叙事蒙太奇是通过一幅幅画面，来讲述动作、交代情节、演示故事。叙事蒙太奇有连续式、平行式、交叉式和复现式这 4 种基本形式。

- 连续式：连续式蒙太奇沿着一条单一的情节线索，按照事件的逻辑顺序，有节奏地连续叙事。这种叙事自然流畅和朴实平顺，但由于缺乏时空与场面的变换，无法直接展示同时发生的情节，难于突出各条情节线之间的对列关系，不利于概括，使人容易产生拖沓冗长、平铺直叙的感觉。因此，在一部影片中绝少单独使用，多与平行式、交叉式蒙太奇交混使用，相辅相成。

- 平行式：在影片故事发展过程中，通过两件或三件内容性质上相同，而在表现形式上不尽相同的事，同时异地并列进行，而又互相呼应、联系，起着彼此促进互相刺激的作用，这种方式就是平行式蒙太奇。平行式蒙太奇不重在时间的因素，而重在几条线索的平行发展，靠内在的悬念把各条线的戏剧动作紧紧地接在一起。采用迅速交替的手段，造成悬念和逐渐强化的紧张气氛，使观众在极短的时间内，看到两个情节的发展，最后又结合在一起。

- 交叉式：交叉式蒙太奇，即两个以上具有同时性的动作或场景交替出现。它是由平行式蒙太奇发展而来的，但更强调同时性、密切的因果关系及迅速频繁的交替表现，因而能使动作和场景产生互相影响、互相加强的作用。这种剪辑技巧极易引起悬念，给人造成紧张激烈的气氛，加强矛盾冲突的尖锐性，是掌握观众情绪的有力手法。惊险片、恐怖片和战争片常用此法造成追逐和惊险的场面。

- 复现式：复现式蒙太奇（也称颠倒式蒙太奇），即前面出现过的镜头或场面，在关键时刻反复出现，造成强调、对比、呼应和渲染等艺术效果。在影视作品中，各种构成元素，如人物、景物、动作、场面、物件、语言、音乐音响等，都可以通过精心构思反复出现，以期产生独特的寓意和印象。

2. 表现蒙太奇

表现蒙太奇（也称对列蒙太奇），不是为了叙事，而是为了某种艺术表现的需要。它不是以事件发展顺序为依据的镜头组合，而是通过不同内容镜头的对列，来暗示和比喻，从而表达一个原来不曾有的新含义，一种比人们所看到的表面现象更深刻、更富有哲理的东西。表现蒙太奇在很大程度上是为了表达某种思想或某种情绪意境，造成一种情感的冲击力。表现蒙太奇有对比式、隐喻式、心理式和累计式这 4 种形式。

● 对比式：即把两种思想内容截然相反的镜头并开在一起，利用它们之间的冲突造成强烈的对比，以表达某种寓意、情绪或思想。

● 隐喻式：隐喻式蒙太奇是一种独特的影视比喻，它是通过镜头的对列将两个不同性质的事物间的某种相类似的特征突现出来，以此喻彼，刺激观众的感受。隐喻式蒙太奇的特点是巨大的概括力和简洁的表现手法相结合，具有强烈的情绪感染力和造型表现力。

● 心理式：即通过镜头的组接展示人物的心理活动。如表现人物的闪念、回忆、梦境、幻觉、幻想，甚至潜意识的活动。它是人物心理的造型表现，其特点是片断性和跳跃性，主观色彩强烈。

● 累积式：即把一连串性质相近的同类镜头组接在一起，造成视觉的累积效果。累积式蒙太奇也可用于叙事，变为叙事蒙太奇的一种形式。

5.1.2 镜头衔接的技巧

无技巧组接就是通常所说的“切镜头”，是指不用任何电子特技，而是直接用镜头的自然过渡来连接镜头或者段落的方法。常用的组接技巧有以下几种。

● 淡出淡入：淡出是指上一段落最后一个镜头的画面逐渐隐去直至黑场，淡入是指下一段落第一个镜头的画面逐渐显现直至正常的亮度。这种技巧可以给人一种间歇感，适用于自然段落的转换。

● 叠化：叠化是指前一个镜头的画面和后一个镜头的画面相叠加，前一个镜头的画面逐渐隐去，后一个镜头的画面逐渐显现的过程，两个画面有一段过渡时间。叠化特技主要有以下几种功能：一是用于时间的转换，表示时间的消逝；二是用于空间的转换，表示空间已发生变化；三是用叠化表现梦境、想象和回忆等插叙、回叙场合；四是表现景物变幻莫测、琳琅满目或目不暇接。

● 划像：划像可分为划出与划入。前一画面从某一方向退出荧屏称为划出，下一个画面从某一方向进入荧屏称为划入。划出与划入的形式多种多样，根据画面进、出荧屏的方向不同，可分为横划、竖划和对角线划等。划像一般用于两个内容意义差别较大的镜头的组接中。

● 键控：键控分黑白键控和色度键控两种。其中，黑白键控又分内键与外键，内键控可以在原有彩色画面上叠加字幕、几何图形等; 外键控可以通过特殊图案重新安排两个画面的空间分布，把某些内容安排在适当位置，形成对比性显示。而色度键控常用在新闻片或文艺片中，可以把人物嵌入奇特的背景中，构成一种虚设的画面，增强艺术感染力。

5.1.3 镜头衔接的原则

影片中镜头的前后顺序并不是杂乱无章的，在视频编辑的过程中往往会根据剧情需要，选择不同的组接方式。镜头组接的总原则是：合乎逻辑、内容连贯和衔接巧妙。具体可分为以下几点。

1. 符合观众的思想方式和影视表现规律

镜头的组接不能随意，必须要符合生活的逻辑和观众思维的逻辑。因此，影视节目所表达的主题与中心思想一定要明确，这样才能根据观众的心理要求（即思维逻辑）来考虑选用哪些镜头，以及怎样将它们有机地组合在一起。

2. 遵循镜头调度的轴线规律

所谓的“轴线规律”是指拍摄的画面是否有“跳轴”现象。在拍摄的时候，如果拍摄机的位置始终在主体运动轴线的同一侧，那么构成画面的运动方向、放置方向都是一致的，否则称为“跳轴”。“跳轴”的画面一般情况下是无法组接的。在进行组接时，遵循镜头调度的轴线规律拍摄的镜头，能使镜头中的主体物的位置、运动方向保持一致，合乎人们观察事物的规律，否则就会出现方向性混乱。

3．景别的过渡要自然、合理

表现同一主体的两个相邻镜头组接时要遵守以下原则。

- 两个镜头的景别要有明显变化，不能把同机位、同景别的镜头相接。因为同一环境里的同一对象，机位不变，景别又相同，两镜头相接后会产生主体的跳动。
- 景别相差不大时，必须改变摄像机的机位，否则也会产生明显跳动，好像一个连续镜头从中截去一段。
- 对不同主体的镜头组接时，同景别或不同景别的镜头都可以组接。

4．镜头组接要遵循“动接动”和“静接静”的规律

如果画面中同一主体或不同主体的动作是连贯的，可以动作接动作，达到顺畅、简洁过渡的目的，则简称为“动接动”。如果两个画面中的主体运动是不连贯的，或者它们中间有停顿时，那么这两个镜头的组接，必须在前一个画面主体做完一个完整动作停下来后，再接上一个从静止到运动的镜头，则称为“静接静”。

“静接静”组接时，前一个镜头结尾停止的片刻叫“落幅”，后一镜头运动前静止的片刻叫“起幅”。起幅与落幅时间间隔大约为 1~2 秒钟。运动镜头和固定镜头组接，同样需要遵循这个规律。如一个固定镜头要接一个摇镜头，则摇镜头开始时要有起幅；相反一个摇镜头接一个固定镜头，那么摇镜头要有落幅，否则画面就会给人一种跳动的视觉感。有时为了实现某种特殊效果，也会用到“静接动”或“动接静”的镜头。

5．光线、色调的过渡要自然

在组接镜头时，要注意相邻镜头的光线与色调不能相差太大，否则会导致镜头组接太突然，使人感觉影片不连贯、不流畅。

5.1.4 AE 剪辑流程

在 AE 中，剪辑可分为整理素材、粗剪、精剪和完善这 4 个流程。

1．整理素材

前期的素材整理对后期剪辑具有非常大的帮助。通常在拍摄时会把一个故事情节分段拍摄，拍摄完成后，浏览所有素材，只选取其中可用的素材文件，为可用部分添加标记便于二次查找。然后可以按脚本、景别、角色将素材进行分类排序，将同属性的素材文件存放在一起。整齐有序的素材文件可提高剪辑效率和影片质量，并且可以显示出剪辑的专业性。

2．粗剪

粗剪又称为初剪，将整理完成的素材文件按脚本进行归纳、拼接，并按照影片的中心思想、叙事逻辑逐步剪辑，从而粗略剪辑成一个无配乐、旁白、特效的影片初样，以这个初样作为这个影片的雏形，逐步去完善整个影片。

3．精剪

精剪是影片中最重要的一道剪辑工序，是在粗剪（初样）基础上进行的剪辑操作，进一步挑选和保留优质镜头及内容。精剪可以控制镜头的长短、调整镜头分剪与剪接点等，是决定影片好坏的关键步骤。

4．完善

完善是剪辑影片的最后一道工序，它在注重细节调整的同时更注重节奏点。通常在该步骤会将导演的情感、剧本的故事情节，以及观众的视觉追踪注入整体架构中，使整个影片更具看点和故事性。

认识转场

剪辑是 MG 动画制作中的一个关键步骤，那么如何将剪辑后的各段动画进行衔接呢？本节主要介绍不同镜头的切换和画面的衔接方法。通过实例讲解 AE 的转场特效和在实际应用中各种镜头转场的制作技巧以及设置图层之间重叠的画面过渡。

5.2.1 转场概述

影视创作的编辑是由影视作品的内容所决定的，影视中一个镜头到下一个镜头，一场画面到下一场画面之间必须根据内容合理、清晰、艺术等编排方式来剪接在一起，这就是我们所讲的镜头段落的过渡，也就是专业术语所讲的“转场”。

转场是两个相邻视频素材之间的过渡方式。使用转场，可以使镜头衔接的过渡变得美观、自然。在默认状态下，两个相邻素材片段之间转换是采用硬切的方式，没有任何过渡01。

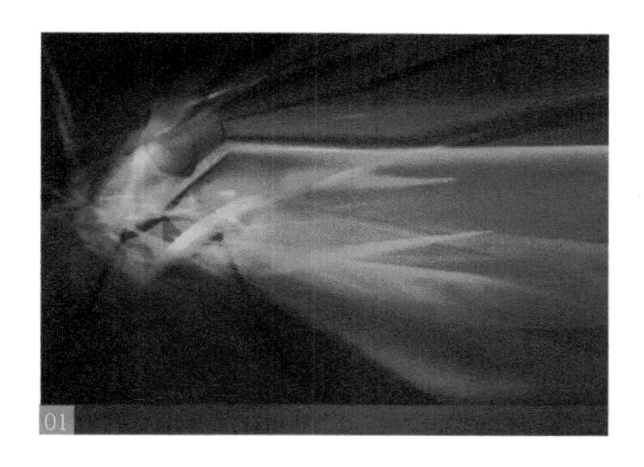

01

这种情况下要使镜头连贯流畅、创造效果和创造新的时空关系，就需要对其添加转场特效02。

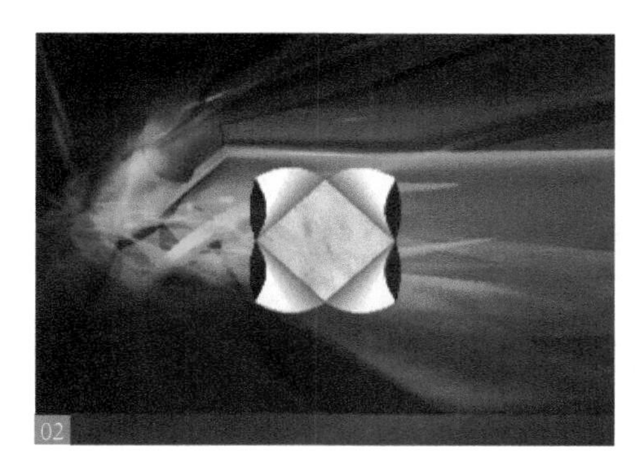

02

转场通常为双边转场，将临近编辑点的两个视频或音频素材的端点进行合并。除此之外，还可以进行单边转场，这种转场效果通常影响素材片段的开头或结尾。使用单边转场可以更灵活地控制转场效果。

5.2.2 快速模糊转场

扫码看本节视频

本案例的制作主要以把握动画时间为主，利用序列图层命令控制图层之间的重叠时间。在记录各属性值的关键帧时，各参数之间的变化不应太剧烈，以产生轻柔的动感画面。读者还可以为自己的电子相册添加一段美妙的音乐作为背景，使相册更具欣赏性03。

03

01 启动 AE，选择菜单中的“合成 > 新建合成”命令，新建一个合成。选择菜单中的“文件 > 导入 > 文件”命令，导入本书配套资源中的 a.jpg、b.jpg、c.jpg、d.jpg、e.jpg、f.jpg 文件04，并将它们拖入到时间线面板中05。

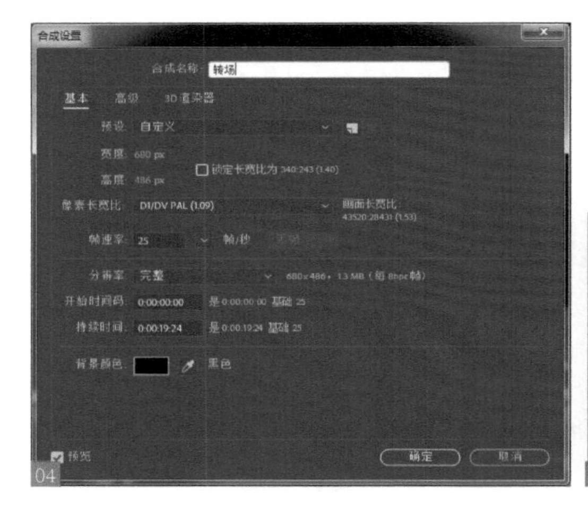

04

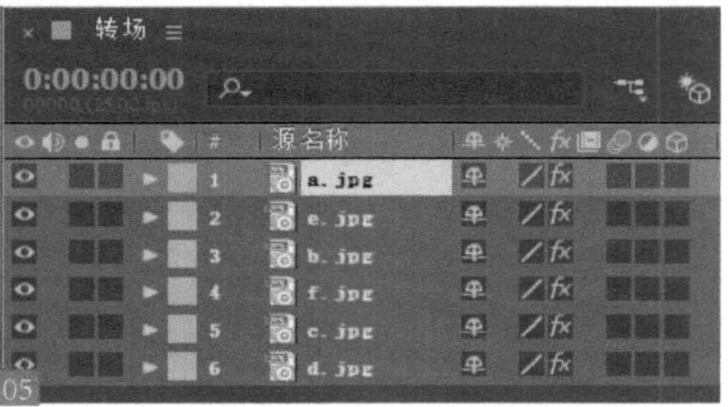

05

02 选中 a.jpg 层，按 <S> 键展开 a.jpg 图层的缩放属性列表，单击按钮为缩放记录关键帧动画。在时间0:00:00:00处设置缩放的值为 70%，在时间0:00:03:24处设置缩放的值为 75%06。

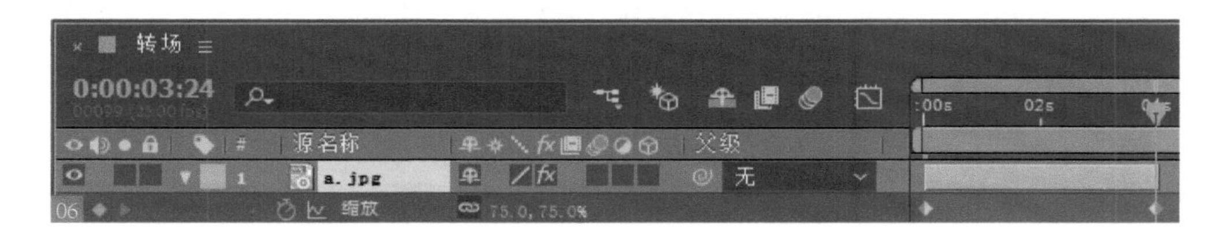

06

03 选中 a.jpg 层，选择菜单中的“效果 > 过时 > 快速模糊”命令，为其添加快速模糊滤镜，在效果控件面板中调整参数07。

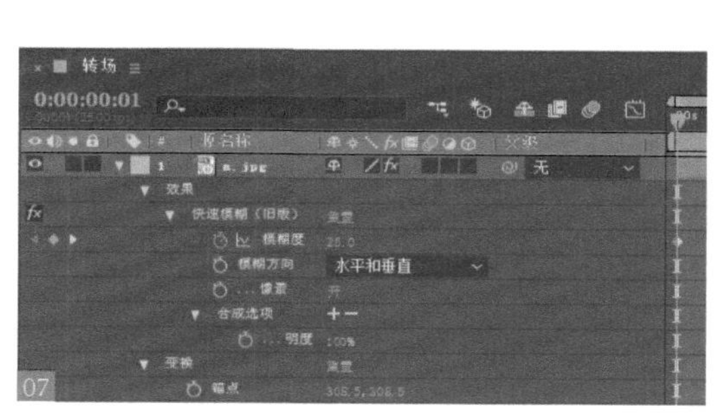

04 在时间线面板中展开快速模糊滤镜，单击模糊度左侧的按钮，为模糊度记录关键帧动画。在时间0:00:00:00处设置其“模糊度”参数值为 25，在时间0:00:01:00处设置其“模糊度”参数值为 0 08。

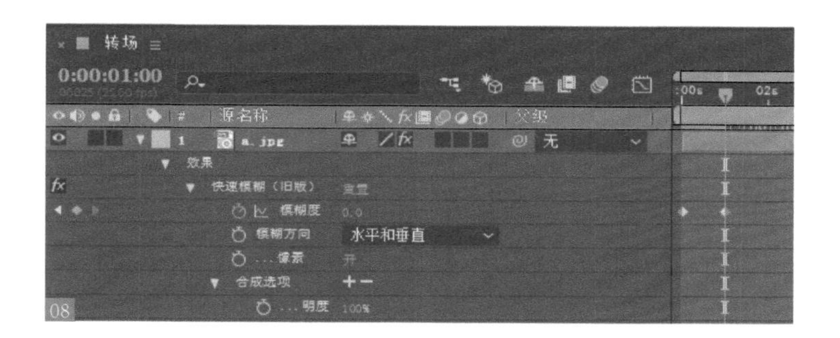

05 选中 a.jpg 层，按〈T〉键，展开图层的不透明度属性列表，为其“不透明度”属性设置关键帧。在时间0:00:03:08处设置其参数值为 100%，在时间0:00:03:24处设置其参数值为 0。

06 在时间线面板中选中快速模糊、缩放和不透明度属性，选择菜单中的“编辑 > 复制”命令进行复制。选中其余图层，选择菜单中的“编辑 > 粘贴”命令进行粘贴，将 a.jpg 层的快速模糊、缩放和不透明度属性复制给其他层。在时间线面板中选中所有的图层，选择菜单中的“动画 > 关键帧辅助 > 序列图层”命令，在弹出的“序列图层”对话框中设置参数09。查看此时时间线面板10。

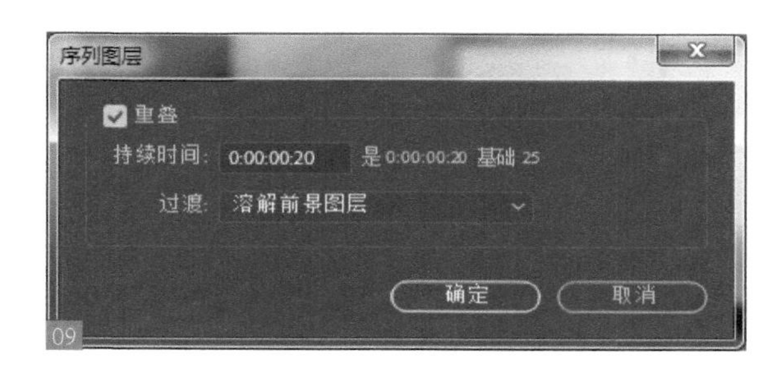

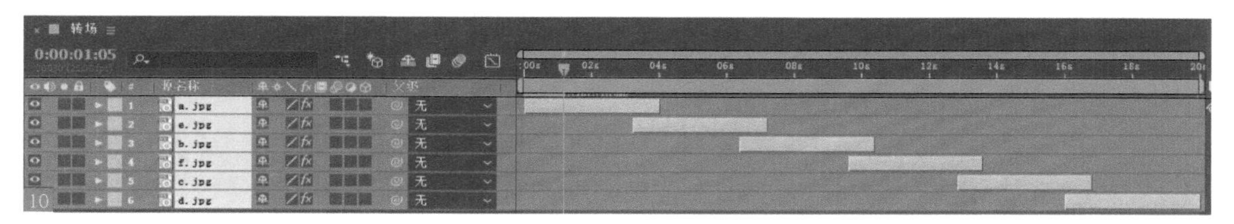

07 选中 a.jpg 层，选择菜单中的“效果 > 过时 > 快速模糊”命令，为其添加快速模糊滤镜，在效果控件面板中调整参数11。

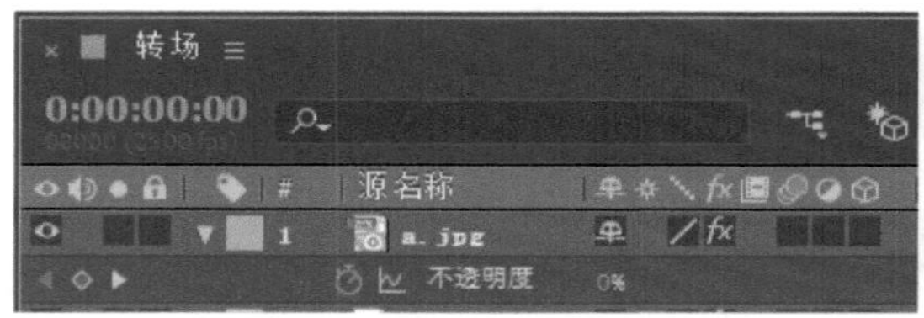

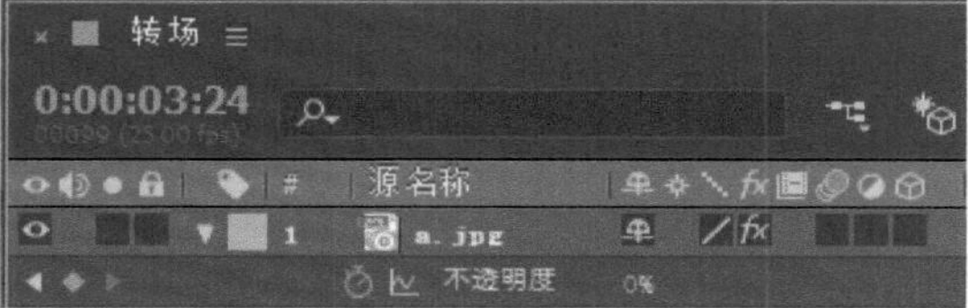

11

08 按数字 <0> 键预览效果12。

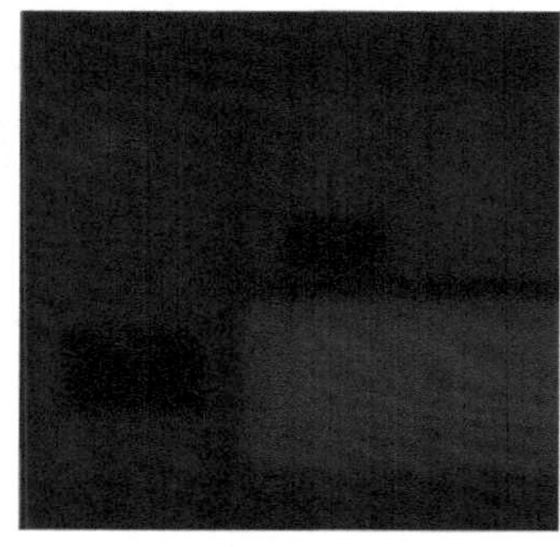

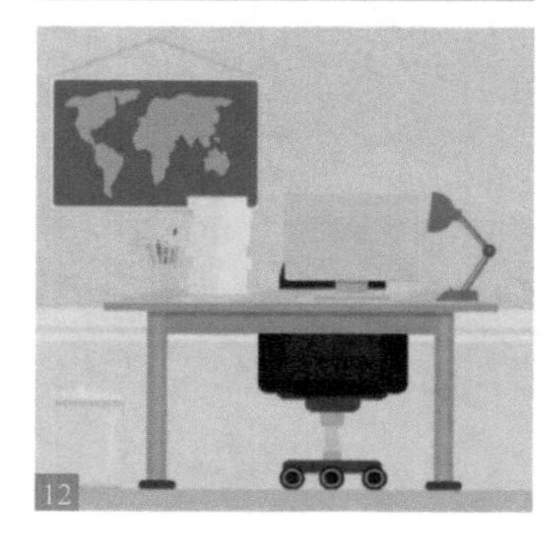

12

5.2.3 刷墙过渡转场

扫码看本节视频

本案例的制作主要以复合模糊滤镜读取“MG视频-1.mov”图层的信息为主，使画面产生刷墙过渡的转场动画。

01 新建合成13，将项目面板中的“MG 视频 -1.mov”和“海报 .jpg”拖入到“动态转场”合成的时间线面板中，将“MG 视频 -1.mov”放在下层，并将其图层的显示属性关掉14。

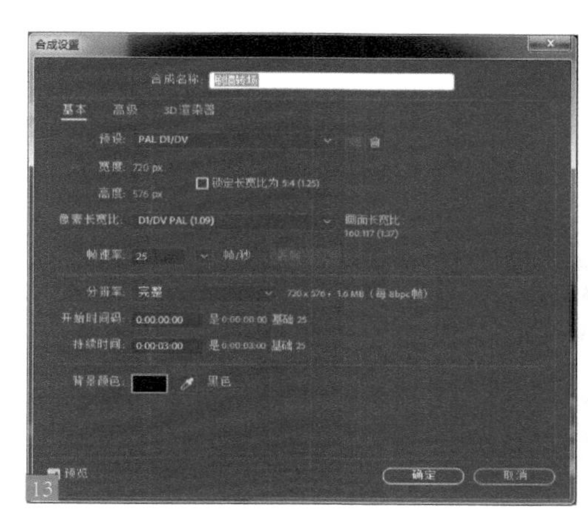
13

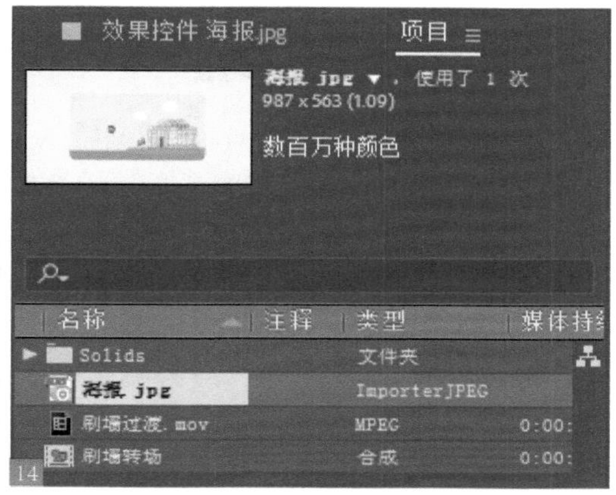

14

02 选中“海报 .jpg 层”，选择菜单中的“效果 > 颜色校正 > 曲线”命令，为其添加曲线滤镜，在效果控件面板中调整曲线形状15。

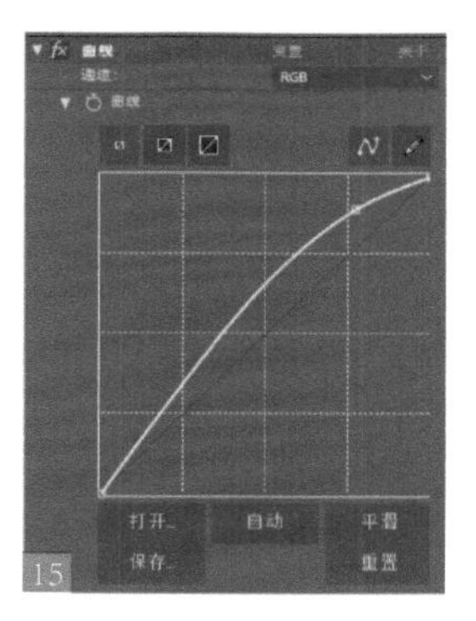
15

03 选择菜单中的“效果 > 模糊和锐化 > 复合模糊”命令，为其添加复合模糊滤镜，在效果控件面板中调整参数16。按数字 <0> 键预览最终效果17。

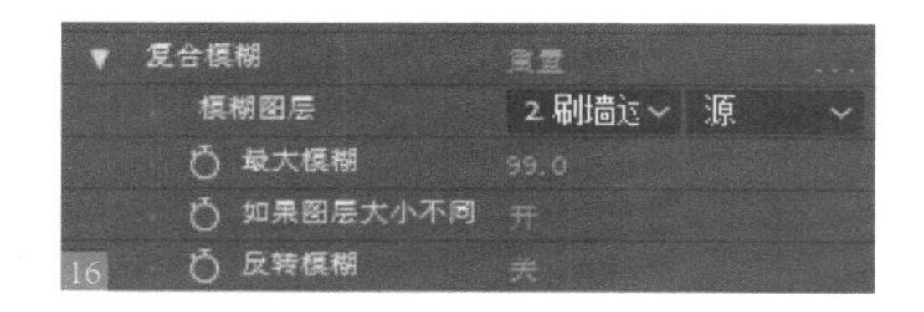

16

17

5.2.4 条形转场

扫码看本节视频

本案例以制作条形动画为主，利用渐变擦除转场滤镜读取条形动画的黑白信息，之后通过为变换属性值记录关键帧完成转场动画的制作。

01 启动 AE，选择菜单中的“合成 > 新建合成”命令，新建一个合成，将其命名为“线” 18。选择菜单中的“图层 > 新建 > 纯色”命令，新建一个固态层，命名为 line 19。

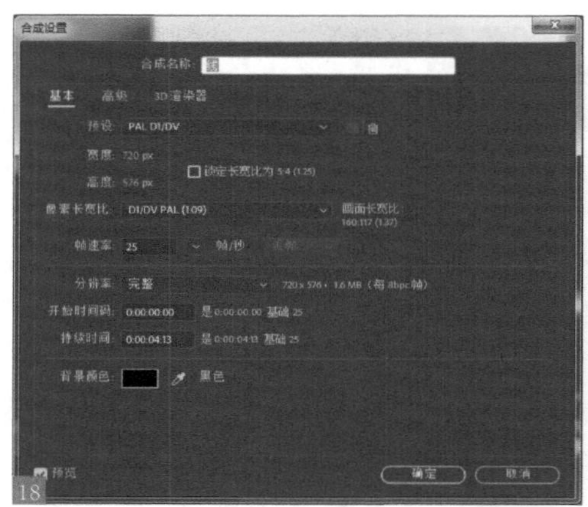

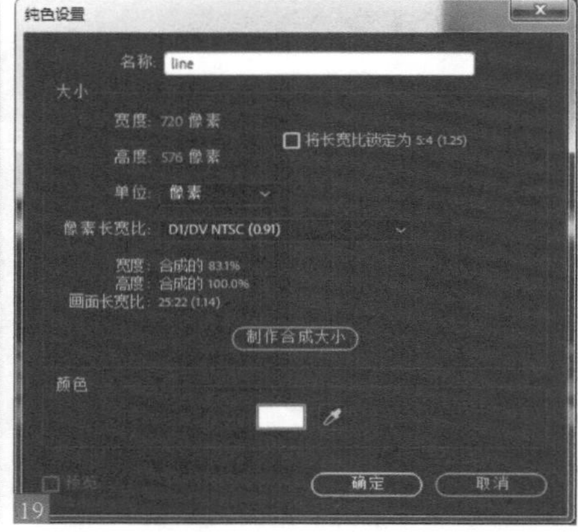

02 选中 line 层，选择菜单中的“效果 > 生成 > 单元格图案”命令，为其添加单元格图案滤镜，之后在效果控件面板中调整参数。为单元格图案滤镜的演化参数记录关键帧，在时间 0:00:00:00 处 20 和时间 0:00:04:12 处分别设置参数 21。

03 选中 line 层，选择菜单中的“效果 > 颜色校正 > 亮度和对比度”命令，为 line 层添加亮度和对比度滤镜 22。

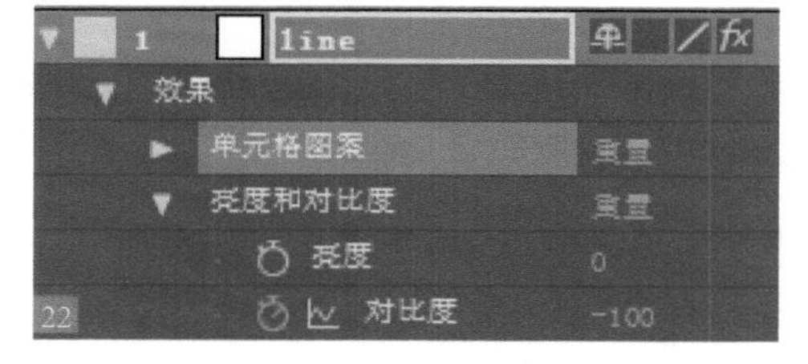

04 为亮度和对比度滤镜下的对比度参数设置关键帧，在时间 0:00:00:0 处 23、时间 0:00:00:05 处 24、时间 0:00:00:12 处 25 和时间 0:00:04:12 处 26 分别设置关键帧。

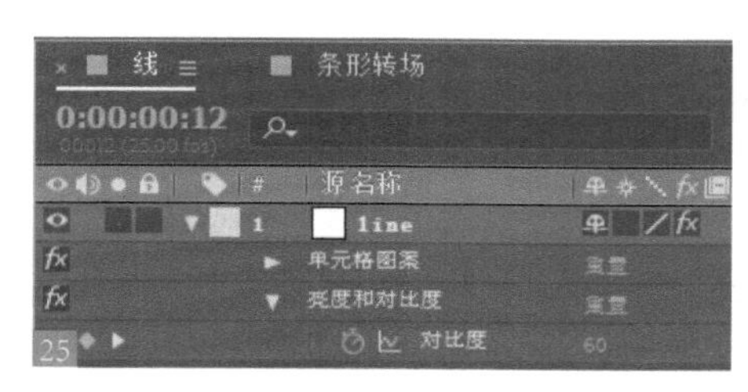

05 按数字 <0> 键预览效果27。

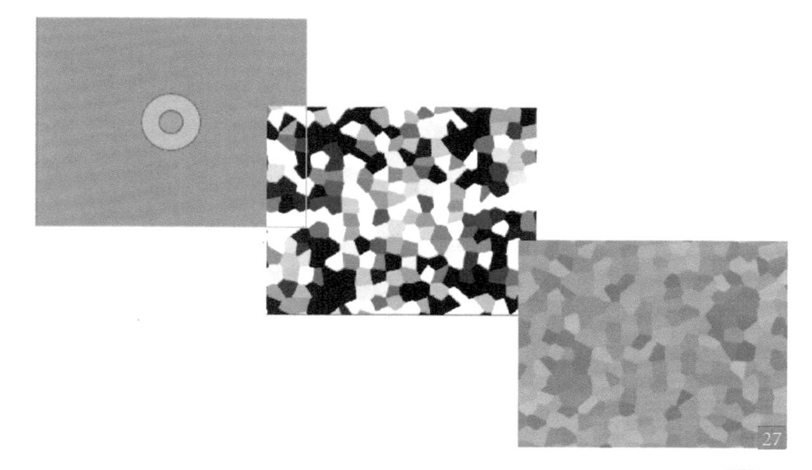

06 选中 line 层，选择菜单中的“效果 > 风格化 > 马赛克”命令，为其添加马赛克滤镜28。在效果控件面板中调整参数。选择菜单中的“效果 > 模糊和锐化 > 高斯模糊”命令，再为其添加高斯模糊滤镜，在效果控件面板中调整参数29。

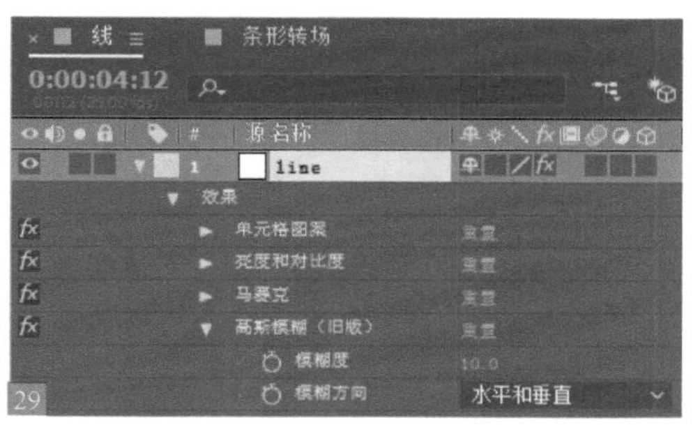

07 选中 line 层，选择菜单中的“效果 > 颜色校正 > 色光”命令，为其添加色光滤镜，在效果控件面板中调整参数30。

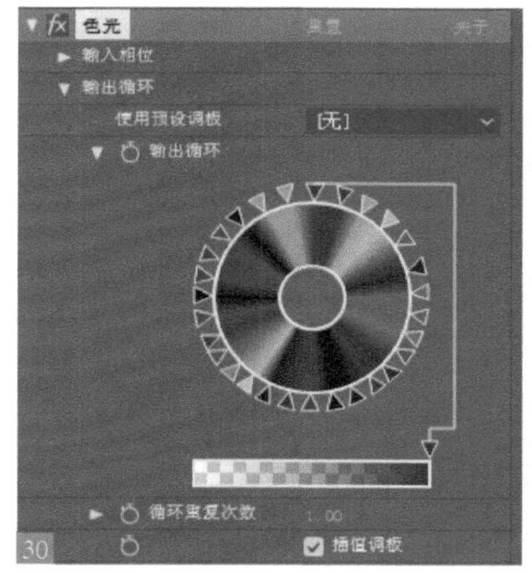

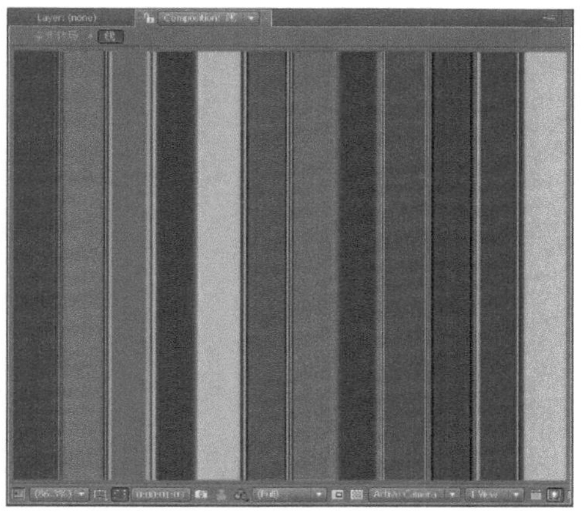

08 选择菜单中的“合成 > 新建合成”命令，新建一个合成，将其命名为“线”。将项目面板中的线拖动到“条形转场”合成的时间线面板中。在项目面板中双击导入本书配套资源中的“MG 动画 -2.mp4”文件。将“MG 动画 -2.mp4”从项目面板拖放到时间线面板中并放置在上层，设置图层的叠加模式为“相加”31。查看此时合成的效果32。

31

32

09 选中“MG 动画 -2.mp4”层，选择菜单中的“效果 < 过渡 > 渐变擦除”命令，为其添加渐变擦除滤镜。在效果控件面板中调整参数。为渐变擦除滤镜下的过渡完成参数设置关键帧。在时间 0:00:00:00 处33和时间 0:00:03:19 处34分别设置参数。

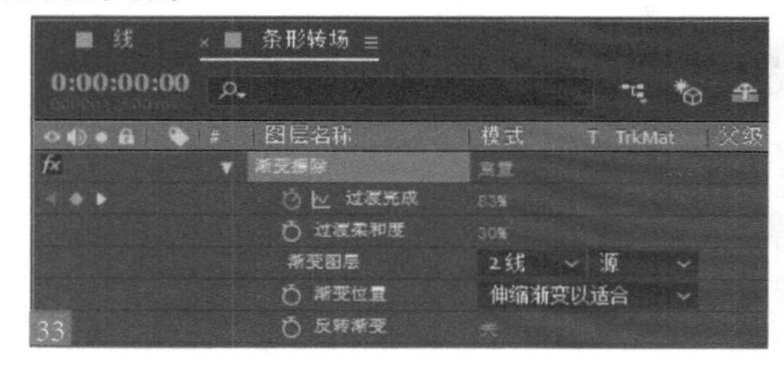

33

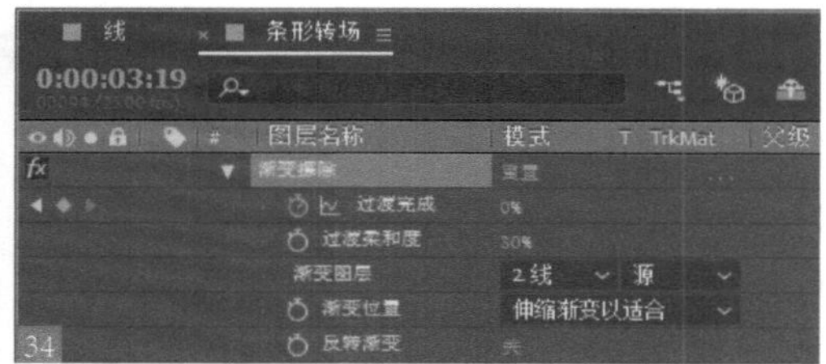

34

10 按数字 <0> 键预览最终效果35。

35

5.2.5 卡片擦除转场

扫码看本节视频

本案例主要以卡片擦除滤镜的应用为主，通过为其属性记录关键帧从而完成转场动画的制作。读者通过卡片擦除滤镜将画面分割成片状区域，为过渡完成、卡片缩放、随机植入记录关键帧从而实现转场动画。

01 启动 AE，选择菜单中的“合成 > 新建合成”命令，新建一个合成，将其命名为“马赛克”。在项目面板中双击导入本书配套资源中的 b.jpg 文件，并将其拖放到时间线面板中。选中 b.jpg 层，选择菜单中的“效果 > 过渡 > 卡片擦除”命令，为其添加卡片擦除滤镜，在效果控件面板中调整参数36。

36

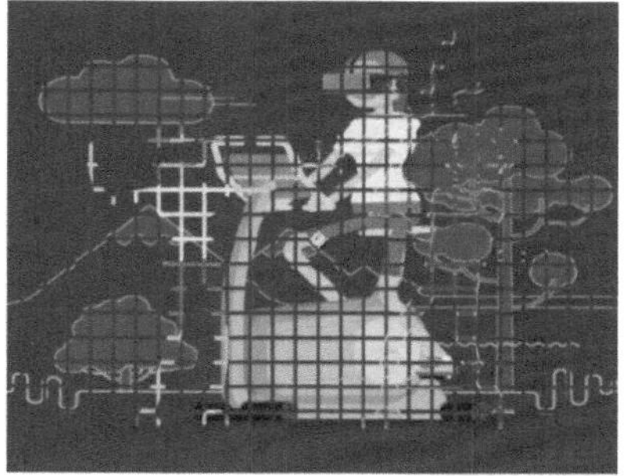

02 为卡片擦除滤镜的属性参数设置关键帧，在时间0:00:00:06处37、时间0:00:01:00处38和时间0:00:01:22处39分别设置参数。

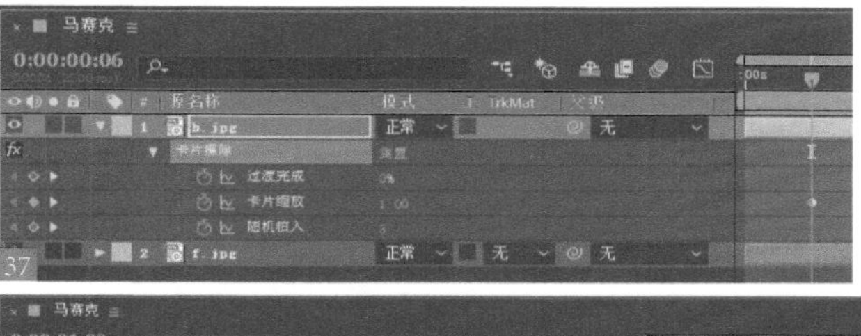

37

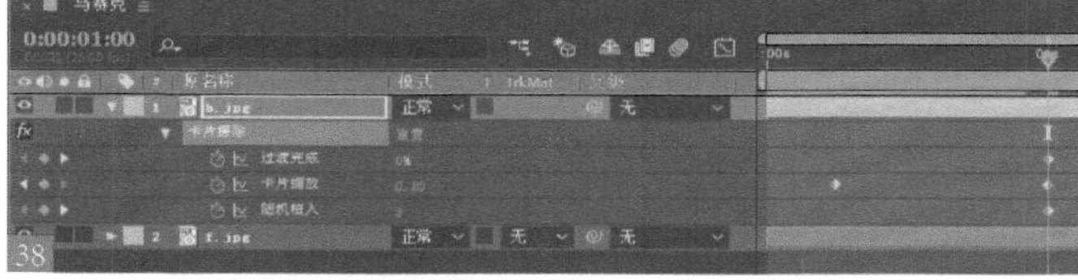

38

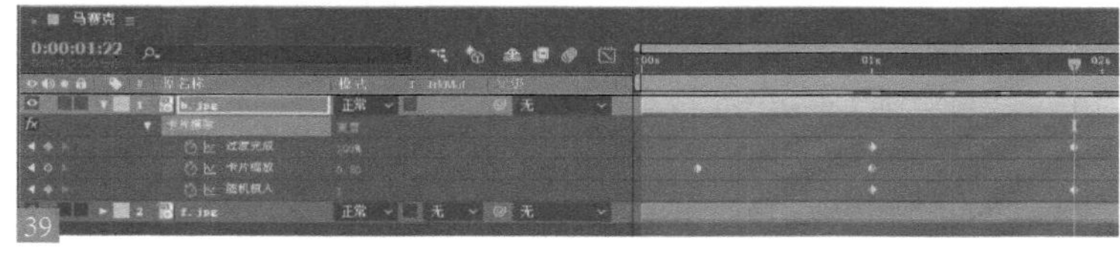

39

03 导入本书配套资源中的 f.jpg 文件，将其拖放到时间线面板中并放置在底层。按数字 <0> 键预览最终效果40。

40

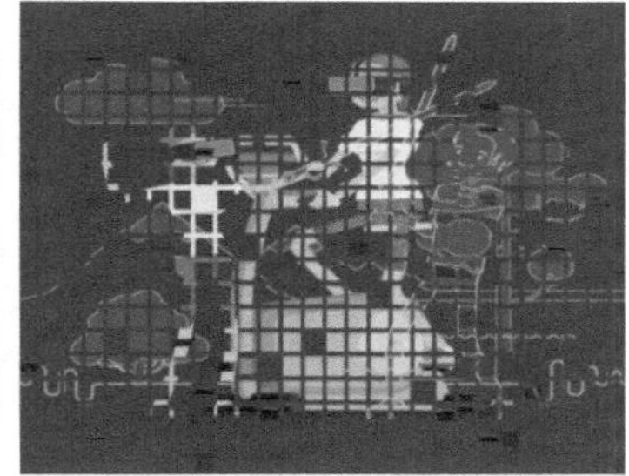

5.2.6 像素转场

本案例主要以图像的像素为中心，利用最小/最大滤镜将图像的像素放大成色块，使本来画面生硬的切换变得平缓而且自然。

01 启动 AE，选择菜单中的“合成 > 新建合成”命令，新建一个合成，将其命名为“像素转场”。选择菜单中的“文件 > 导入 > 文件”命令，导入本书素材 a.jpg、“MG 动画 -3.mp4”文件，并将这两个文件拖入到时间线面板，将 a.jpg 放在上层41。

41

02 将时间滑块移动到时间0:00:02:16处，选中 a.jpg 层，按下 <Alt+]> 快捷键，将 a.jpg 层自当前时间帧往后的部分截除。选中“MG 动画 -3.mp4”层，按 <Alt+[> 快捷键，将“MG 动画 -3.mp4”层自当前时间帧往前的部分截掉42。

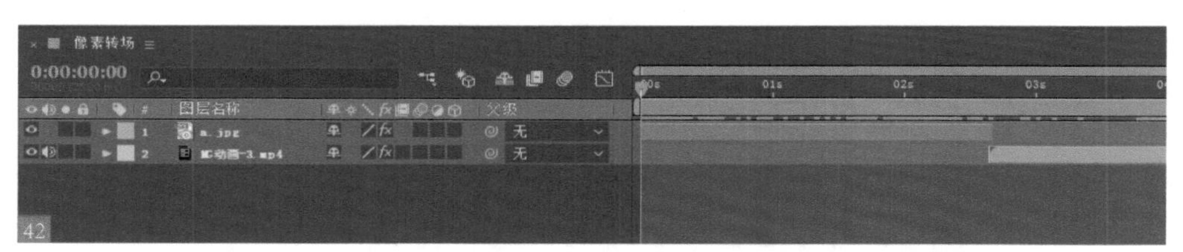

42

03 选中 a.jpg 层，选择菜单中的“效果 > 通道 > 最小 / 最大”命令，为其添加最小 / 最大滤镜43。

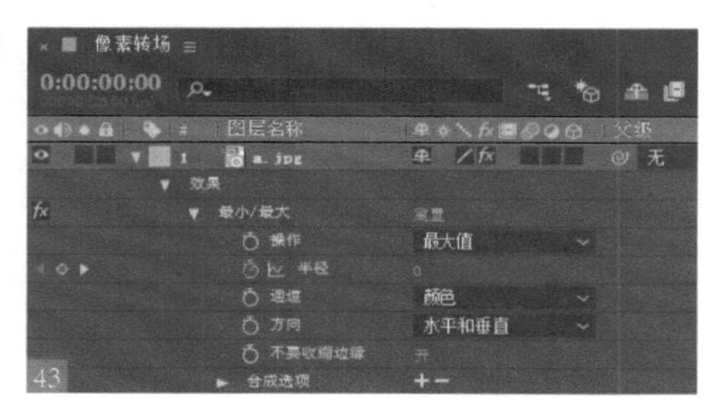

43

04 为最小 / 最大滤镜的参数设置关键帧，在时间0:00:00:09处44和时间0:00:02:16处45分别设置关键帧。

44

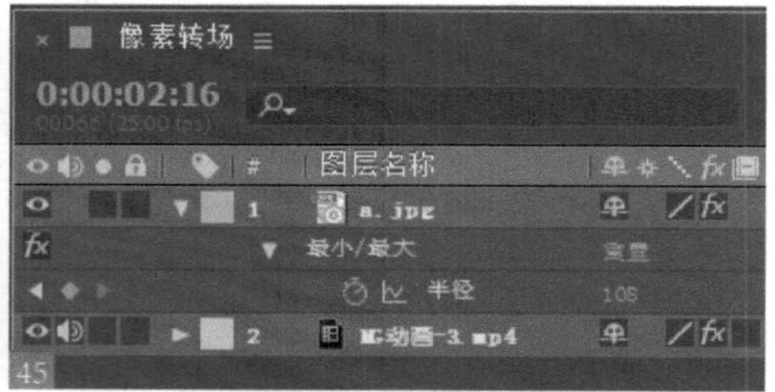

45

05 选中“MG 动画 -3.mp4”层，选择菜单中的效果 > 通道 > 最小 / 最大命令，为“MG 动画 -3.mp4”层添加最小 / 最大滤镜。为最小 / 最大滤镜的参数设置关键帧，在时间 0:00:02:16 处 46 和时间 0:00:04:16 处 47 分别设置参数。

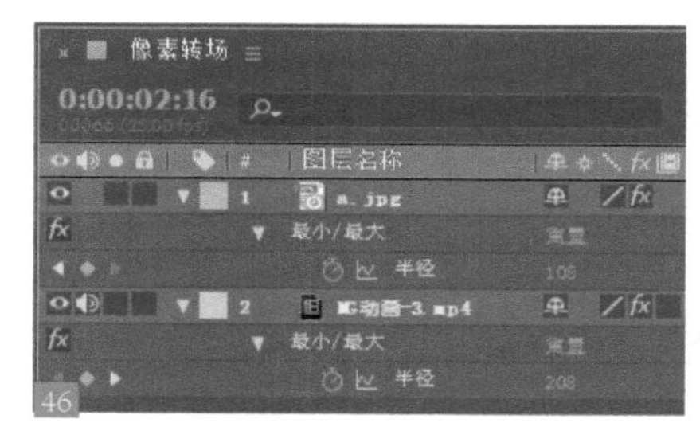

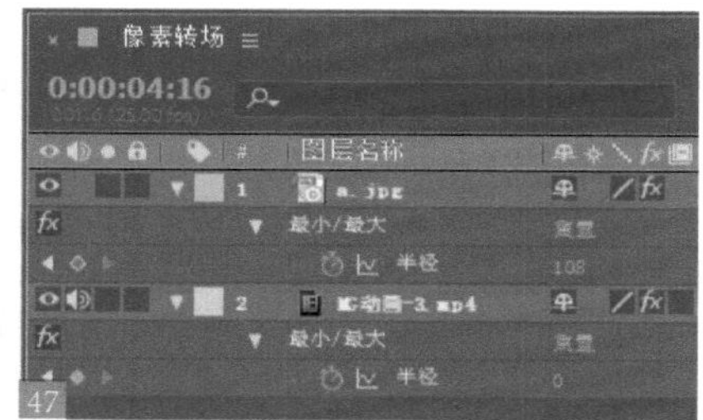

06 按数字键盘上的 <0> 键进行预览 48。

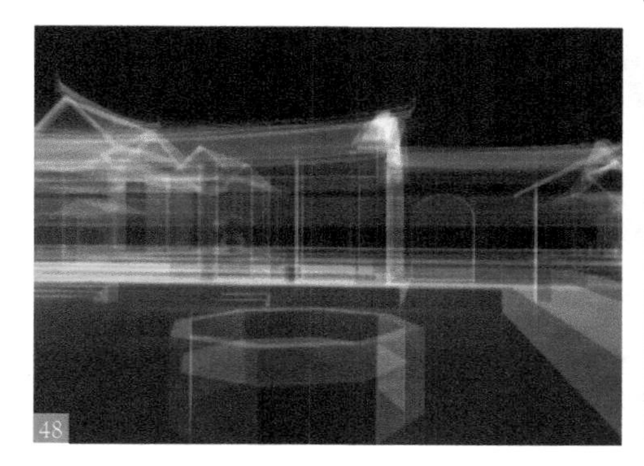

5.2.7 螺旋转场

扫码看本节视频

本案例主要以对图像文件的应用为主，利用渐变擦除滤镜读取其黑白信息，从而产生螺旋渐变效果。读者通过渐变擦除滤镜对其中一个层应用渐变擦除，使画面产生螺旋渐变转场效果。

01 启动 AE，选择菜单中的“合成 > 新建合成”命令，新建一个合成，将其命名为“螺旋渐变”。选择菜单中的“文件 > 导入 > 文件”命令，导入本书配套资源中的 a.png、b.png 和 c.png 文件，并将这三个文件拖放到时间线面板，之后关闭 c.png 层的显示属性 49。

02 选中 b.png 层，选择菜单中的“效果 > 过渡 > 渐变擦除”命令，为其添加渐变擦除滤镜，在效果控件面板中调整参数50。调整完参数值使画面产生变化51。

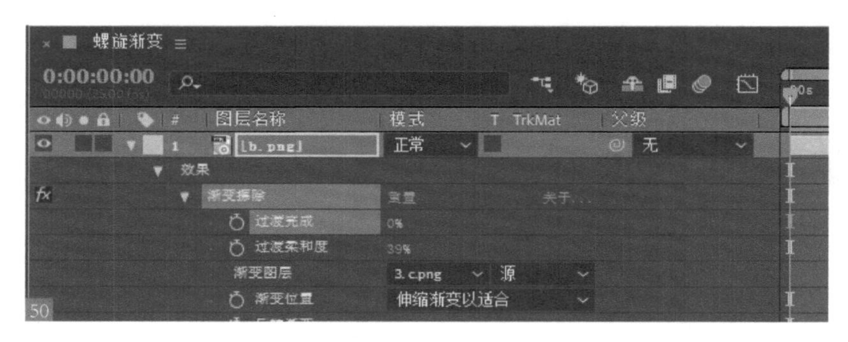

50

51

03 为渐变擦除滤镜设置关键帧，在时间0:00:01:01处52和时间0:00:02:14处53设置参数。

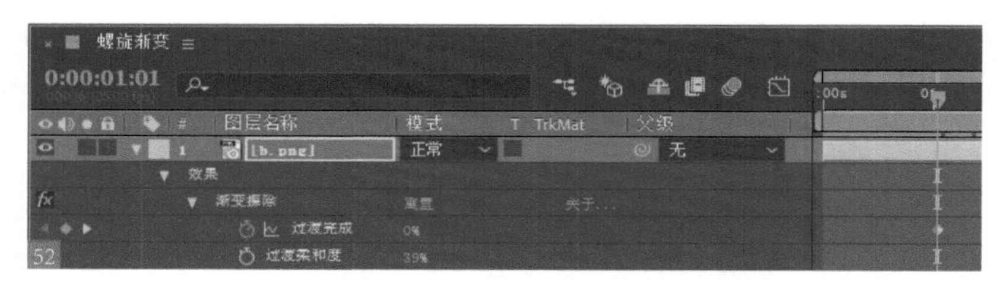

52

53

04 按数字 <0> 键预览最终效果54。

54

5.2.8 翻页转场

扫码看本节视频

本案例主要介绍了 CC Page Turn 滤镜的使用方法，通过该滤镜产生的翻页动画完成转场效果的制作。其中还介绍了 AE 中的一种循环表达式语句，利用该语句可以使动画产生循环播放效果，从而使循环动画的制作变得更加简捷。

01 启动 AE，选择菜单中的“合成 > 新建合成”命令，新建一个合成，将其命名为“翻页转场”。导入本书配套资源中的 c.png、d.png 序列帧文件，将 d.png 文件从项目面板拖到时间线面板中55。

55

02 在时间线面板中选中 d.png 层，选择菜单中的“效果 > 扭曲 >CC Page Turn”命令，为其添加 CC Page Turn 滤镜，在效果控件面板中调整参数之后查看56。此时合成的效果57。

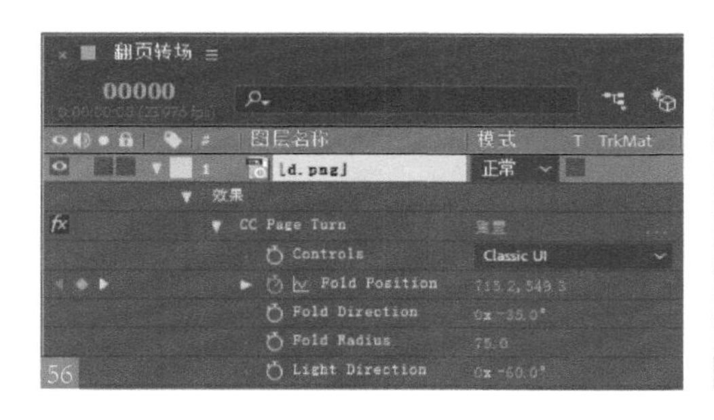

56

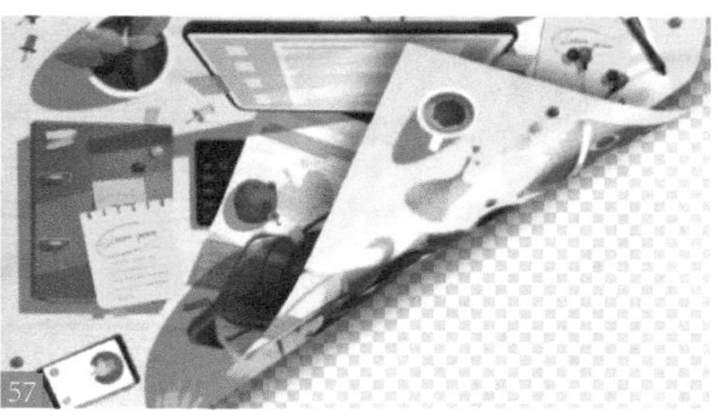
57

03 在时间线面板选中 d.png 层，展开其 Fold Position 属性列表，单击其左侧的按钮，为 Fold Position 属性记录关键帧动画，使翻页效果表现为从画面的右下角向左上角进行过渡58。此时拖动时间滑块，可见画面中已经产生了翻页动画效果。

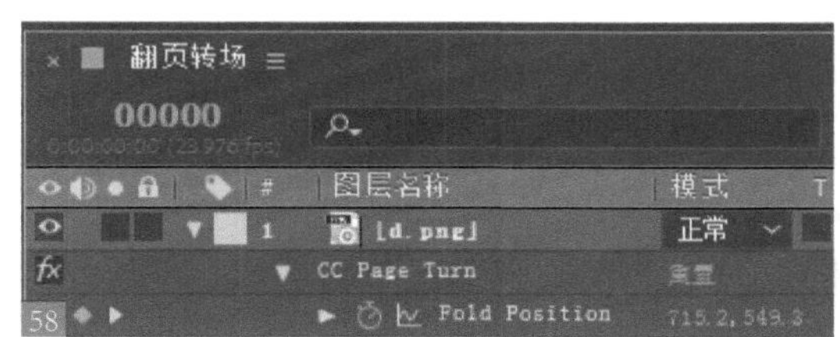

58

04 按数字 <0> 键预览当前效果 59。

59

05 作为背景，将 c.png 文件从项目面板拖到时间线面板最下层，之后选中上面的 d.png 60。

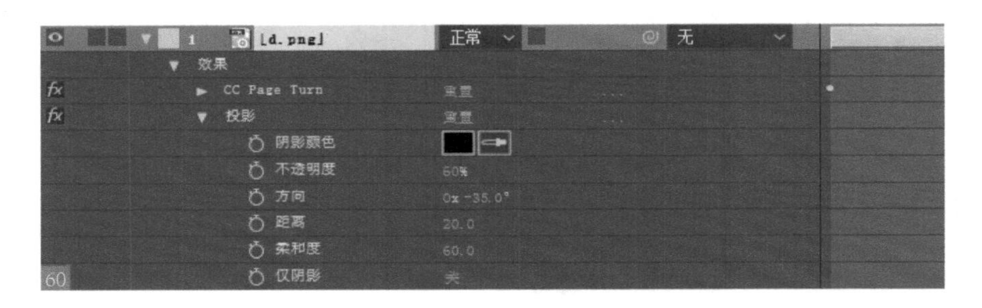

60

06 按数字 <0> 键预览最终效果 61。

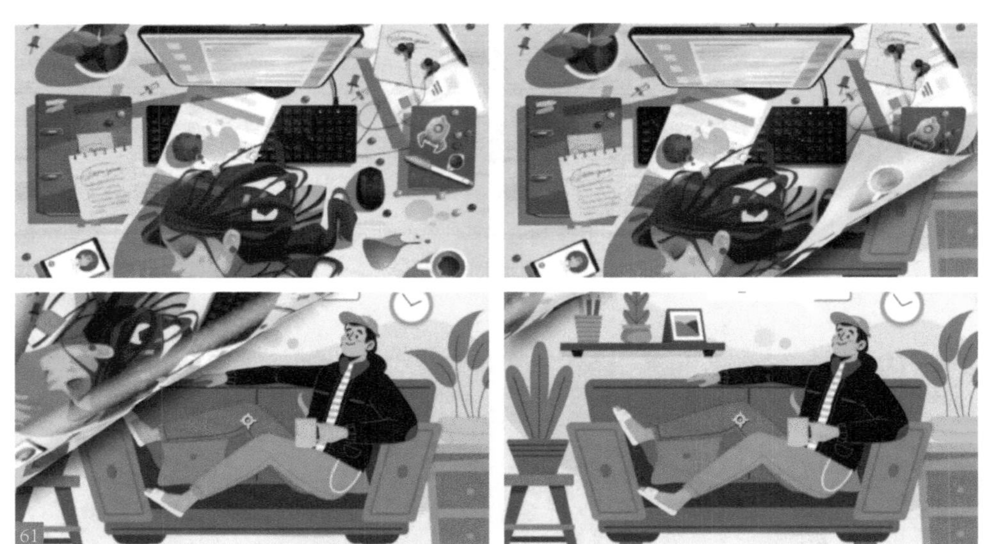
61

▶▶▶ Chapter

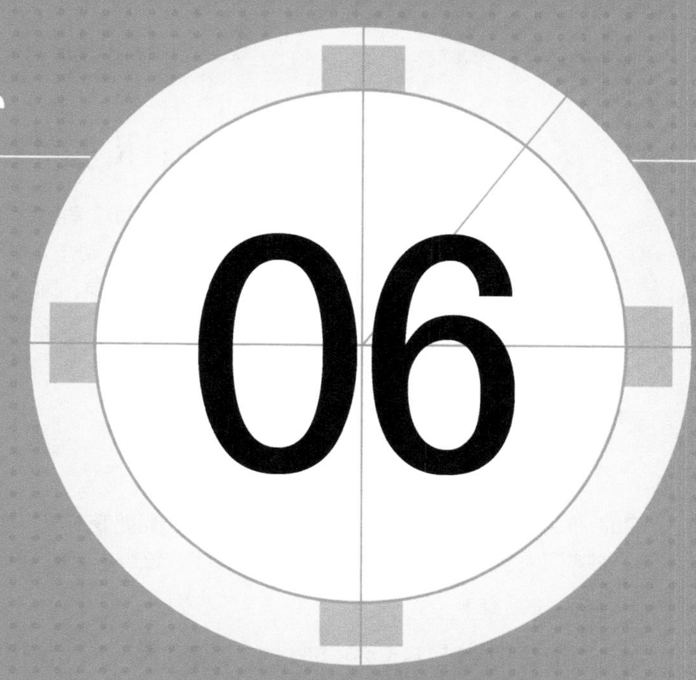

第 6 章　MG 角色动画

在动画制作中，如果可以塑造角色，这将给受众带来不错的印象。对于动画作品来说，将是质的飞跃。大多数的设计者都会应用一种几何形体的设计思路，通过调整和把握角色的形体特征来实现形象的表现。例如使用非常明确的几何形态来表现二维动画设计角色，这样一来，效果凸显。

认识 Duik 插件

在 MG 动效方面，角色动画是一个大门类，很多插件都可以制作角色动画。Duik 是 AE 制作人物动画的优秀外挂插件，是 DuDuF 公司出品的动力学和动画工具，脚本带多国语言（含中文）。

6.1.1 Duik 插件介绍

Duik 插件的动画基本工具包含：反向动力学、骨骼变形器、动态效果、自动骨骼绑定、IK 和图形学等，有了这个脚本工具创建动画变得更加容易和简单了。该脚本支持 Win/Mac 系统下的 AE 软件，包含以下功能。

1. 反向运动学

在许多情况下这个工具是必不可少的，创建动画人物，尤其是散步、跑步以及任何形式的机械动画过程。反向运动学包含使用非常复杂的三角函数表达式，而 Duik 则可以自动化这些创建过程，允许用户更加关注动画创作本身。现在用户可以通过修改动画来控制人体任意一个部分，比如整个肢体或只是手、脚的位置。

2. 骨骼和傀儡工具

骨骼是可以代替傀儡图钉后的效果。创建一个单一的点击，则可以对其进行本地化的控制。用户可以用复制等方法操纵 3D 角色呈现各类效果。傀儡就像蒙皮，Duik 帮用户承担大部分设置工作。

3. 自适应操控

大部分的角色都是差不多的，都有手臂、腿和头，为了避免一次又一次地重复同样的工作，Duik 的自适应操控可以自动操纵两足动物。用户只需要移动锚点到适当的关节（如果使用一个傀儡或创建的骨骼）自适应控制器将会自动识别来适应当前的角色。如是否只有一只胳膊，或者它的腿没有膝盖，都没关系，平台将会自动适应。

4. 操控工具

除了主要的操纵工具（动力学、骨骼或自适应），Duik 其他工具还可以深度地控制图层，帮助用户创建表达式。

5. 动画工具

操纵人物是一回事，现在必须让他们运动起来。Duik 带来各种各样的动画控制器，从强大的弹簧，自动化对象的延迟和反弹，到轮盘的自动旋转等 01。

用户可以很容易地复制和粘贴一个动画，在同一个合成中重复动画。还有一个非常简单的界面来管理修改。

更关键的是，这个工具是多语言的，现在用户只需要在设置中将语言切换成中文，那么，就能看到自己熟悉的语系，从而更加方便地使用这个工具。

01

6.1.2 安装 Duik 插件

AE 的插件安装都非常简单，只要将文件复制到指定文件夹中即可。Duik 插件的安装方法也一样简单。

01 选择 Duik 插件的 3 个文件02，打开 AE 的安装目录，找到 ScriptUI Panels 文件夹，将它们复制到这个文件夹中。重启 AE，在窗口菜单最下方可以找到安装好的 Duik 插件03。

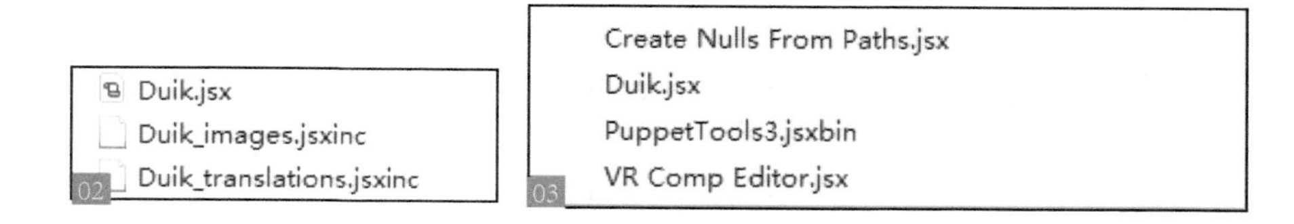

02 Duik 插件的界面有中文版本，第一次打开后有错误提示04，选择“编辑 > 首选项 > 常规”命令，进行相应的设置即可05。

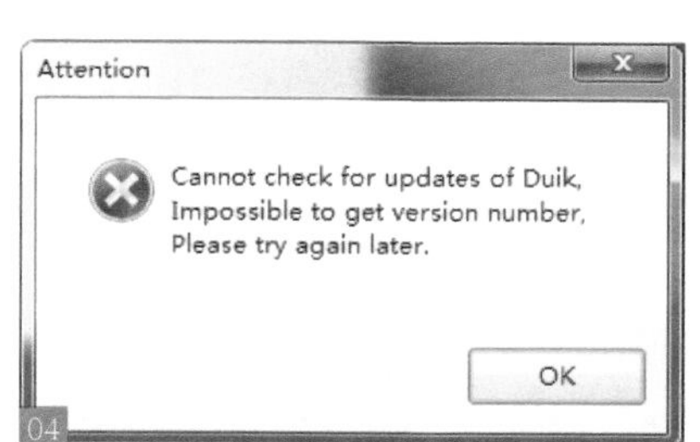

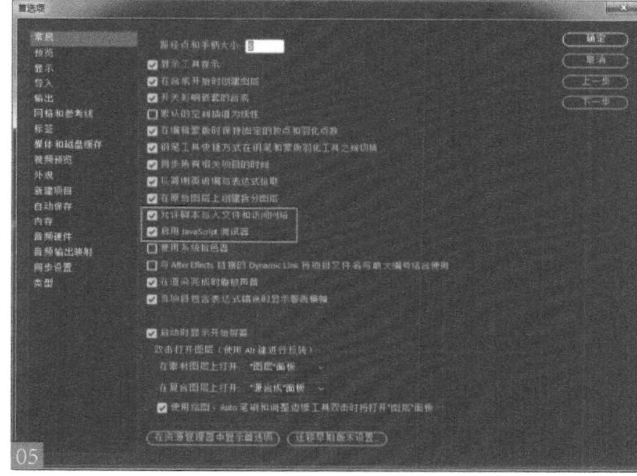

03 重新启动 AE，即可顺利打开 Duik 插件06。

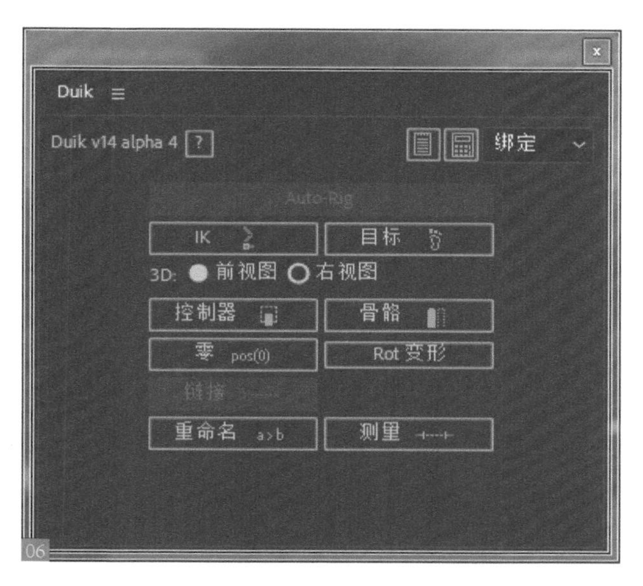

在 AI 中制作场景

AI场景是矢量图像，无论放大还是缩小都不会产生锯齿模糊的现象，很适合制作 MG 动画。下面我们将在 AI 中制作分层文件，AI 的好处是可制作矢量图形，让画面边缘更加流畅。

6.2.1 对场景和人物进行分层

扫码看本节视频

下面要处理人物和场景的分层。

01 启动 AI 软件，选择主菜单“文件 > 打开”命令，或按 <Ctrl+O> 快捷键，打开本书配套资源中的“场景 .ai”。场景中的人物和背景目前需要进行分类和分层，然后再导入 AI 进行动画设置。分层是个非常重要的工作07。

07

02 展开图层面板，单击图层按钮将该图层的物体选择，可以按 <Ctrl> 键进行多选08，选择所有的云层后，按 <Ctrl+X> 快捷键剪切云朵，单击图层面板下方的按钮新建图层，将其命名为“云”，按 <Shift+Ctrl+V> 快捷键将剪切的云朵原位粘贴到新建图层中09。这样就完成了云朵图层的分层操作。

08

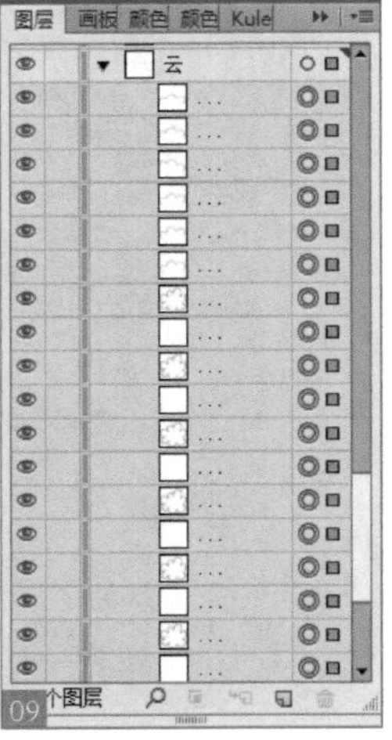

09

03 继续将场景中的建筑和道路进行分层 10，命名图层为“建筑”和“背景” 11。

10

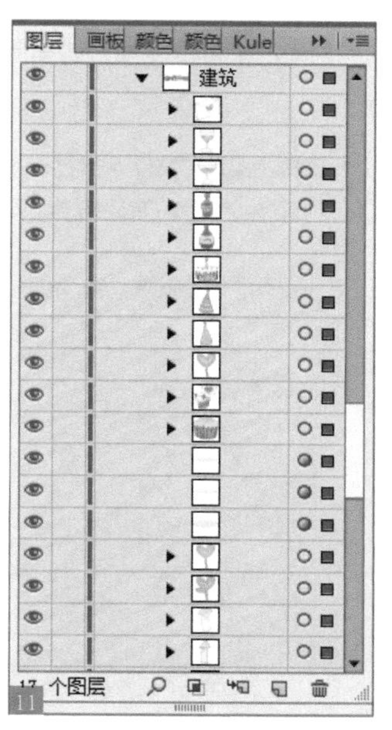

11

04 下面给人物进行分层处理，将场景中人物分为头、身体、左大臂、左小臂、左手、右大臂、右小臂、右手、左大腿、左小腿、左脚、右大腿、右小腿和右脚等部分 12。

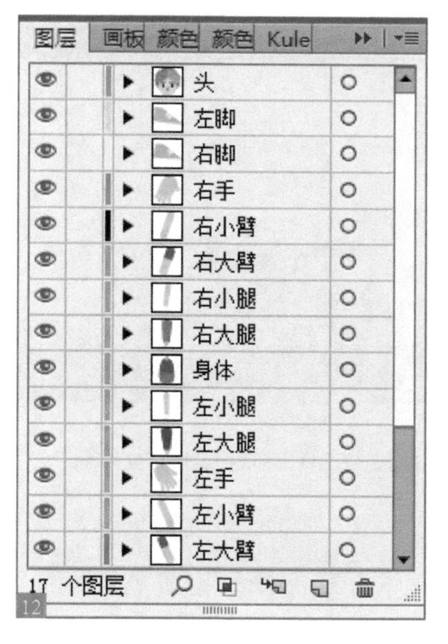

12

05 对于图层的前后是要进行准确安排的，哪只胳膊在身体后边，哪条腿在身体后边都要分配清楚。比如左脚下的所有物体都要放在一个层级中，尽量不要套用层级 13。

左脚
13

6.2.2 处理画布

扫码看本节视频

下面处理画布尺寸，如果此时导入AE，将会剪切掉多余的背景，我们现在要把背景做成宽屏。

01 选择主菜单“文件 > 文档设置”命令，打开“文档设置”对话框14，单击“编辑画板”按钮，画面将出现调整框15，将画幅拉宽，拉宽后场景和人物都纳入范围内了16。

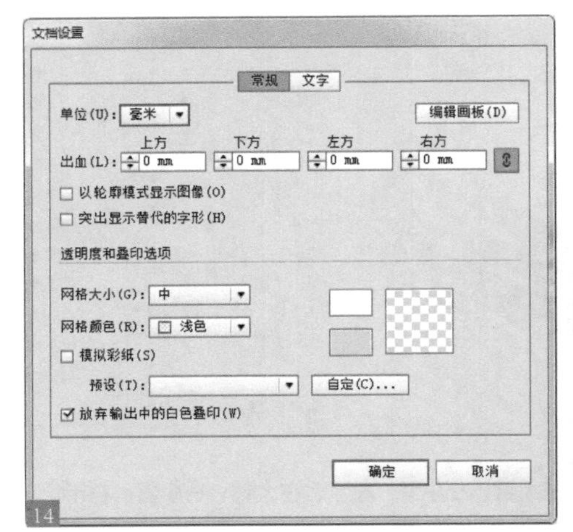

14

15

16

02 在工具栏随便单击一个工具按钮，即可退出编辑画板模式，按 <Ctrl+S> 快捷键保存文件17。

17

在 AE 中制作场景

在 AI 中制作的矢量图形如果尺寸较大，那么在 AE 中可以通过关键帧实现背景滚动效果。下面我们将在 AE 中制作场景的分层，AE 可以让各个图层实现父子级链接并制作动画。

6.3.1 将 AI 文件导入 AE

扫码看本节视频

下面将在AE中对AI文件进行画面导入。

01 启动 AE，选择菜单中的“合成 > 新建合成”命令，新建一个合成，将其命名为“MG 动画”01。将“场景 .ai”文件导入项目窗口02。

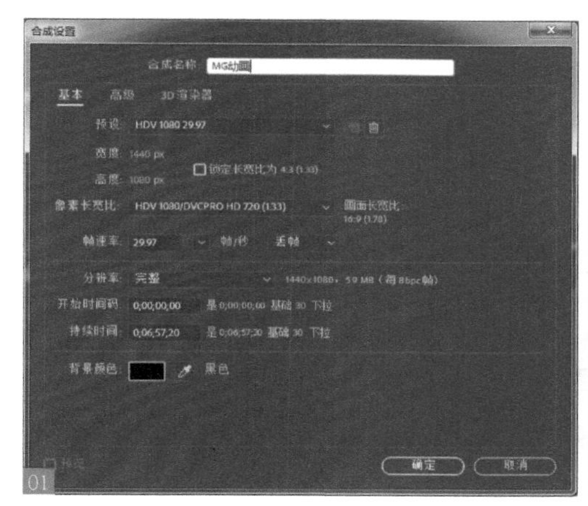

01

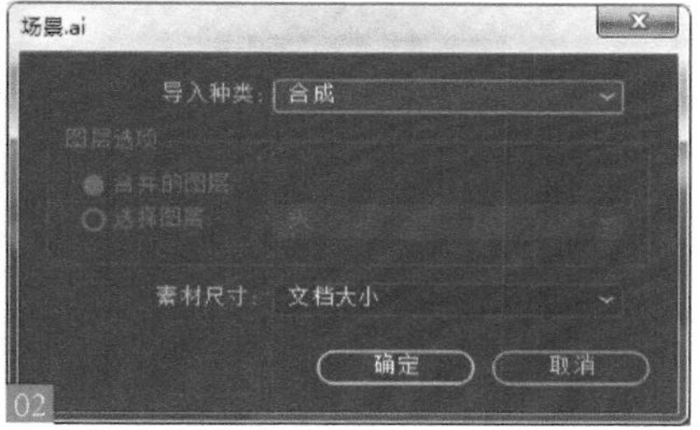

02

02 将场景合成文件拖动到时间线窗口，并缩放大小，让高度与合成窗口相匹配03。

03

03 双击时间线窗口的场景合成文件将其展开，可以看到我们刚才在 AI 中进行的分层04。

04 选择人物的所有图层，单击鼠标右键，在弹出的快捷菜单中选择“预合成 ...”命令 05，给人物单独进行处理，给新的预合成起名“人物”并进入该合成中 06。

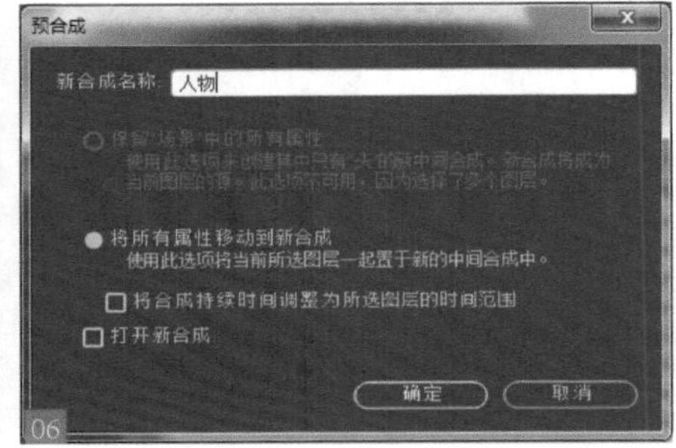

6.3.2 设置关节的旋转轴心

扫码看本节视频

下面设置关节的旋转轴心，默认前提下轴心为整个画面的中心点，如果旋转人的关节，则需要将轴心设置到人体关节的旋转轴心上，旋转头部则需要将头部轴心设置到脖子上。

01 选择头的分层，单击按钮，将头的轴心移动到脖子上 07。

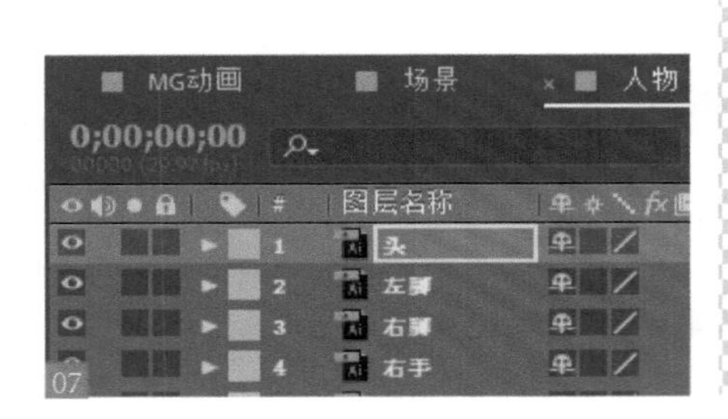

02 选择左脚和右脚的分层，单击[icon]按钮，将它们的轴心移动到脚踝上 08。

08

03 按照人体关节的轴心规律，分别将它们的轴心移动到正确的位置上 09。

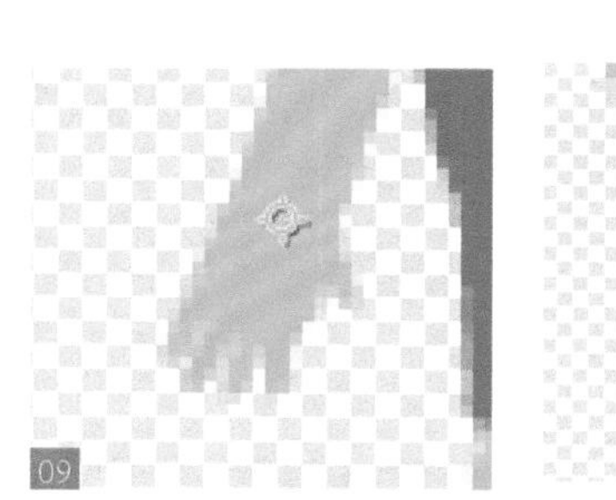

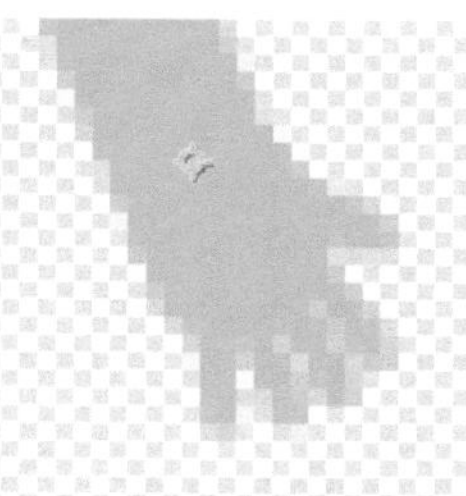

09

04 如果有重叠看不清楚的情况，可单击[icon]按钮进行图层独显，然后再设置轴心位置 10。

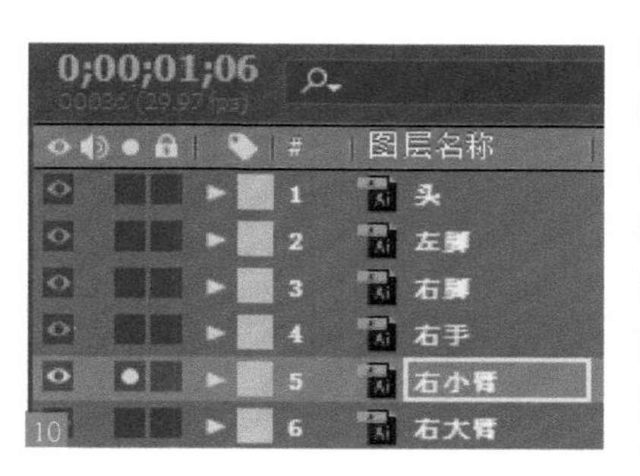

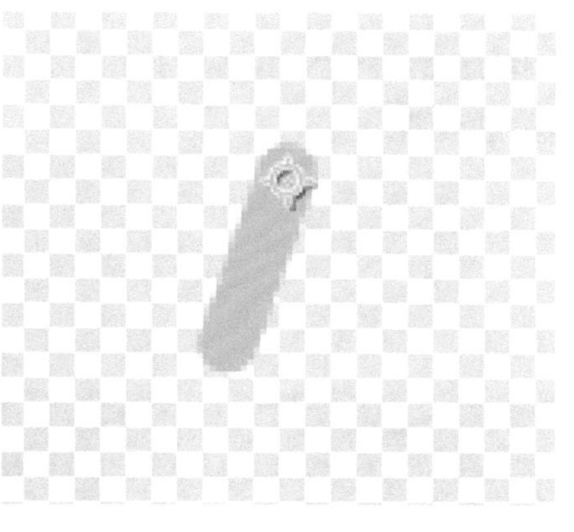

10

05 设置完成后可以旋转一下关节看看效果是否正确 11。

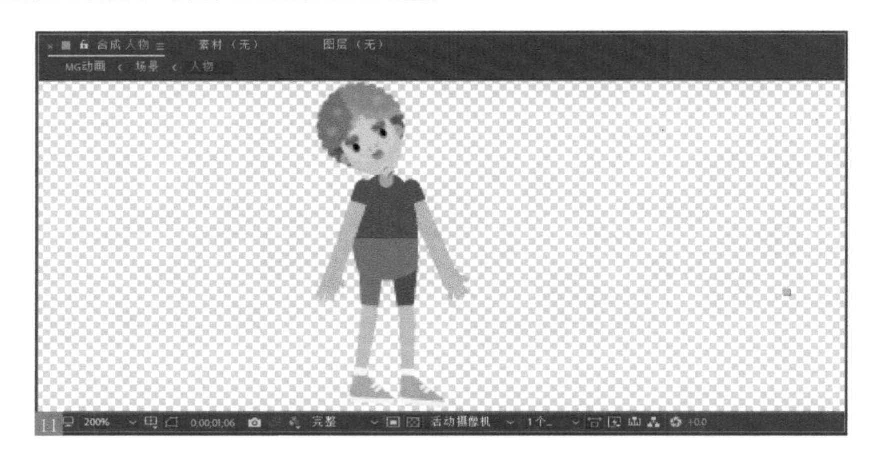

6.3.3 设置关节的父子层级

下面设置关节的父子层级，默认前提下每个分层是独立的，要将手链接到小臂，小臂链接到大臂，大臂链接到身体，脚链接到小腿，小腿链接到大腿，大腿、头分别链接到身体，并区分左右。

01 选择头的分层，按住该图层右边的◎按钮不放，移动到身体图层，此时将有一条蓝色直线相连，松开鼠标左键即可实现父子级链接 12。此时头部后面的父级列表将显示身体图层 13。

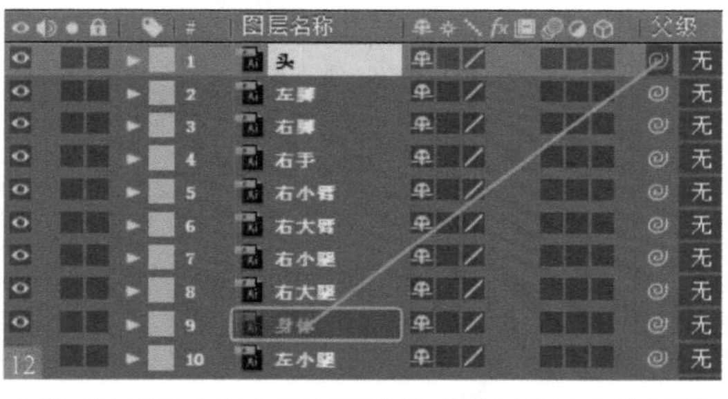

02 用这样的方法先将将左手链接到左小臂，左小臂链接到左大臂，左大臂链接到身体。旋转左大臂，可以看到整条左胳膊一起旋转 14。

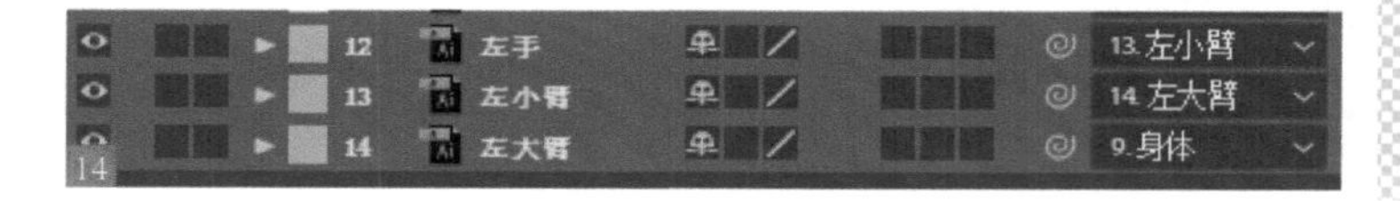

03 用同样的方法将四肢都进行父子级链接，并将它们的父级链接到身体。除了身体，其他部位都有了父级15。

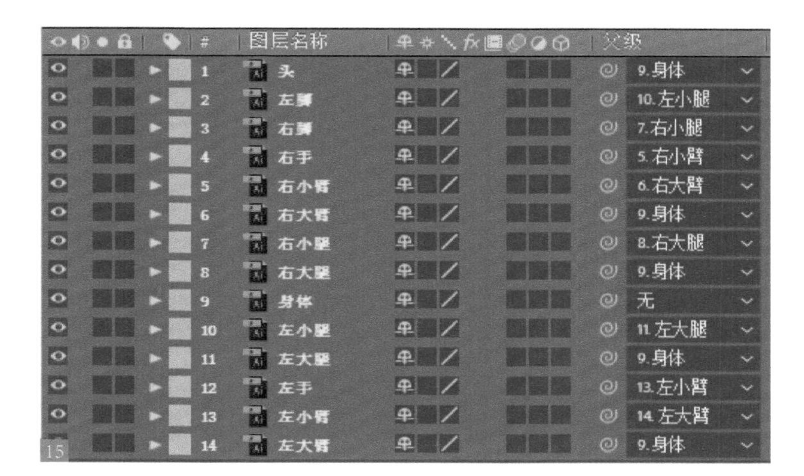

在 Duik 插件中制作捆绑

反向动力学是 Duik 插件的核心技术，也是角色动画必不可少的骨骼捆绑流程。下面我们将在 Duik 插件中制作场景的 IK 反向动力学链接，并设置控制器范围。

6.4.1 利用 Duik 插件设置关节

扫码看本节视频

下面利用Duik设置关节绑定，用IK反向动力学控制人体动画。

01 选择主菜单“窗口 >Duik”命令，打开 Duik 插件对话框01。

02 在时间线窗口选择左手图层，单击 控制器 按钮，此时时间线新建了一个“C_左手”的层，此时左手会出现一个控制器范围框02，拖动节点，将范围框缩小（范围框可控制手的影响范围）03。

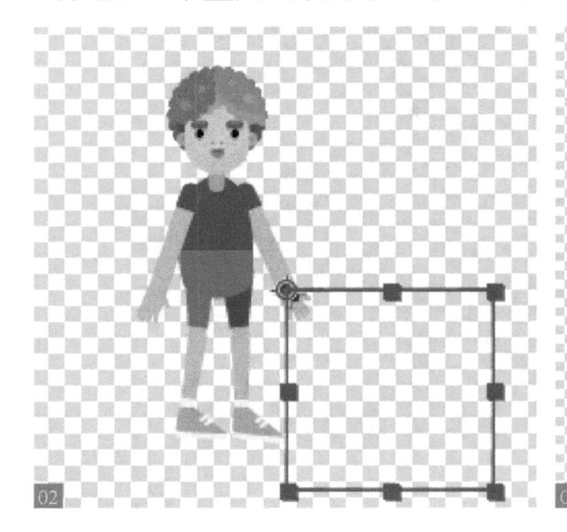
02

03

03 选择右手图层，单击 控制器 按钮；选择左脚图层，单击 控制器 按钮；选择右脚图层，单击 控制器 按钮。这样就新生成了四个图层。分别将范围框缩小，让四肢的末端影响范围不要重叠到其他关节即可04。

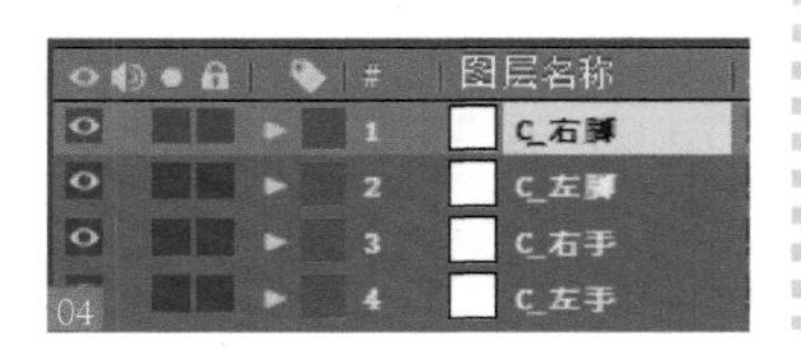

#	图层名称
1	C_右脚
2	C_左脚
3	C_右手
4	C_左手

04

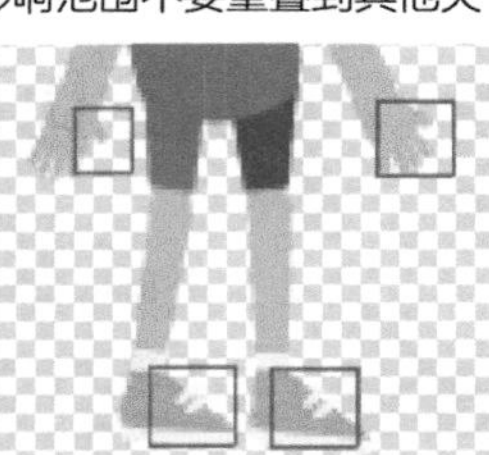

6.4.2 设置反向动力学关节

扫码看本节视频

下面设置关节的IK反向动力学控制。

01 在时间线窗口按顺序分别选择左手、左小臂、左大臂和 C_左手层，然后单击 Duik 插件窗口的 IK 按钮，完成左臂的反向动力学设置。试着移动左手控制器，当左手移动时小臂和大臂也跟着移动05。

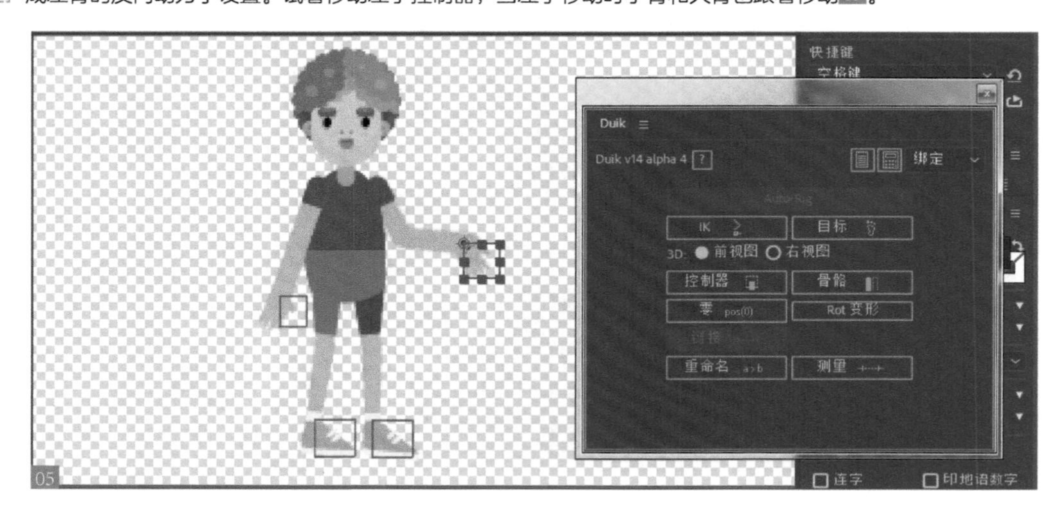

05

02 此时会发现图层中原来的左手图层被隐藏了，多出来一个左手 goal 图层，这个图层是个固定图层，手不会随着动态旋转，可以删除掉，将原来的左手图层显示出来（单击眼睛图标即可显示）06。

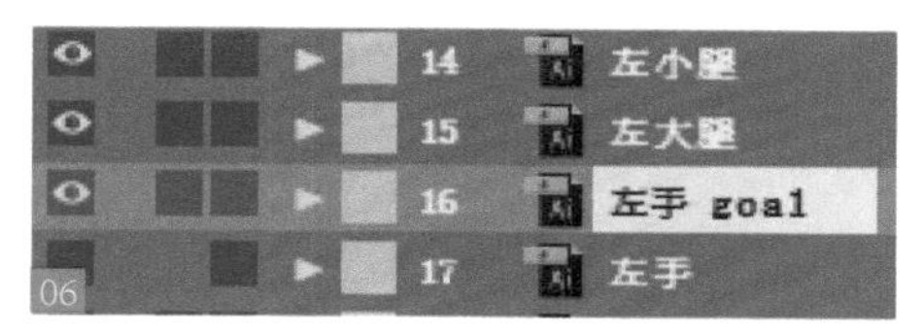

06

03 用同样方法，在时间线窗口按顺序分别选择右手、右小臂、右大臂和 C_ 右手层，然后单击 Duik 插件窗口的 IK 按钮，完成右臂的反向动力学设置。选择左脚、左小腿、左大腿和 C_ 左脚层，然后单击 Duik 插件窗口的 IK 按钮，完成左脚的反向动力学设置。选择右脚、右小腿、右大腿和 C_ 右脚层，然后单击 Duik 插件窗口的 IK 按钮，完成右腿的反向动力学设置。之后分别删除左脚 goal 图层，右脚 goal 图层和右手 goal 图层，显示左脚、右脚和右手图层。

04 试着移动控制器范围框，会看到反向动力学的存在，但是关节有时候是反向弯曲的 07，这在作图时插件无法甄别腿部往哪边折叠。单击左脚 _C 图层，打开效果控件面板，勾选 IK Orientation 复选框 08，就会产生正确的反向关节弯曲了 09。用同样方法给右脚也设置反向弯曲。至此完成了人物反向动力学关节的捆绑，关闭 Duik 窗口。

07

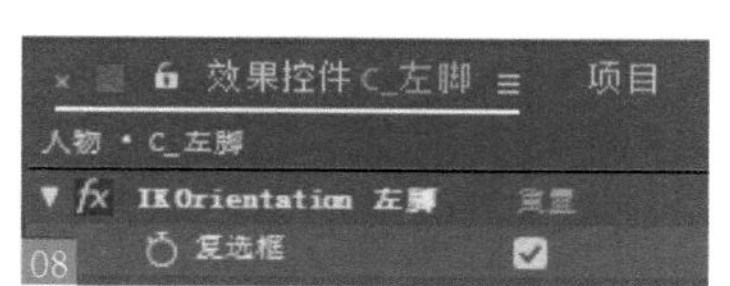

08

09

6.5 在 AE 中制作奔跑动画

奔跑需要手动调整，经验和耐心必不可少，需要先仔细研究跑步动态的每个关键帧动作。下面我们将在 AE 中制作人物的奔跑动画，该动画将是一个循环动态。

6.5.1 设置跑步的循环姿势

扫码看本节视频

下面使用左右腿轮换的方式设置跑步的循环姿势，在姿势设定中，将使用位置和旋转参数。

01 在时间线窗口将时间移动到第 0 帧。选择 4 个控制器图层，按 <P> 键，打开它们的位置参数，单击按钮设置动画起始。给身体和头部设置位置和旋转参数，之后单击按钮设置动画起始（人物跑步时身体和头部也会相应旋转或移动）01。

01

02 移动控制器范围框，将跑步姿势移动为左脚着地状态，并绘制一个立方体，作为地面的参考平面 02 。

02

03 移动到第 5 帧，移动控制器范围框，将跑步姿势移动为右腿向前弯曲、手臂交叉的姿态 03 。

03

04 移动到第 10 帧，移动控制器范围框，将跑步姿势移动为右脚着地状态 04 。

04

05 移动到第 15 帧，移动控制器范围框，将跑步姿势移动为左腿向前弯曲、手臂交叉的姿态05。

06 移动到第 20 帧，将第 0 帧的所有关键帧复制并粘贴到第 20 帧，这样就形成了一个跑步循环姿势。跑步姿势调整的时候比较难，要细心调整身体的上下位置和四肢的摆动。将工作区结尾拖动到第 20 帧处06，按空格键观看循环动画07。

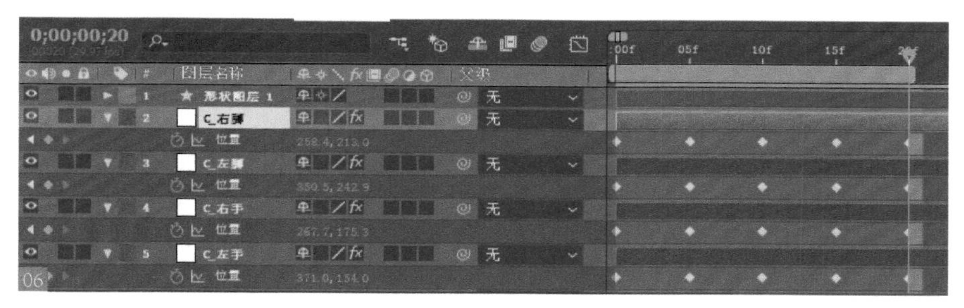

6.5.2 设置跑步的缓和动画

目前的人物动态有点僵硬，需要使用特殊技术让动作缓和起来。

01 按 <Ctrl+A> 快捷键全选图层，连续按 <U> 键，直到显示所有关键帧，框选这些关键帧，按 <Alt> 键的同时拖动最后一个关键帧可以缩放动画的时长。如果觉跑步动作太快，可以拉长时间到第 25 帧结束，这样跑步动作能够慢一些08。

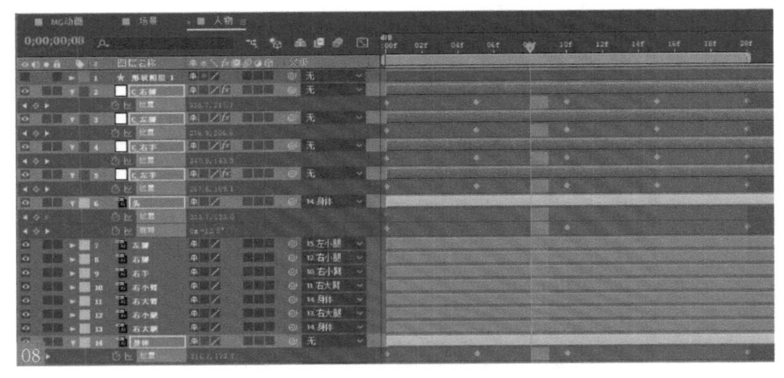
08

02 按 <F9> 键，给所有关键帧进行缓和处理，播放动画会发现动作舒缓了很多，过渡也自然了，此时所有关键帧从菱形变成了沙漏形09。

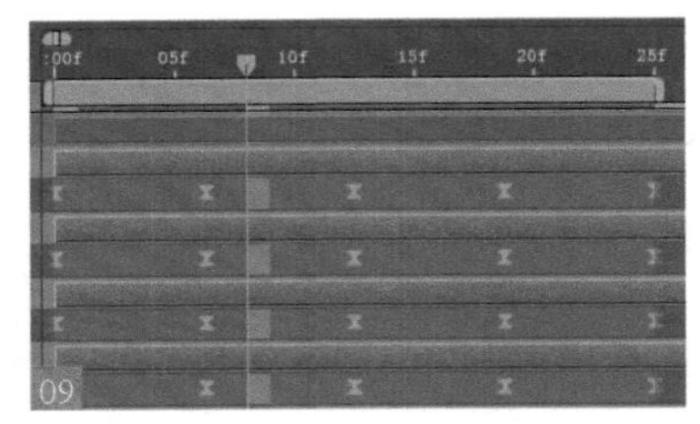
09

03 选择右脚图层，单击按钮，显示图标编辑器，在这里可以调整动画的平顺度。单击按钮，选择参考图标选项10，显示红色和绿色的曲线。从图标可以看到，红色和绿色的波浪线不够平滑，动画要想平滑就要调整这些曲线11。

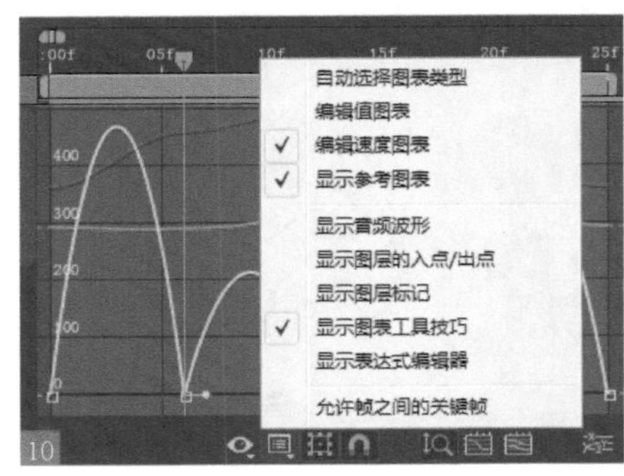

10

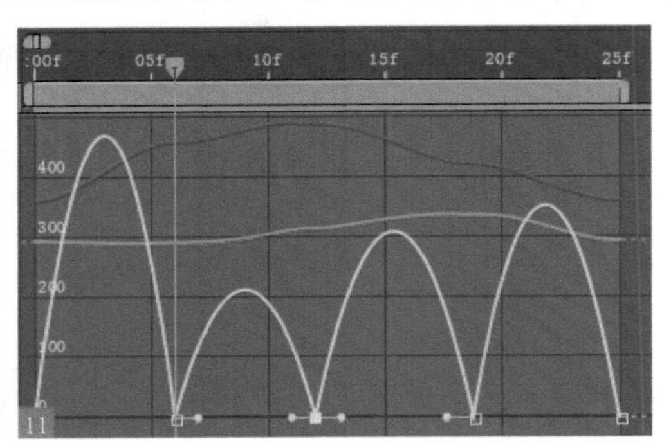
11

04 拖动贝塞尔曲线的手柄，将曲线调整平滑。重新预览动画，可见动态之间的连接效果平滑多了12。

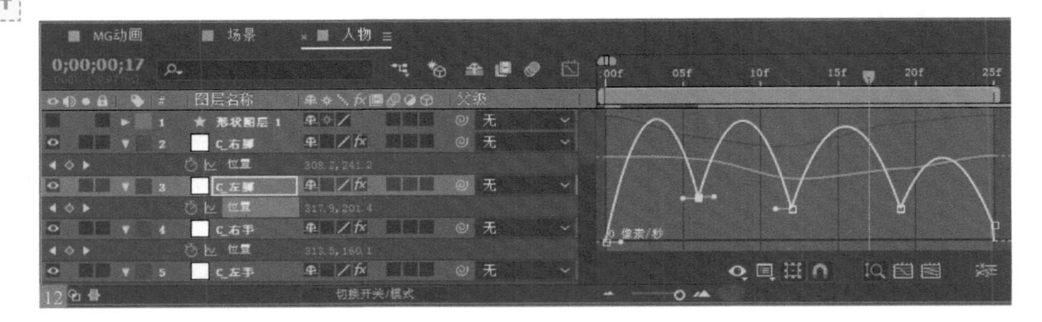

12

6.5.3 让动画循环起来

目前的人物动态只有从左脚迈到右脚（一个跑步循环姿势），下面要制作让人物不停奔跑的动态。

01 给一个肢体制作动画循环，选择 C_ 右脚图层，单击 <P> 键打开其位置参数，单击该参数即可选择它的所有关键帧，按 <Alt+Shift+=> 快捷键，添加表达式，单击其右边的按钮，选择 LoopOut* 表达式，这是循环动作表达式 13 。

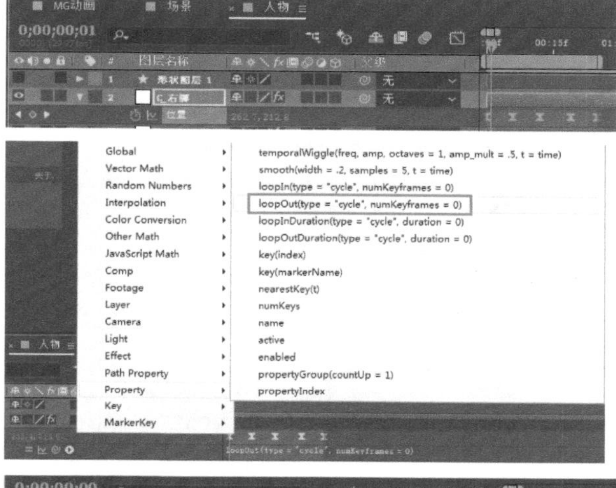

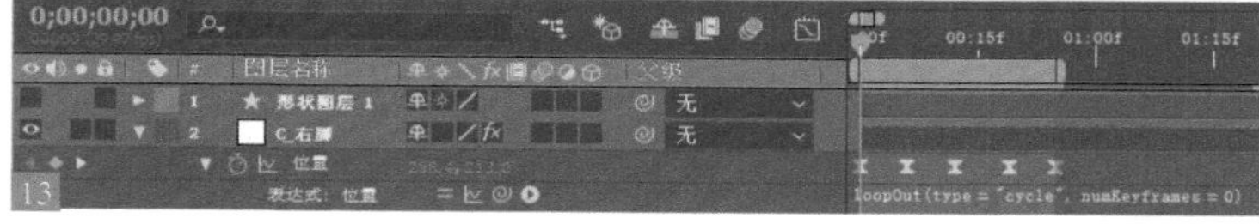

13

02 用相同的方法给其他肢体也制作动画循环。循环动画制作完成后，将刚才制作的作为地面参考的立方体删除。人物动画完成。

6.5.4 让背景滚动起来

下面制作人物在背景下奔跑，背景画面要略过窗口，其实人物是原地奔跑的，背景向后移动，让人感觉到是向前跑动。

01 回到场景合成，显示所有图层 14 。

14

02 选择建筑和云图层，按 <P> 键，打开它们的位置参数，单击⏱按钮设置位置动画起始15。

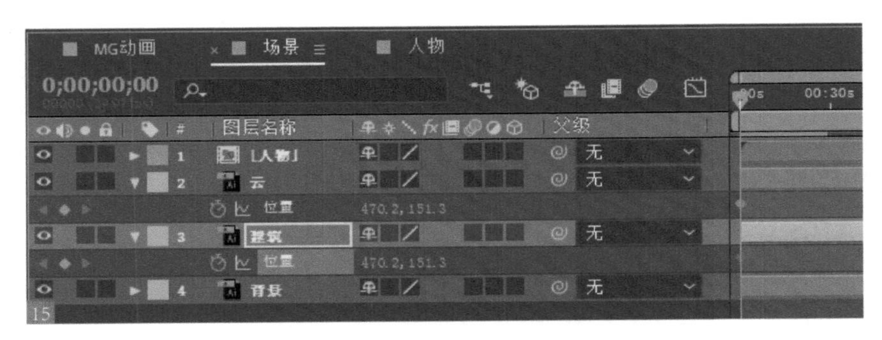

15

03 设置建筑位置动画，在第 0 帧设置建筑位置，在末尾帧设置建筑位置向后移动16。

16

04 设置云的位置动画，在第 0 帧设置云的位置，在末尾帧设置云的位置向后移动（云图层运动得稍微慢一些，跟建筑有一些动态变化，这样画面更显生动）。

05 回到 MG 动画合成，新建一个背景纯色图形，放置于图层最底层17。

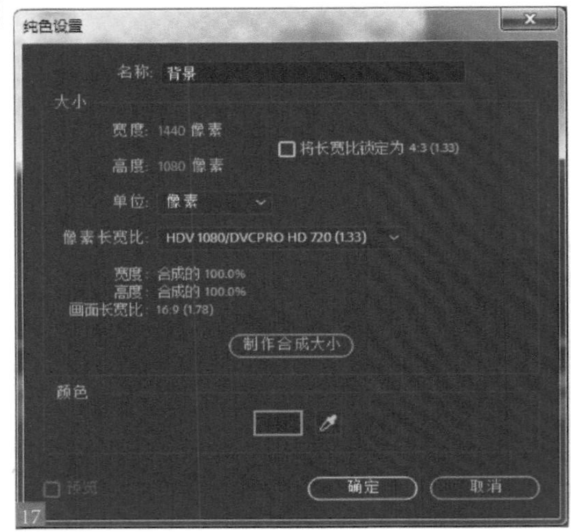

17

6.5.5 渲染输出动画

扫码看本节视频

正确的输出就是把自己的劳动成果完美地转化为成品。每个人都不愿意因最后的流程不熟悉而让自己的作品效果大打折扣，下面来学习如何渲染输出动画。

01 选择主菜单“合成 > 添加到渲染队列”命令，将会弹出“渲染队列”对话框18。

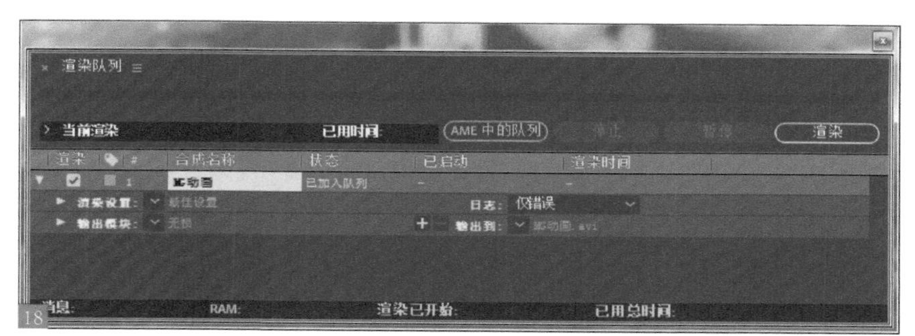

18

02 在此栏会显示开始渲染的时间是多少时间，结束的时间是多少秒以及当前渲染了多少时间。已渲染部分会以百分比长度的蓝色条显示，未被渲染部分则会以灰色条显示。在对文件进行渲染设置时，需要对输出进行适当调节，以符合当前对输出的要求。在 AE 中系统为用户提供了一些模板，可以通过“渲染设置”后面的三角符号来打开它的模板选项菜单19。

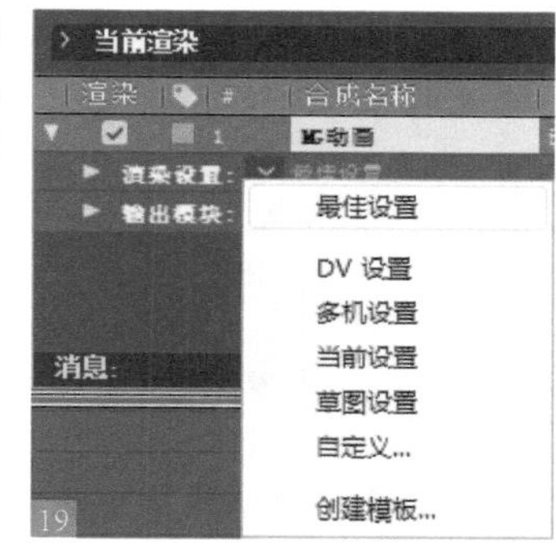

19

- 最佳设置：使用最好的质量进行渲染。

- DV 设置：以 DV 的分辨率和帧数进行渲染。
- 多机设置：联机渲染。
- 当前设置：以当前合成图像的分辨率进行渲染。
- 草图设置：使用草稿级的渲染质量。
- 自定义：选择该命令可以在打开的 Render Settings 对话框中进行一些定制设置。
- 创建模板：制作模板。

03 单击当前的渲染设置，系统会自动弹出“渲染设置”对话框20。

20

- 品质：可以在此处设置渲染的质量。
- 分辨率：决定渲染影片的分辨率设置。
- 使用代理：决定渲染时是否使用代理。
- 效果：决定渲染时是否使用效果。
- 帧混合：决定输出的影片融合设置。
- 场渲染：决定渲染时是否使用场渲染技术。
- 3:2 Pulldown（拉引）：决定是否使用 3:2 的下拉引导。
- 运动模糊：决定输出影片是否使用运动模糊技术。
- 时间跨度：决定渲染合成图像的范围。
- 帧速率：决定渲染影片时的帧速率。
- 跳过现有文件：决定是否找出丢失的文件，然后只渲染它们。

04 设置完成后单击“确定”按钮即可21。

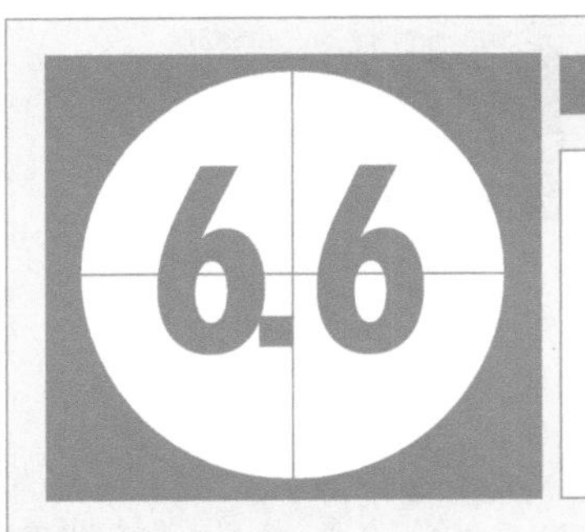

表情动画

本例将在 AI 中将头像素材修改成我们需要的图层布局，然后在 AE 中制作表情效果。用到的动画技术有位移动画、变形动画和关键帧动画。

6.6.1 修改 AI 素材

扫码看本节视频

下面将AI素材打开，对图层进行修改。制作表情动画，需要对五官进行单独分层后对面部进行位移才能实现表情的变化01。

01 在素材库中有大量素材可以使用，对于制作一个场景来讲事半功倍。如果将动画场景中的所有物体都用 AI 画一遍会耗费巨大的精力，我们的目的是完成动画效果，因此合理使用网上的免费素材是一个好方法，读者可以搜索下载免费素材的网站02。

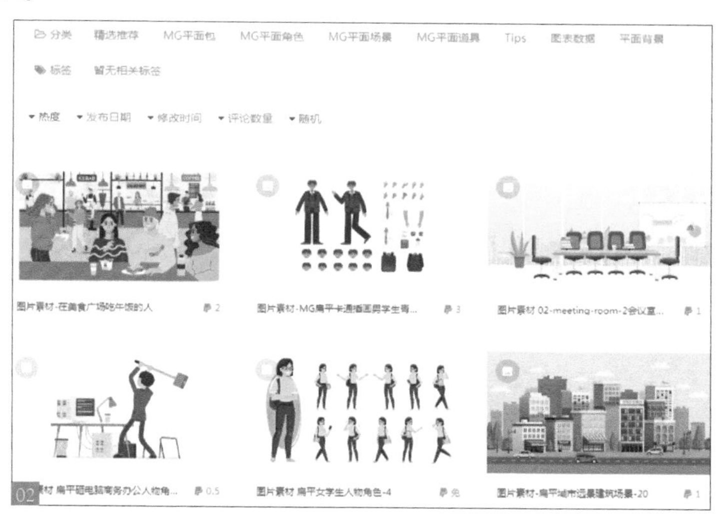

02 启动 AI 软件，打开本书配套资源“头像启动 .ai”文件03。

03 在图层面板中可以看到，该素材并没有将五官、头发单独进行分层，通常都要对原始素材进行整理，将一些用处不大的图层进行合并或删除。比如，人物的眉毛有投影、高光和眉毛本身几个图层组成，在制作眉毛动画时不需要这么复杂的眉毛造型，因此将投影、高光删除，只留下眉毛本身就可以了04。

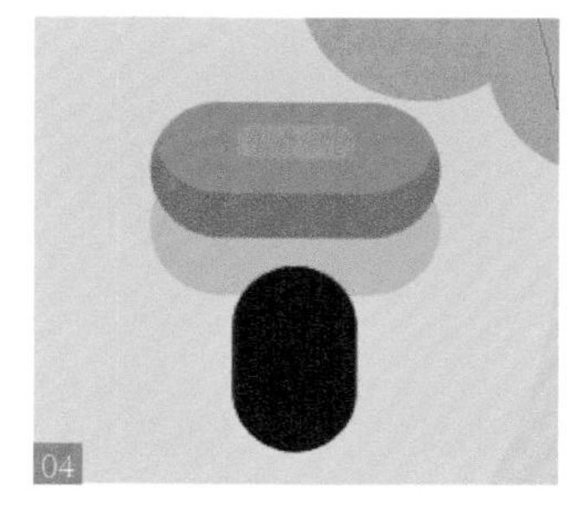

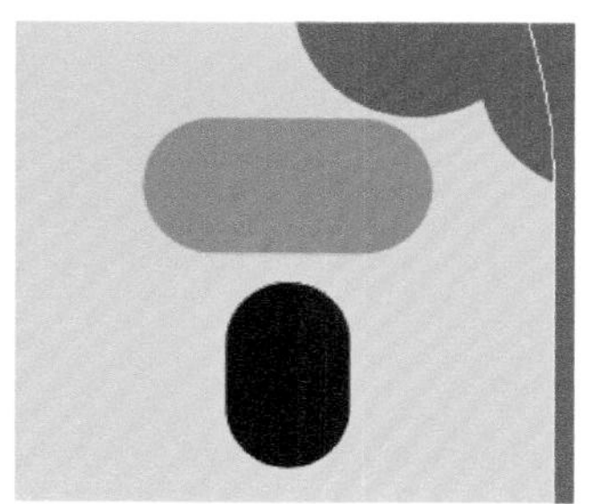

04 展开图层面板，单击左边眼睛图层后面的■按钮选择该图层的眼睛05，按 <Ctrl+X> 快捷键剪切眼睛，单击图层面板下方的按钮新建图层，将其命名为“眼睛左”，按 <Shift+Ctrl+V> 快捷键将剪切的眼睛原位粘贴到新建图层中06。这样我们就完成了左边眼睛图层的分层操作。

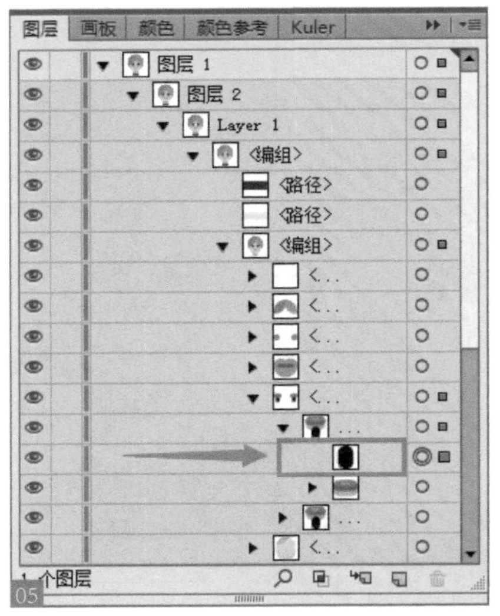

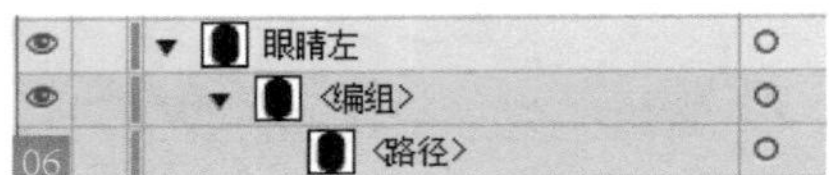

05 用同样的方法将五官、头发、身体等部位都单独分层（只要五官需要动的地方，都可以单独分层），并对图层进行命名07。这里将左右眼进行了单独分层。

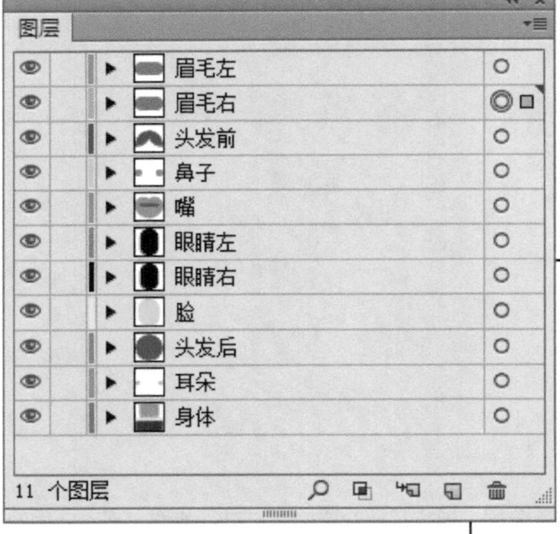

06 制作完成后保存文件，为了让各个版本的 AE 都能识别 AI 文件，建议选择较低的版本 08。

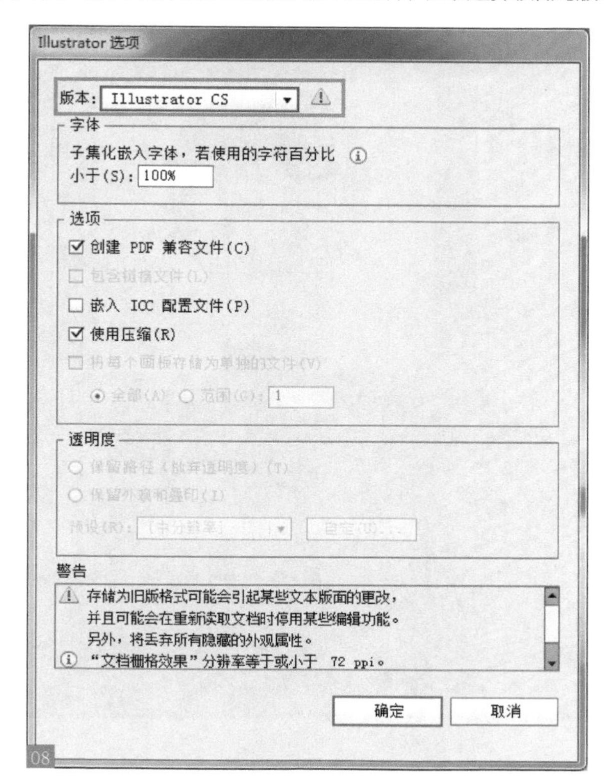

08

6.6.2 将 AI 文件导入 AE

扫码看本节视频

下面将在AE中对AI文件进行画面导入。

01 启动 AE，选择菜单中的“合成 > 新建合成”命令，新建一个合成，将其命名为“表情动画” 09。将“头像 .ai”文件导入项目窗口 10。

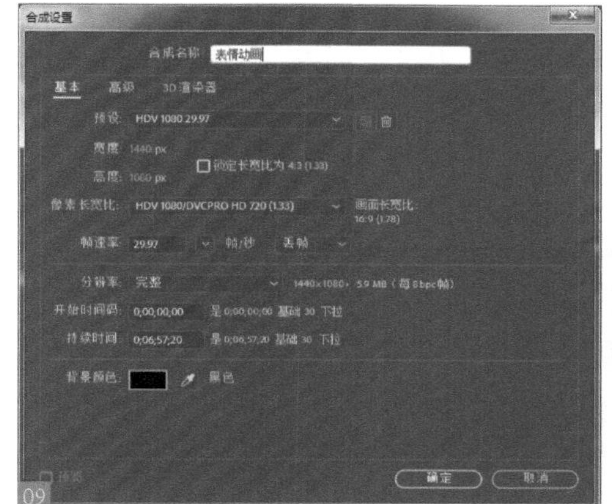

09

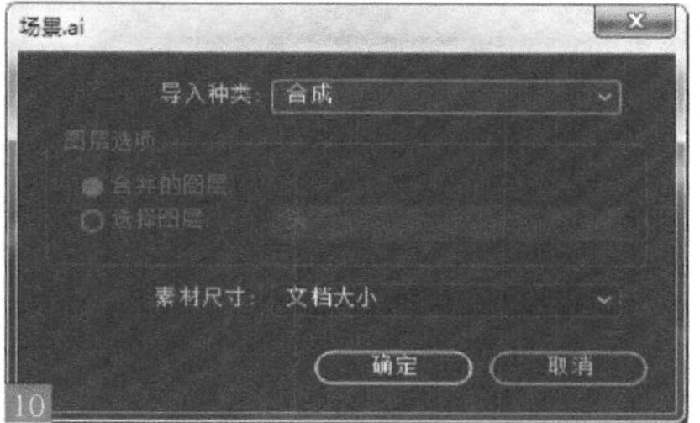

10

02 双击时间线窗口的头像合成文件将其展开，可以看到我们刚才在 AI 中进行的分层 11。

6.6.3 制作眉毛和眼睛的动画

扫码看本节视频

下面制作眉毛和眼睛的表情动画，通过设置五官的位置、缩放等参数来制作动画，控制眼睛眉毛的动态。

01 在动画的起始帧，选择眉毛图层和眼睛图层，按 <P> 键打开它们的位置参数，单击按钮设置动画起始关键帧 12。

02 选择两个眉毛图层，移动时间滑块到第 1 秒，将眉毛向上移动（眉毛抬起的动作）13。

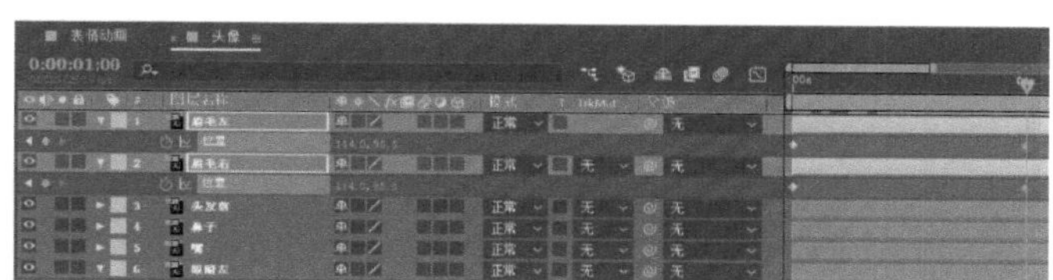

03 移动时间滑块到第 2 秒，单击眉毛左图层起始帧的关键点，按 <Ctrl+C> 快捷键进行复制，再按 <Ctrl+V> 快捷键进行粘贴，这样就将动画起始帧关键点复制到了第 2 秒14。

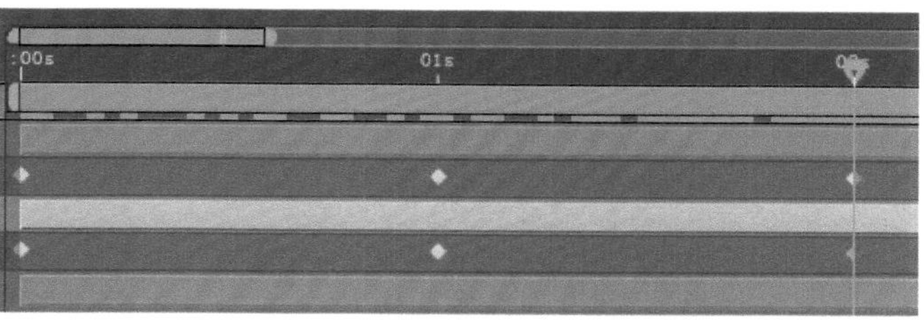

04 播放动画，人物的眉毛动画做好了。下面制作眨眼动画，移动时间滑块到起始帧，选择两个眼睛图层，单击按钮，分别将左右眼睛的轴心移动到各自的中心15（目的是让缩放轴沿着物体中心做动画）。

05 选择两个眼睛图层，按 <S> 键打开它们的缩放参数，单击按钮设置动画起始关键帧16。移动时间滑块到 0.5 秒处，将缩放值设置为 0（闭眼）。

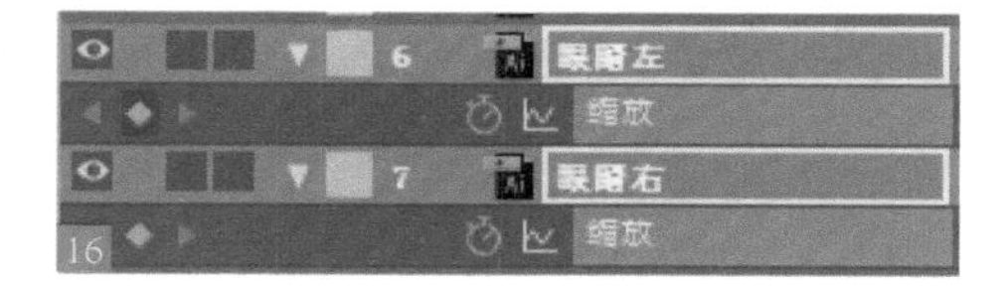

06 移动时间滑块到第 1 秒，单击眼睛左图层起始帧的缩放关键点，按 <Ctrl+C> 快捷键进行复制，再按 <Ctrl+V> 快捷键进行粘贴，这样就将动画起始帧的缩放关键点（睁眼）复制到了第 1 秒处。移动时间滑块到第 1.5 秒，单击眼睛左图层起始帧的缩放关键点，按 <Ctrl+C> 快捷键进行复制，再按 <Ctrl+V> 快捷键进行粘贴，这样就将动画起始帧的缩放关键点（闭眼）复制到了第 1.5 秒处。我们发现眨眼动画有点慢。框选所有的缩放动画 17，按 <Alt> 键进行时间压缩，将整个动画压缩至 1 秒内 18。

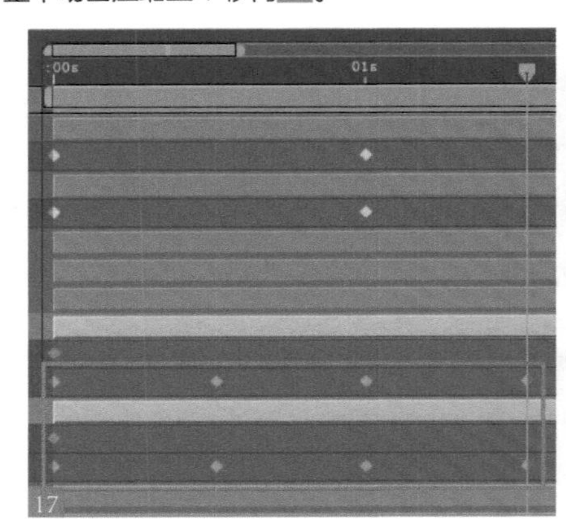
17

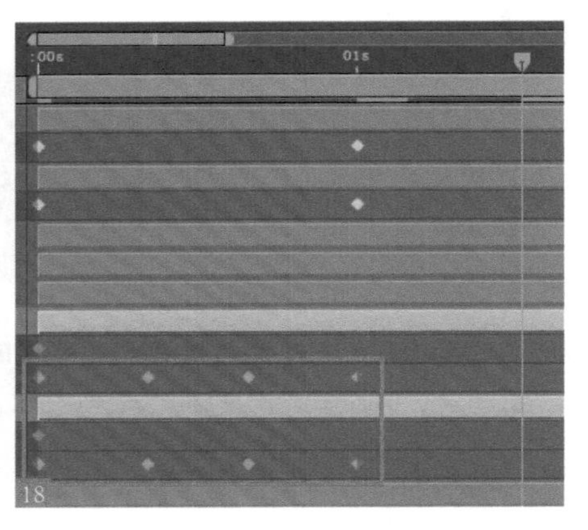
18

07 我们希望眨眼动画不是从睁眼到闭眼缓缓动作，而是定格动画（因为眨眼速度是非常快的），框选所有缩放关键帧，单击鼠标右键并在弹出的快捷菜单中选择“关键帧插值”命令 19，在打开的“关键帧插值”对话框中设置“临时插值”为“定格” 20。重新播放动画，眨眼的定格动画制作完成。

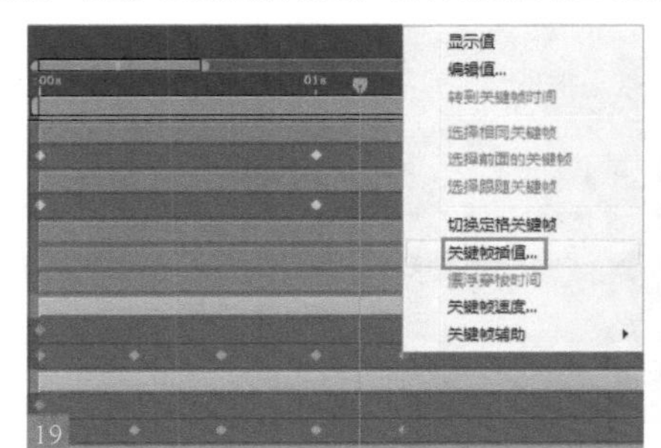

19

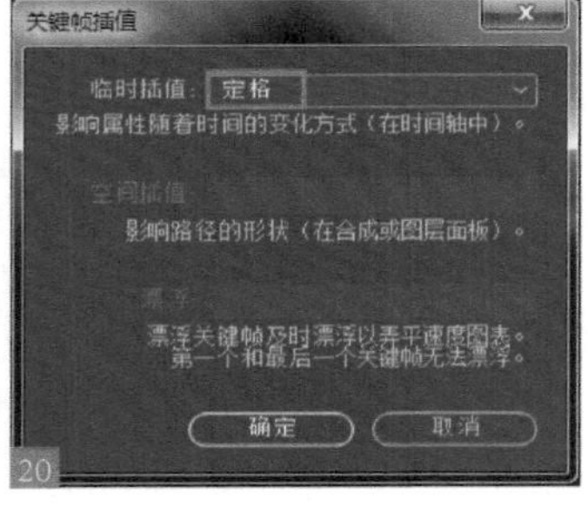

20

08 此时的关键点显示为左箭头图标 21，框选眉毛的位移关键帧，按 <F9> 键将所有关键帧切换为差值关键帧，动画效果将更加柔顺，此时眉毛的关键点显示为沙漏形状 22。重新播放动画，眨眼的定格动画制作完成。

21

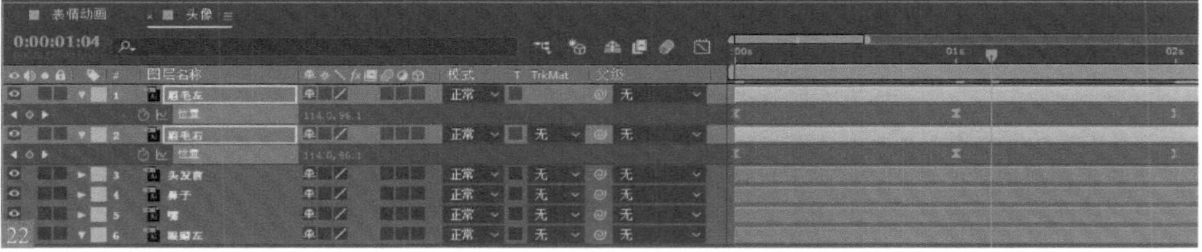

22

6.6.4 制作低头和转头的动画

扫码看本节视频

下面制作转头和低头的动画，我们知道人物在低头时面部会朝下，头发显示的面积更大，五官向下位移，这就是当初把图层分得特别多的原因，这些提到的位置都会被制作或动画。

01 制作低头动画。继续上一节的动画制作，在动画的起始帧，选择鼻子和嘴图层，按 <P> 键打开它们的位置参数，单击按钮设置动画起始关键帧（眉毛和眼睛上一节已经设置了起始帧）23。移动时间滑块到第 3 秒，单击图层左边的按钮，给眉毛、眼睛、鼻子和嘴图层添加关键帧 24。移动时间滑块到第 4 秒，向下移动眉毛、眼睛、鼻子和嘴 25。

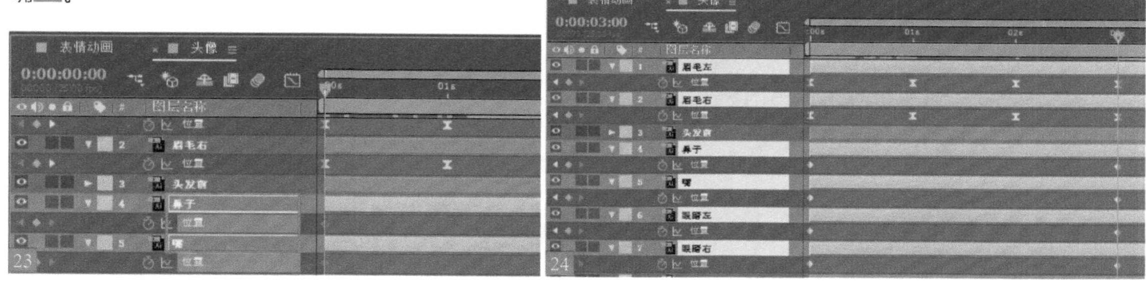

02 制作头发动画。在动画的起始帧，选择头发前和头发后图层，按 <P> 键打开它们的位置参数，单击按钮设置动画起始关键帧 26。移动时间滑块到第 3 秒，单击图层左边的按钮，给这些图层添加关键帧 27。移动时间滑块到第 4 秒，向下移动头发前，向上移动头发后 28。框选本步骤产生的所有关键点，按 <F9> 键添加关键帧插值，让动画效果更加柔顺，此时眉毛的关键点显示为沙漏形状 29。

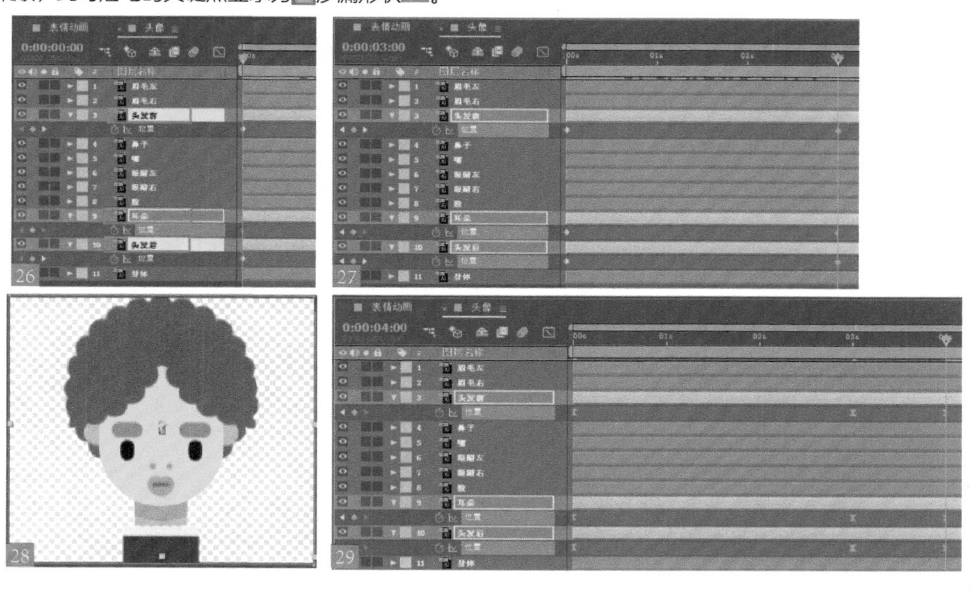

03 移动时间滑块到第 5 秒，将第 3 秒的关键帧复制到第 5 秒处，这样人物就产生了低头又抬头的动画30。

30

04 制作向左转头的动画。转头动画要让五官向左移动，这个动态要把握好造型的统一。移动时间滑块到第 6 秒，向左移动眉毛、眼睛、鼻子和嘴31。

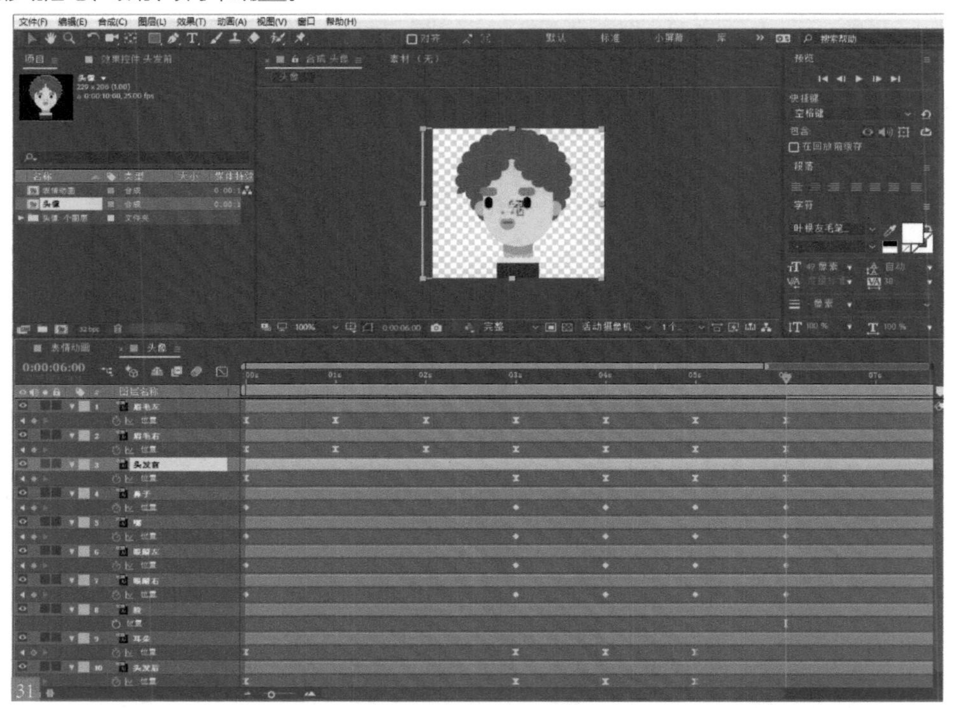

31

05 此时发型会“穿帮”，单独选择头发前图层，按 <S> 键打开它们的缩放参数，单击按钮设置动画起始关键帧。移动时间滑块到第 5 秒，单击图层左边的按钮，给图层添加关键帧。移动时间滑块到第 6 秒，将发型缩小一些，与面部对齐32。

32

06 用同样的方法将耳朵和头发后图层也相应进行位置调整，复合头部扭动的透视效果33。

33

6.6.5 制作微笑表情的动画

扫码看本节视频

下面制作微笑的表情动画，人物在微笑的时候，面部不仅仅是简单的移动，而是会产生变形（如嘴部）。

01 制作嘴部变形动画。嘴的动画属于形状动画，要让调节点产生动画使嘴部变形。要实现这个动画有点复杂，首先右击嘴图层，在弹出的快捷菜单中选择“从矢量图层创建形状”命令，将嘴图层转换成 AE 能够识别的矢量形状图层34。此时产生了一个“嘴”轮廓图层35。我们将用这个替代图层来制作形状动画。

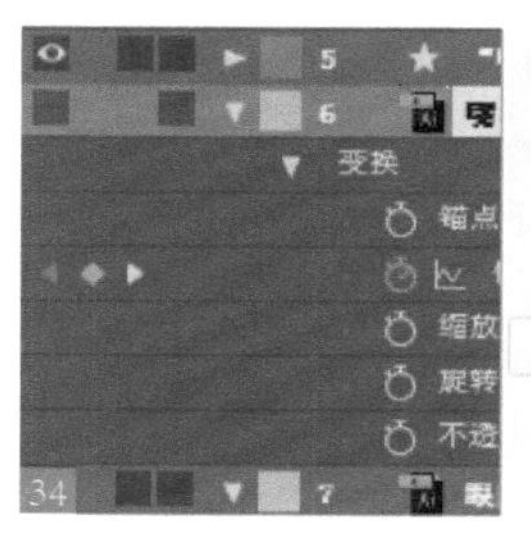

34

35

02 打开“嘴”轮廓图层，我们看到有个路径可以制作动画，移动时间滑块到起始帧，单击按钮设置动画起始关键帧。移动时间滑块到第 6 秒，单击图层左边的按钮，给图层添加关键帧。移动时间滑块到第 7 秒，单击钢笔工具，将嘴部改成微笑 36。这个方法也可以用来制作说话动画。

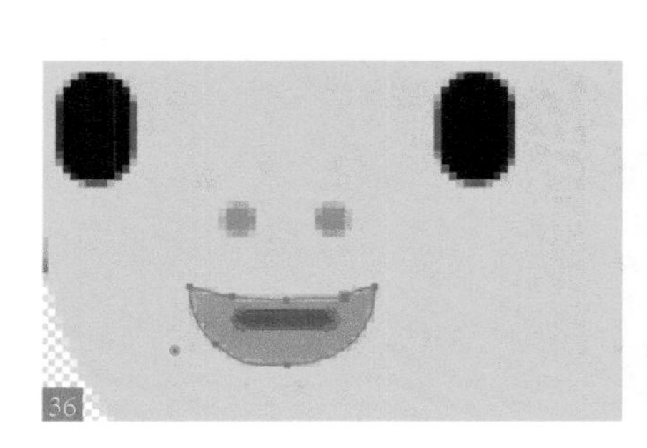

03 面部动画就制作完成了，如果要做一系列动态效果（因为角色动画不仅仅是面部表情，还有头部移动和身体运动），我们还要使用父子级捆绑等技术，要在时间窗口将五官和头发捆绑在头部，将头部捆绑在身体上，这个技术已经在前面的父级捆绑相关章节中介绍过了 37。按空格键预览动画可以欣赏制作的 7 秒钟表情动画了 38。

►►► Chapter

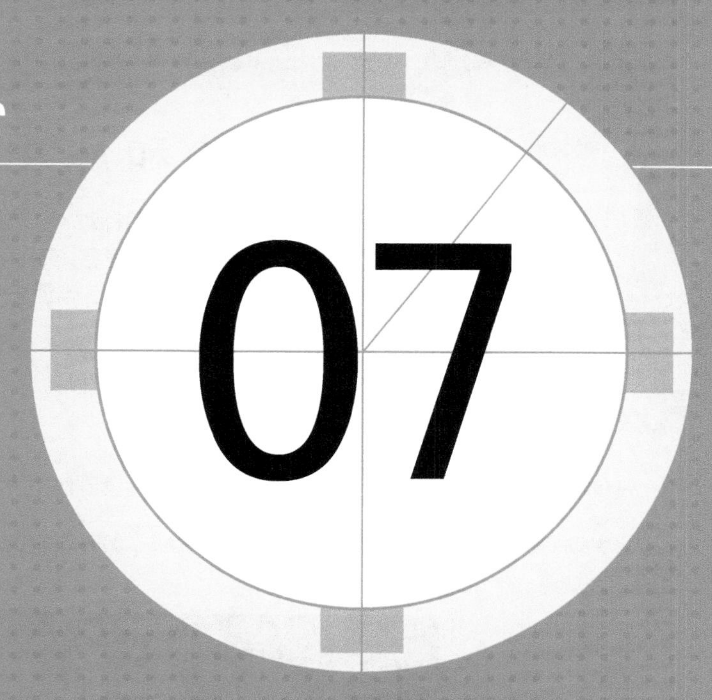

第 7 章　AE 与 C4D 结合应用

在 C4D 中制作的三维场景和动画，可以无缝嵌入 AE 中进行线性编辑，也可以把 C4D 里的灯光、摄像机以及三维物体的位置、高光和投影等信息导入到 AE 中，然后进行后期合成。这种工作流程将大大节省后期合成的时间，并且产生更多的效果。

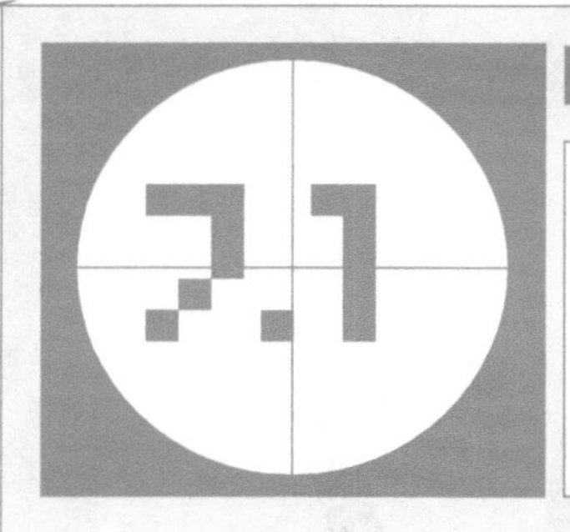

在 C4D 和 AE 中匹配场景

C4D 中有专门针对 AE 软件的输出通道，可以在 AE 中识别 C4D 的摄像机和模型等信息。下面我们将在 C4D 和 AE 中匹配场景文件，并对画幅、动画长度、帧速率等参数进行一系列设置。

7.1.1 匹配画幅和时间

扫码看本节视频

只有将 C4D 和 AE 的规格设置成一致，才能在后续制作中进行线性操作。

01 启动 C4D 软件，选择主菜单“文件 > 打开”命令，打开本书配套资源 ufo.c4d。场景中已经制作好了一个玻璃罩模型 01。

01

02 设置画面尺寸，在 C4D 这里设置的尺寸要和 AE 中相匹配，先设置动画总长度为 250 帧（10 秒）02，单击按钮，设置画幅和帧速率等参数 03。按 <Ctrl+S> 快捷键保存文件。

02

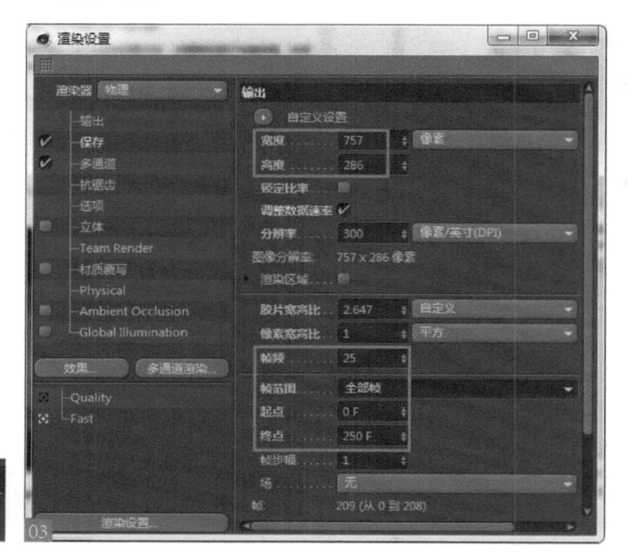

03

03 启动 AE 软件，选择菜单中的“合成 > 新建合成”命令，新建一个合成，将其命名为“MG 动画”，将画幅、帧速率和动画长度设置得与 C4D 文件相吻合 04。将“场景 .ai”文件导入项目窗口 05。

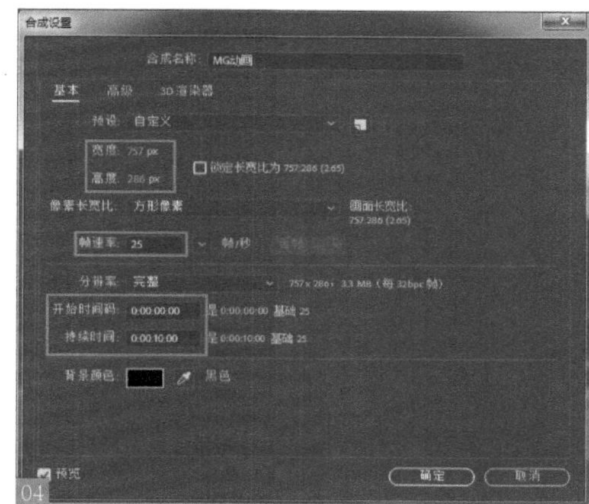

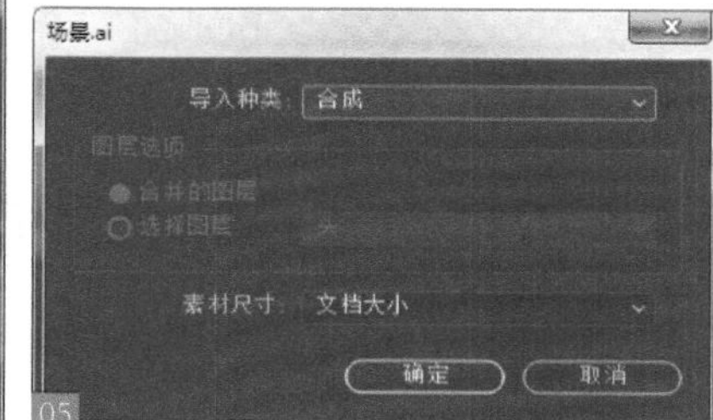

7.1.2 将 C4D 文件导入 AE 中

下面将 C4D 文件导入 AE 中，然后在两个软件之间进行线性编辑。

01 将 ufo.c4d 文件从文件浏览器中拖动到项目窗口，然后将场景合成和 ufo.c4d 文件分别拖动到时间线窗口中 06，由于二者尺寸相同，因此能很好地进行匹配。

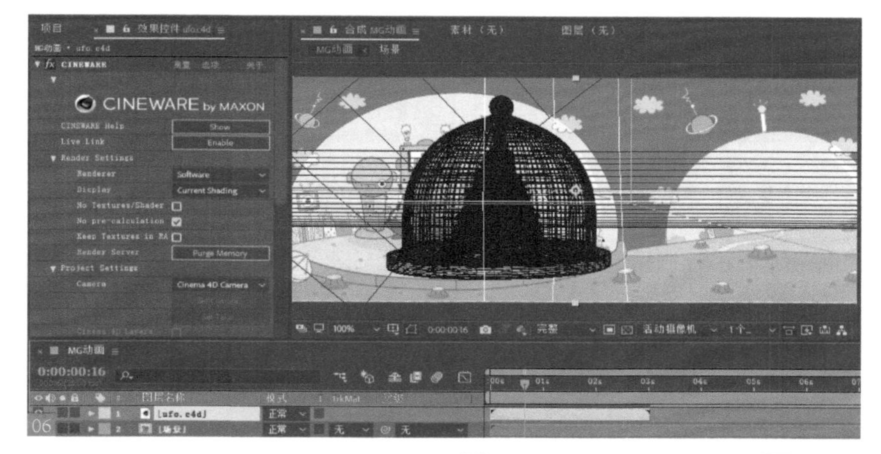

02 在效果控件窗口设置 Renderer 为 Standard（Final）07，玻璃罐被完整渲染在 AE 中 08。

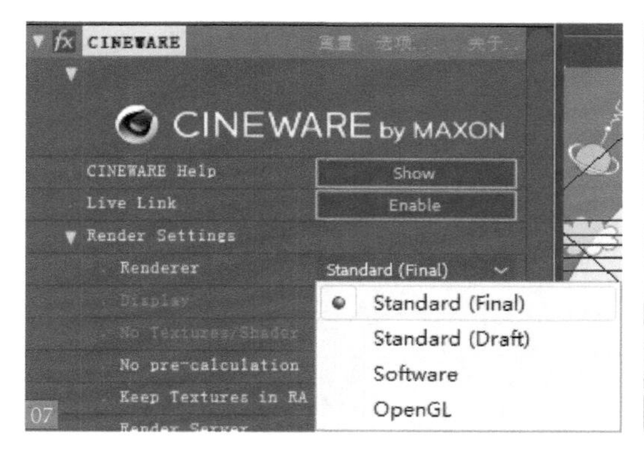

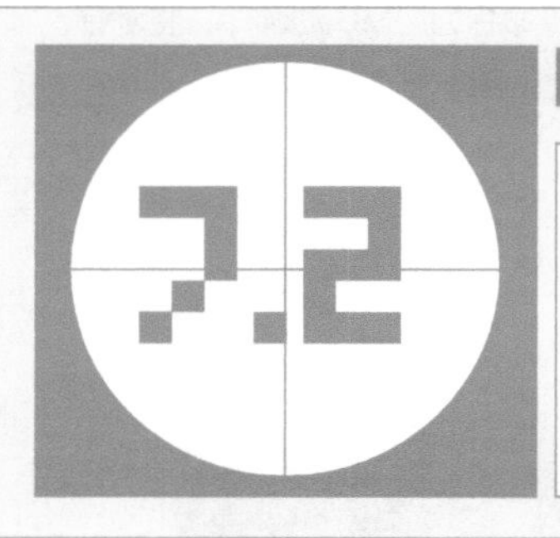

在 C4D 和 AE 之间进行线性编辑

在 C4D 中的任何操作并保存，都会在 AE 中同步进行更新，目的是方便修改场景和摄像机视角，这样就大大提高了两个软件的互动性。下面我们来学习如何进行 AE 线性操作。

7.2.1 在 C4D 中制作摄像机动画

扫码看本节视频

下面我们将在C4D中制作摄像机的摇移动画。

01 在 C4D 中选择摄像机后，单击按钮打开自动设置关键帧功能，在第 0 帧和第 250 帧分别设置不同的景别（视角）01。

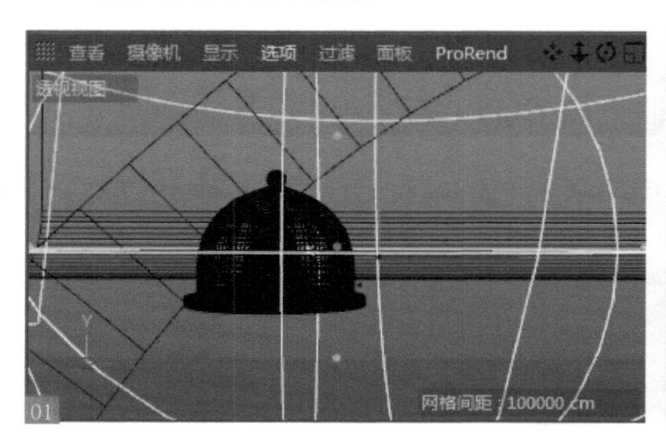

01

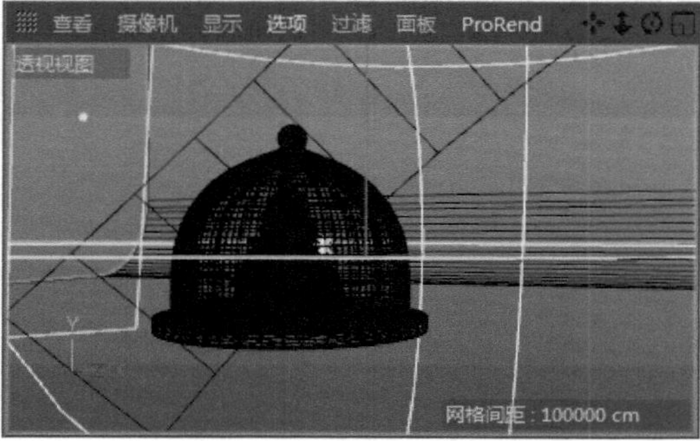

02 按 <Ctrl+S> 快捷键保存文件，回到 AE 软件中，此时的场景视角将自动进行更新02。

02

03 在时间线窗口选择 c4d 文件，在效果控件面板设置 Renderer 为 Standard（Draft），即草图模式，以降低系统内存消耗，按空格键预览摄像机动画 03。

03

扫码看本节视频

7.2.2 在 C4D 中设置要合成的图层

我们知道，在C4D中有非常多的图层可以调整，如高光、漫射、反射和折射等。在这里我们可以在C4D中指定几个图层进行输出。

01 在 C4D 中单击按钮，在弹出的“渲染设置”对话框中单击 多通道渲染... 按钮，选择需要输出的图层属性，如高光等 04。本例选择反射、高光和漫射图层 05，按 <Ctrl+S> 快捷键保存文件。

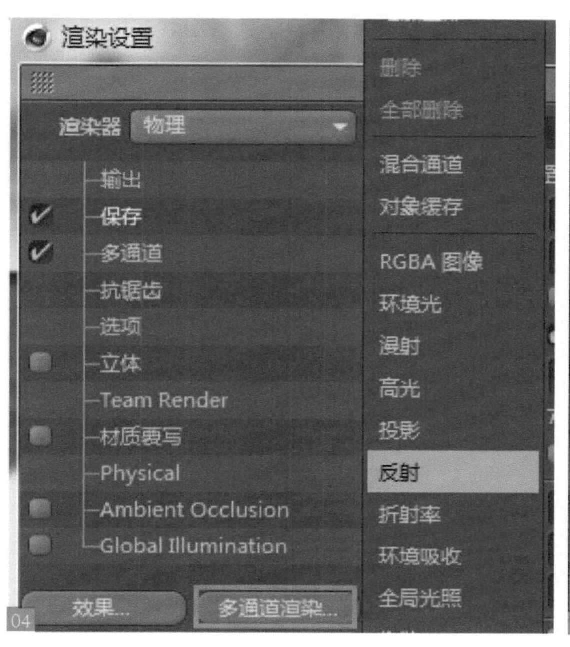

04

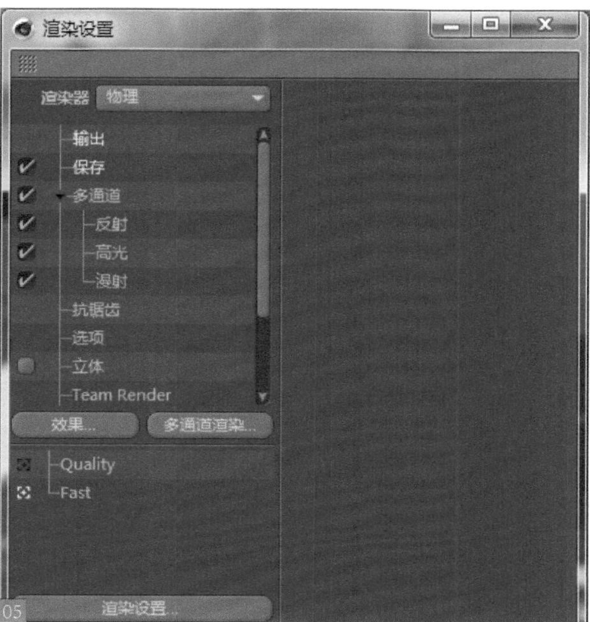

05

02 回到 AE 软件中，单击 Add Image Layers 按钮，将刚才输出的三个图层展开06。在时间线窗口我们看到了这三个图层07。

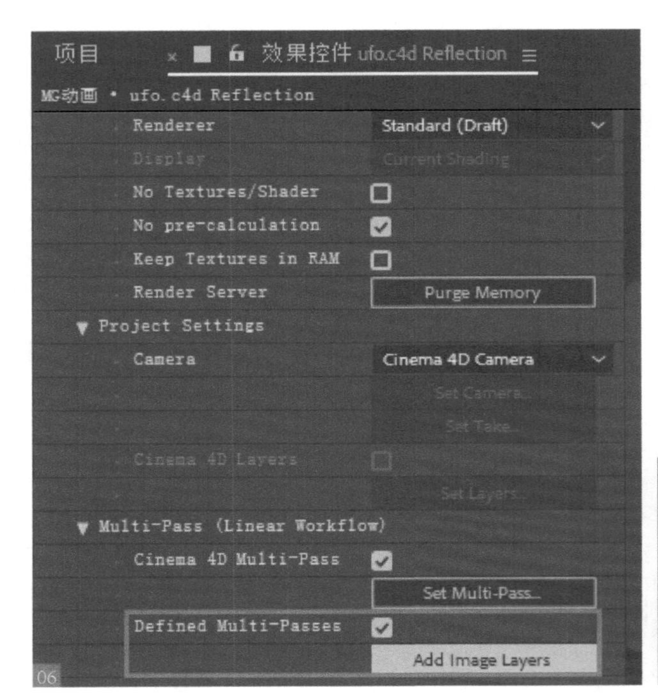

03 选择一个图层，应用颜色平衡滤镜08，可以对这些图层进行单独修改。这就是 C4D 和 AE 配合使用的基本原理。

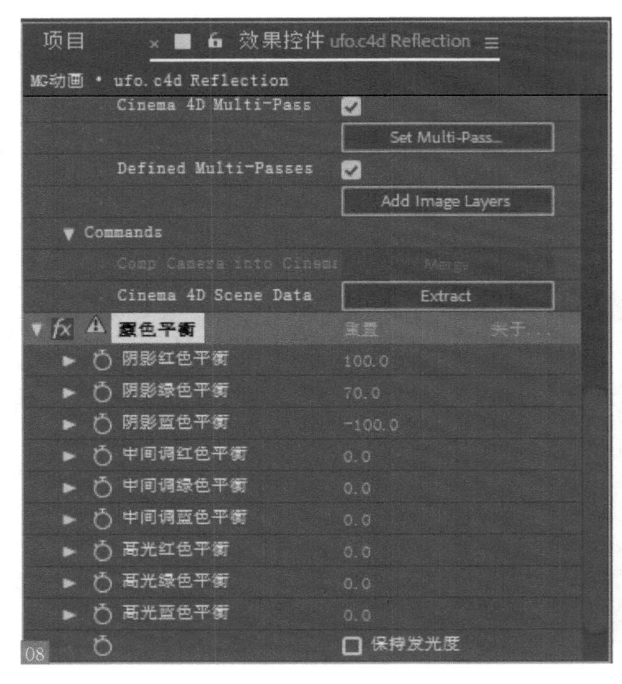

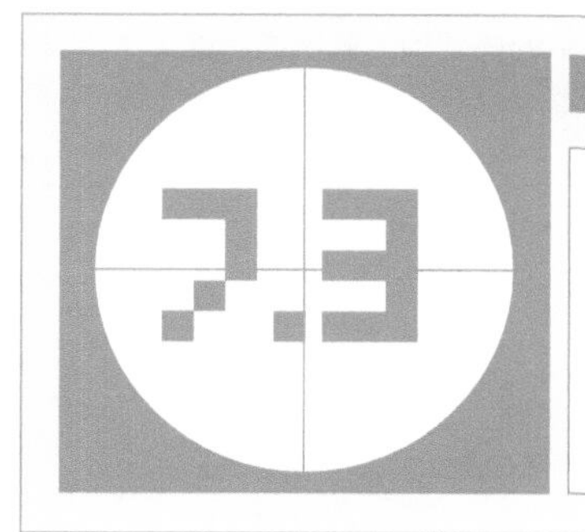

C4D 关键帧动画

在 AE 中应用三维动画，对于 MG 动画来讲是一个质的飞跃。通过本节学习，读者可以对 C4D 的动画框架结构有一个清晰认识，熟练掌握动画技术从而制作出不同速度和效果的动画。

7.3.1 关键帧动画模块

扫码看本节视频

所谓关键帧动画，就是给需要动画效果的属性准备一组与时间相关的值，这些值都是在动画序列中比较关键的帧中提取出来的，而其他时间帧中的值可以通过这些关键值，采用特定的插值方法计算得到，从而实现比较流畅的动画效果。

01 动画面板中包括时间线❶、时间长度控制❷、动画播放❸、关键帧记录❹、动画属性记录❺等区域，这些区域可以控制动画的大部分功能 01 。

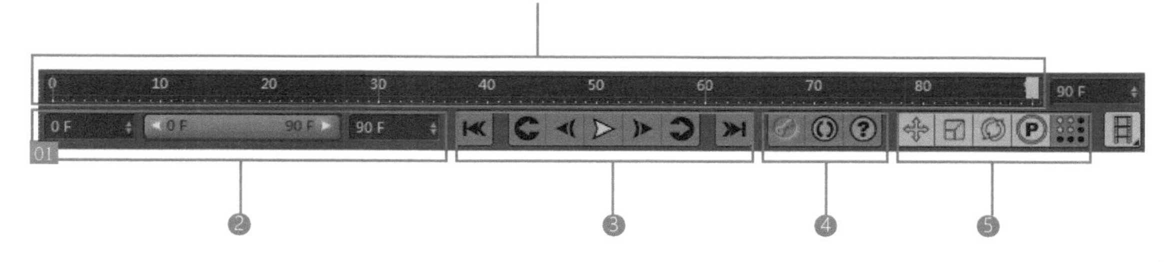

02 时间线区域中的数值代表总帧数，PAL 制式为每秒 25 帧动画，软件默认为 NTSC 制式每秒播放 30 帧动画。要想改变为 PAL 制式，按 <Ctrl+D> 快捷键，打开工程设置面板，设置帧率为 25 即可 02 。

03 时间线上的绿色滑块▮代表当前帧，该滑块可以左右拖动，想要进入相应的帧，拖动滑块即可（滑块旁边的绿色数值代表当前帧数） 03 。

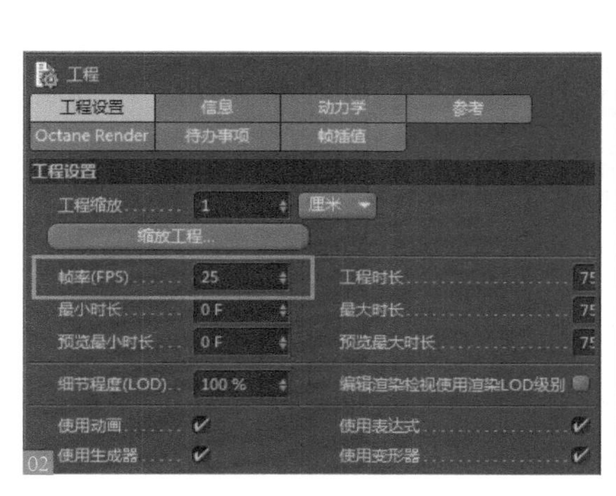

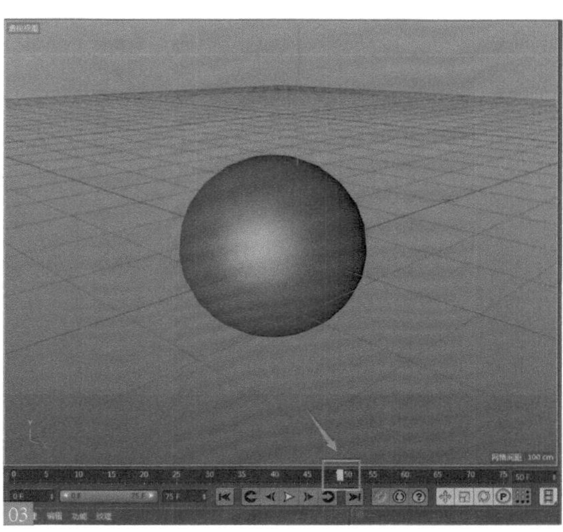

04 当制作动画后，时间线上会出现灰色的关键帧，选择灰色关键帧后，被选中的关键帧为黄色显示 04 。拖动关键帧可以改变动画的节奏，还可以在时间线上框选某个时间段的多个关键帧，对其整体移动（改变动画的时间区间） 05 。

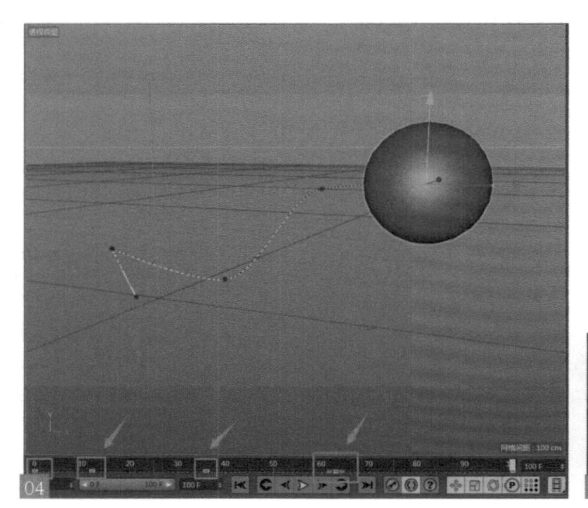
04

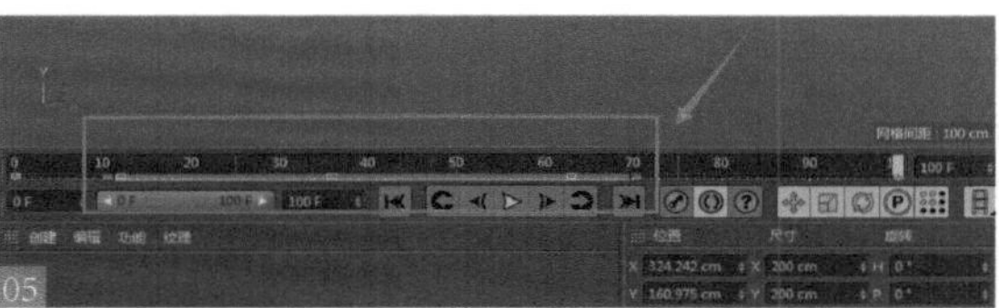
05

05 拖动两端的灰色方块 可以压缩和拉长被选择动画的时间长度 06 。时间长度控制区域可以改变当前时间线的帧数（动画总长度），在总长度框输入数值，则可控制总长度的帧数（如 100） 07 。

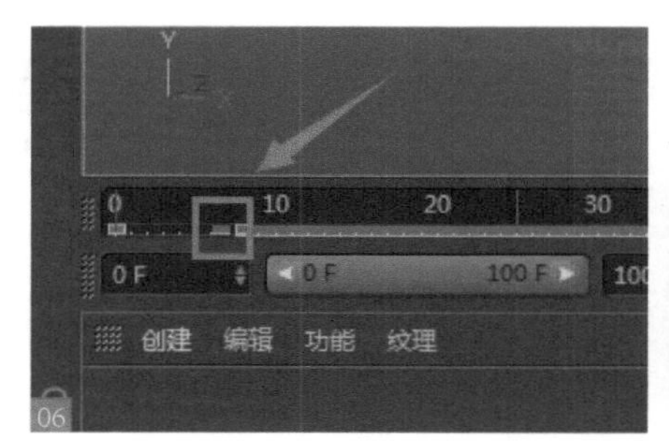

06

07

06 拖动 和 按钮可改变时间线上的起始帧和结束帧，这里的起始帧和结束帧仅代表目前时间线上的显示帧范围（方便动画编辑） 08 。动画播放区域的按钮用于关键帧的前进和后退 09 。

08

- 到动画起点
- 到上一个关键帧
- 到动画上一帧
- 播放动画
- 到动画下一帧
- 到下一个关键帧
- 到动画终点

09

07 关键帧记录区域中的按钮用于手动记录关键帧、自动记录关键帧和设置关键帧选择集 10 。 “自动记录关键帧”功能要慎用，该功能可将当前视图中所有的操作都打上关键点，属于“简单粗暴”的动画制作方式。动画属性记录区域中的按钮用于对移动、缩放、旋转、参数和记录点级别动画的控制，激活该按钮则记录该属性的动画，关闭该按钮则忽略该属性的动画记录 11 。

10

- 手动记录关键帧
- 自动记录关键帧
- 设置关键帧选择集

11

- 开 / 关记录位置动画
- 开 / 关记录缩放动画
- 开 / 关记录旋转动画
- 开 / 关记录参数级别动画
- 开 / 关记录点级别动画

08 一般情况下，这些按钮默认都是激活状态，除非用户不想记录该属性的关键帧。我们来做个实验，单击 按钮，将位置记录按钮关闭，此时该按钮呈灰色显示 12 。在视图中建立一个球体并按 <C> 键将其变为可编辑多边形，激活“自动记录关键帧”按钮 。在视图中旋转这个球体 13 。我们将在参数面板看到位置区域的动画关键帧被忽略，没有被记录，而缩放和旋转参数被记录成了关键帧动画 14 。

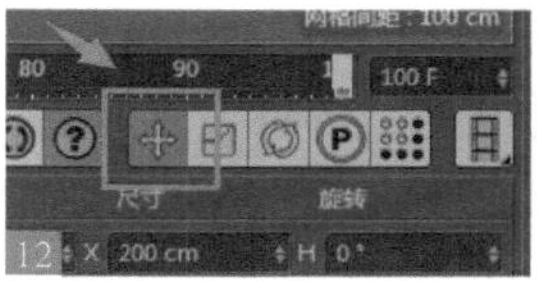

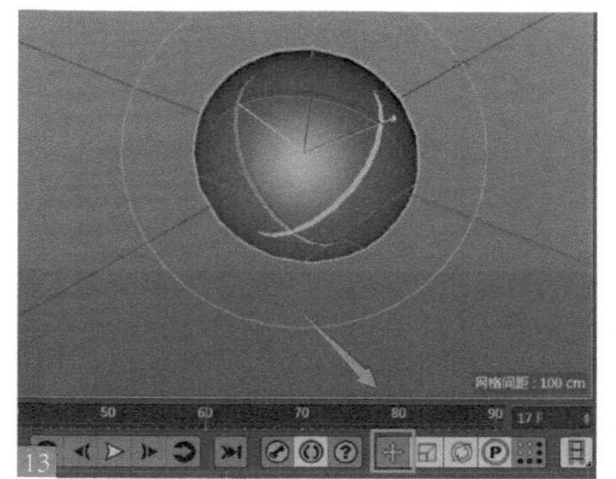

13

14

7.3.2 自动记录关键帧

通过启用“自动记录关键帧”按钮开始创建动画，设置当前时间，然后更改场景中的事物，此时可以更改对象的位置、旋转或缩放及大部分的参数。

01 新建一个实例场景所示，是一个圆柱体和一个立方体组成的场景，现在要把圆柱体移动到立方体的另一端 15 。单击“自动记录关键帧”按钮 ，将时间划块移动到 90 帧的位置，然后选择圆柱体沿 Z 轴移动到立方体的另外一端。这个时候在 0 帧和 90 帧的位置会自动生成两个关键帧 16 。

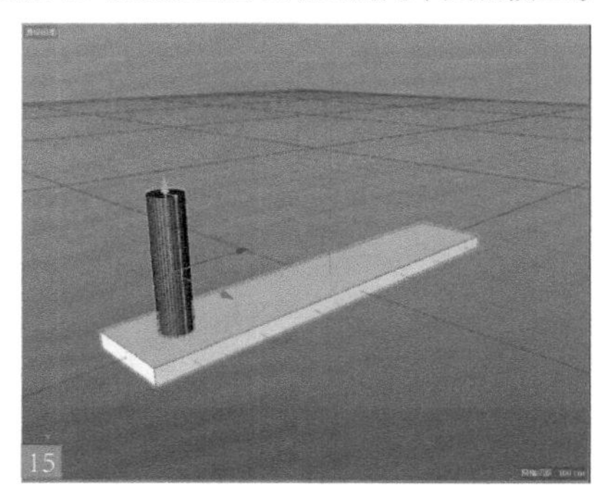

15

16

02 当拖动时间划块在 0 帧 ~90 帧移动的时候，圆柱体会沿着立方体从一端移动到另外一端17。

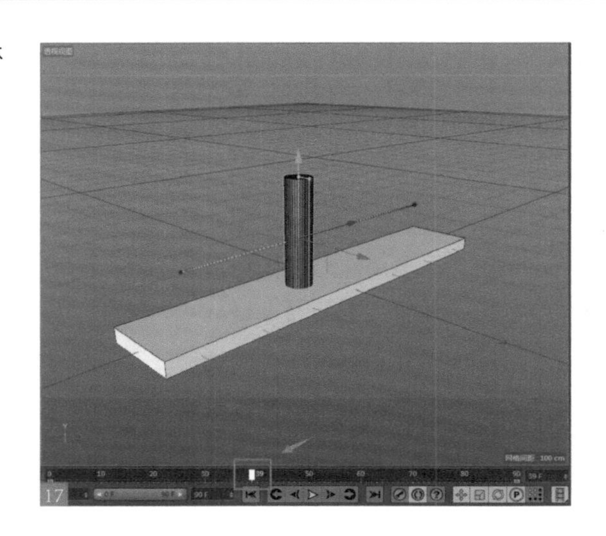

7.3.3 手动记录关键帧

手动记录关键帧可以人为地控制关键点，非常方便动画制作。

01 继续在刚才的模型上制作动画。选择圆柱体，单击按钮，在第 0 帧手动记录初始关键帧18。移动时间滑块到第 90 帧，将圆柱体移动到立方体另一端，再单击按钮，在第 90 帧手动记录关键帧19。

02 当拖动时间划块在 0 帧 ~90 帧移动的时候，圆柱体会沿着立方体从一端移动到另外一端，动画制作完成20。通过不同的关键帧，可以任意制作某一帧的动画，并用单击按钮的方法手动制作关键帧。

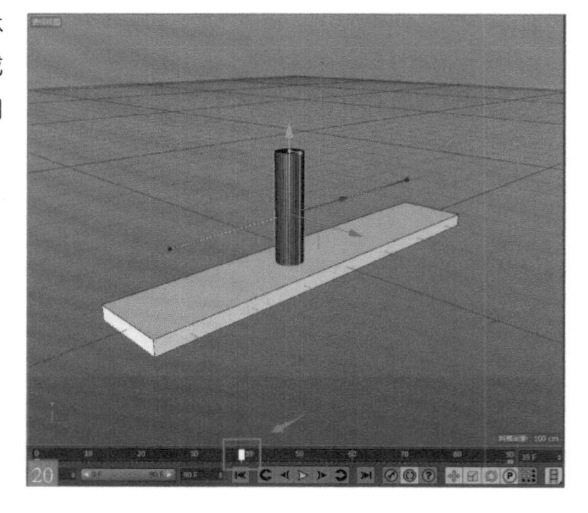

7.3.4 参数动画

在C4D中只要某参数前面有圆点图标的，都可以设置动画21。

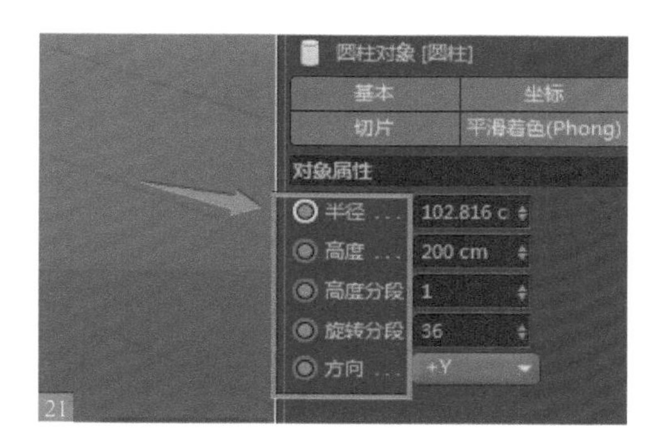

01 在场景中新建一个圆柱体22。在参数面板的对象页面，单击半径前面的圆点，单击后该圆点变成红色，此时第0帧的时间线上出现了关键点23。

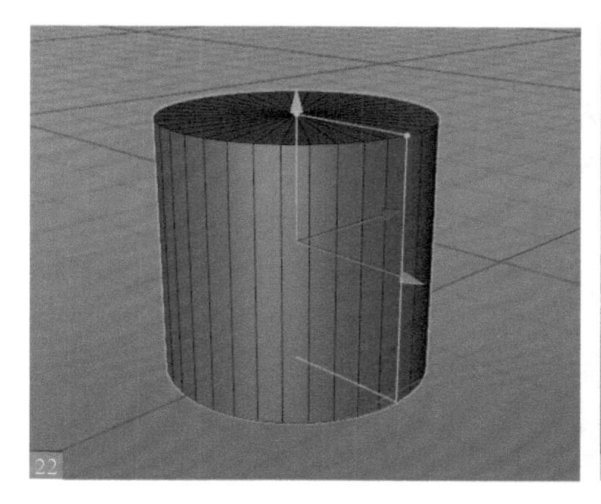

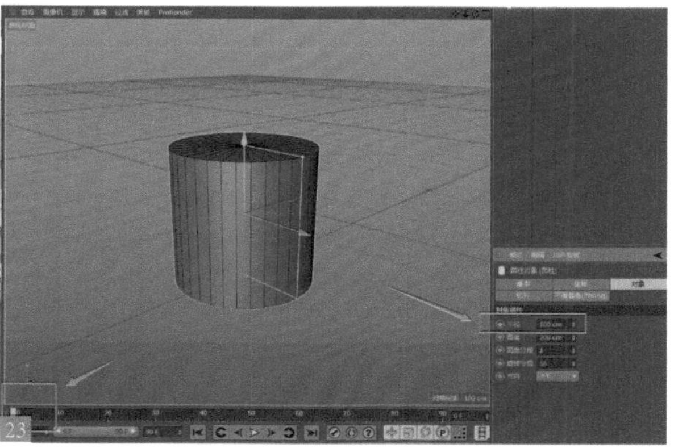

02 移动时间滑块到第90帧，将半径设置为200，此时在第90帧小圆点变成了空心红点，说明这个参数有动画设置。单击空心红点，单击后该圆点变成红心圆点，在第90帧的时间线上产生了一个新的关键帧24。当拖动时间划块在0帧~90帧移动的时候，圆柱体的半径参数会根据刚才的参数设置进行动画播放，动画制作完成。如果想在不同的时间点进行参数设置，只需将时间滑块移动到那一帧，然后设置参数，并单击空心红点，将其变成红心圆点即可。

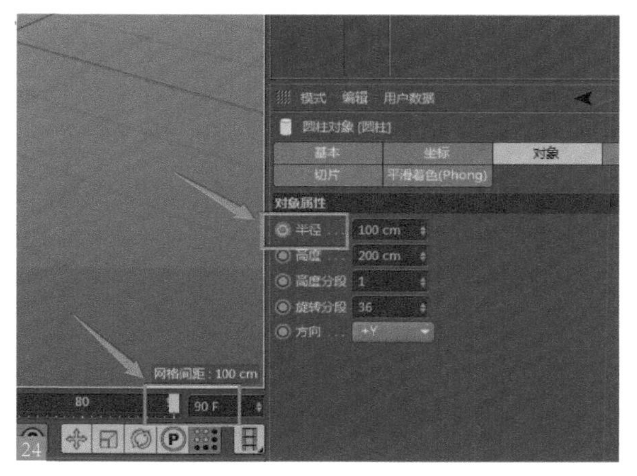

7.3.5 动画曲线

当物体产生动画后，视图中会出现动画的曲线标识，这个标识呈蓝色渐变，上面的节点距离代表动画的速率。下面我们就通过实例来了解一下动画曲线的用法。

01 在场景中新建一个球体25。在参数面板单击位置区域的X按钮，将 X 轴动画进行孤立（默认情况下这个按钮呈灰色显示），亮黄色表示只能给 X 轴做动画26。

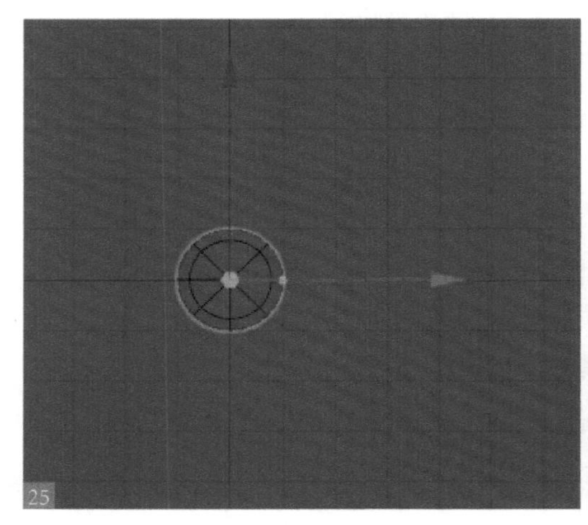

25

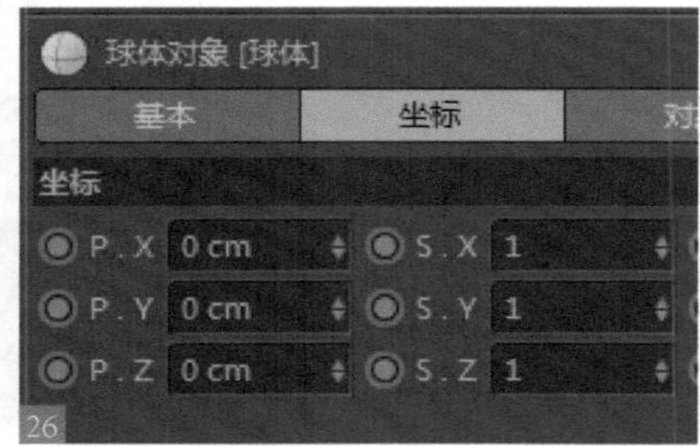

26

02 第 0 帧时，单击X参数左边的圆形按钮，将其变为红色，这样我们就给第 0 帧插入了一个关键帧27。拖动时间滑块到第 50 帧，设置X的参数为 1000cm。再次单击圆圈将其变成红色，这样我们就给第 50 帧制作了一个以 X 轴移动 1000cm 的动画28。

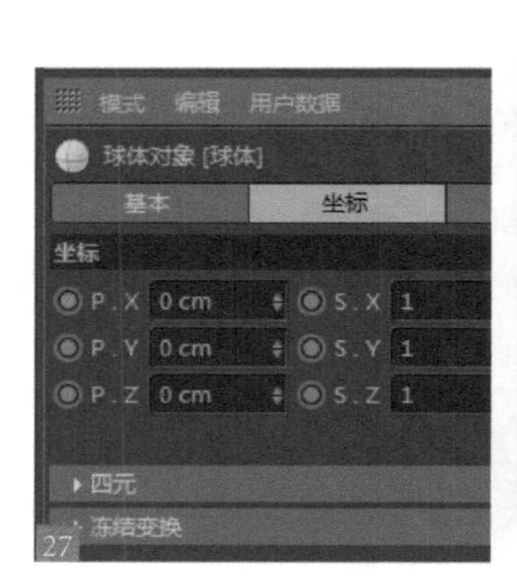

27

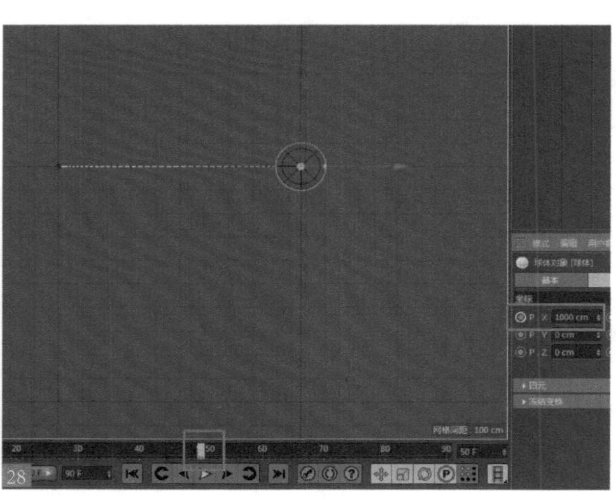

28

03 播放动画，可以看到球体起始速度缓慢，中间加速，结尾缓慢。从动画曲线上也可以看到这个节点规律29。

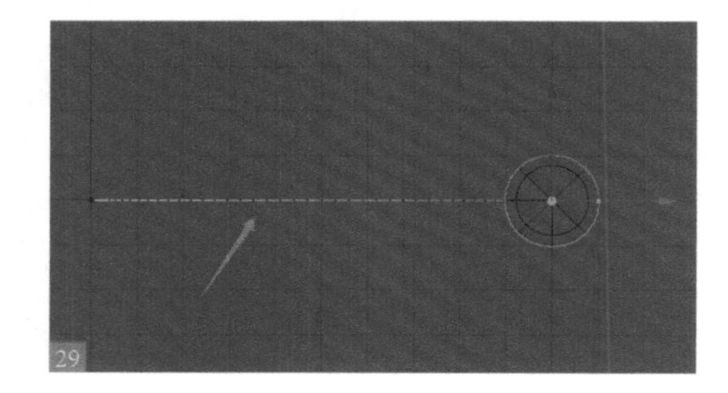

29

04 按<Ctrl>键的同时拖动球体，将动画球体复制三个。现在每个球体都具备了动画效果30。播放动画，可以看到所有球体都具有同样的动画效果和移动速度。下面我们来改变运动速度。

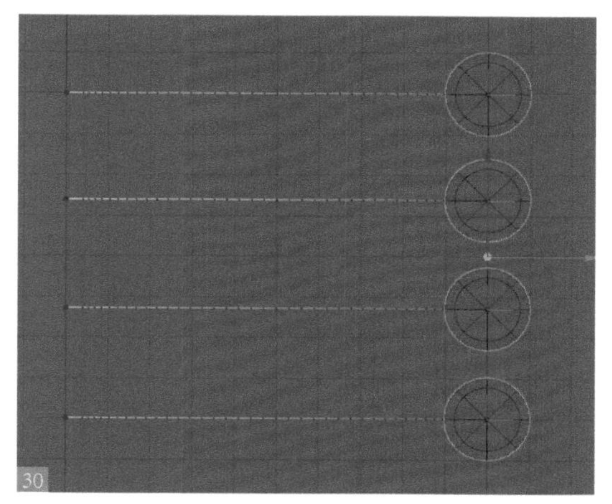

30

05 选择主菜单“窗口 > 时间线”命令，打开时间线窗口31。在时间线窗口选择第一个球体，并展开它的堆栈，可以看到X轴的动画曲线32。

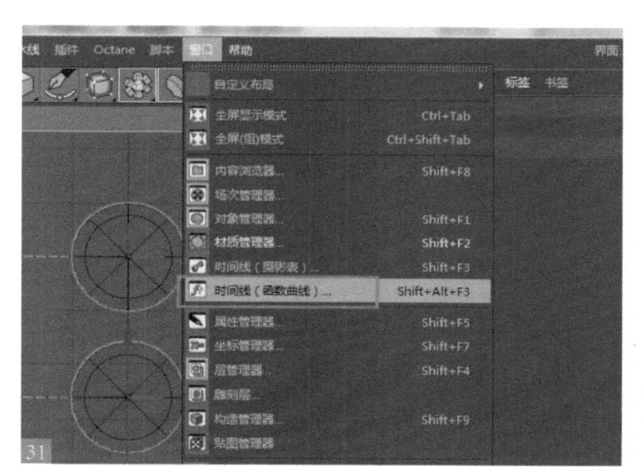

31

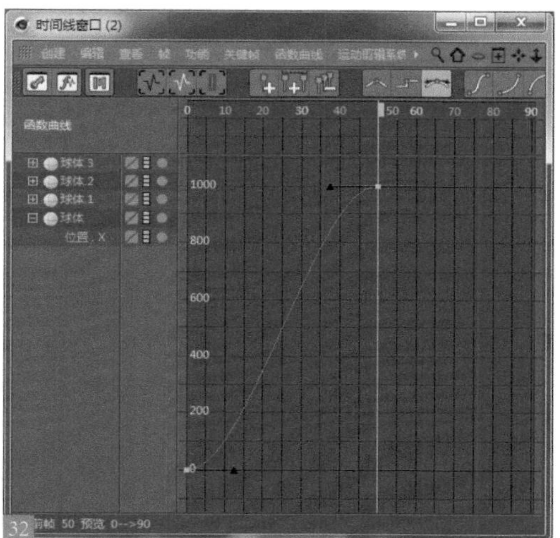

32

06 刚才制作的两个关键帧以黄色节点方式显示，关键帧之间以红色曲线方式连接，这就是运动曲线，可以拖动黄色节点的手柄来控制运动速率。框选曲线，单击时间线窗口的“线性”按钮，将运动曲线改为线性33。播放动画，这个球体的运动变为匀速运动。选择第二个球体，在时间线窗口移动第50帧的节点手柄，对曲线形状进行调节34。

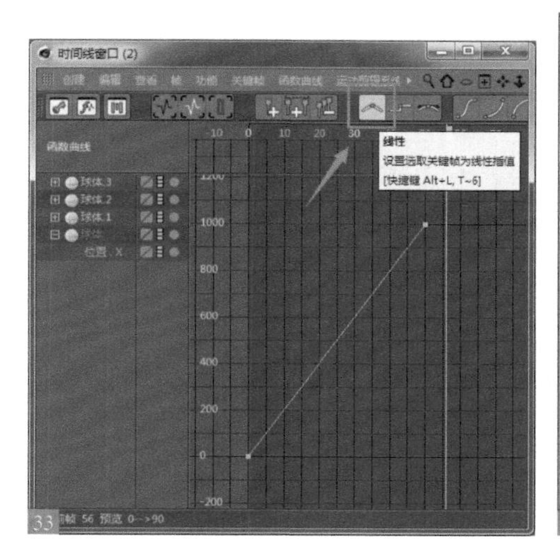

33

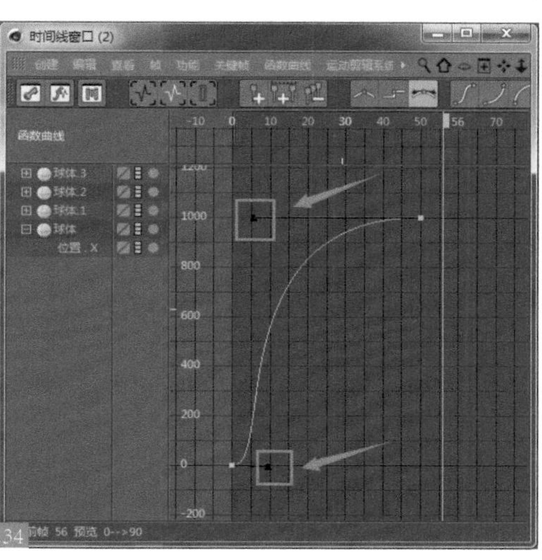

34

07 在时间线窗口中，横向代表帧数，纵向代表距离，在上一步的操作中，我们将第 0 帧的曲线拉直，再将第 50 帧的曲线变缓。这样一来，整个动画在初始阶段加速，在结束阶段变缓35。在时间线窗口，选择第三个球体，将曲线调整为起始帧变缓，结束帧加速36。

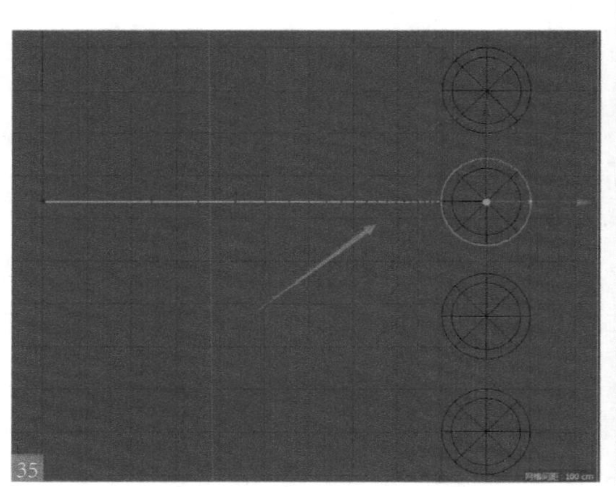
35

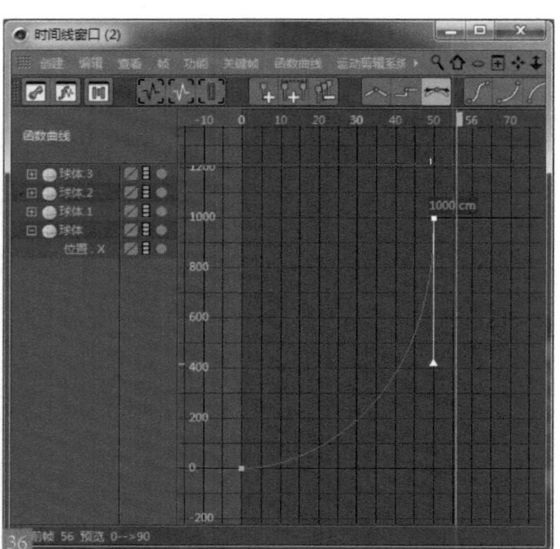

36

08 在时间线窗口选择第四个球体，单击“步幅”按钮，将动画曲线改为步幅模式。步幅模式就是跳跃性的动画，没有中间过程37。这样我们就做成了四种不同的动画效果，播放动画时看到第一个球体匀速运动，第二个加速运动，第三个减速运动，第四个跳跃运动。合理巧妙地运用运动曲线可以让动画变得富有韵律38。

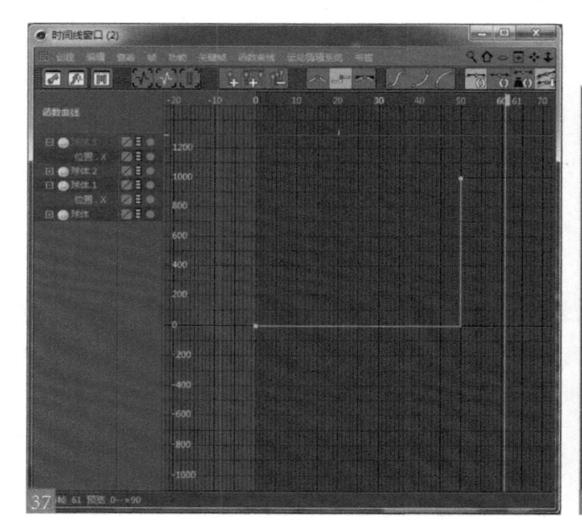
37

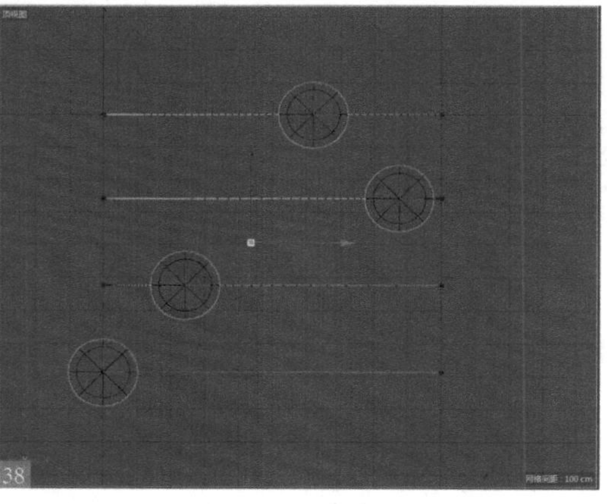
38

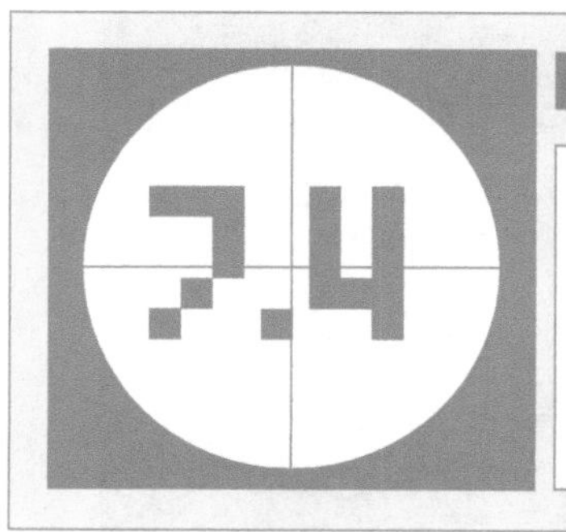

7.4 特殊动画技巧

在 C4D 中，动画控制的种类非常多，如路径动画、震动动画等，所有前面有圆圈图标的参数都可以制作成动画，接下来我们就对这些内容进行深入学习。

7.4.1 C4D 路径动画

扫码看本节视频

路径动画是个使用频率较高的动画效果，物体跟随事先绘制好的曲线进行运动，可以精准地控制运动轨迹。

01 新建一个圆锥，再绘制一条螺旋曲线，用于制作圆锥体沿着螺旋线运动的动画01。在对象面板选择圆锥，单击鼠标右键，在弹出的快捷菜单中选择“CINEMA 4D 标签 > 对齐曲线”命令02。

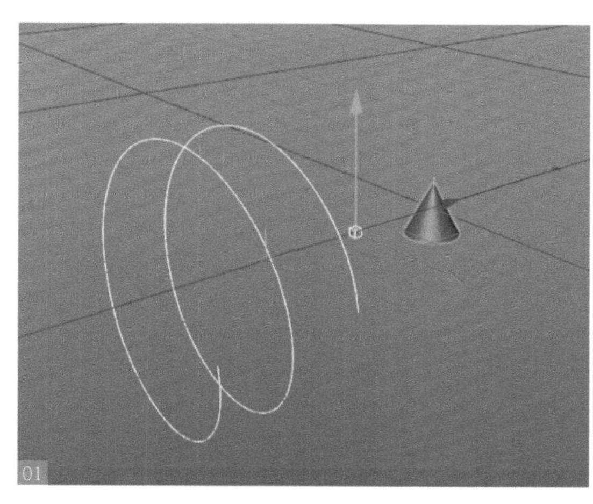
01

02

02 此时在圆锥后方出现了“对齐曲线”标签03。选择对齐标签，将螺旋曲线拖动到参数面板的“曲线路径”栏内04。

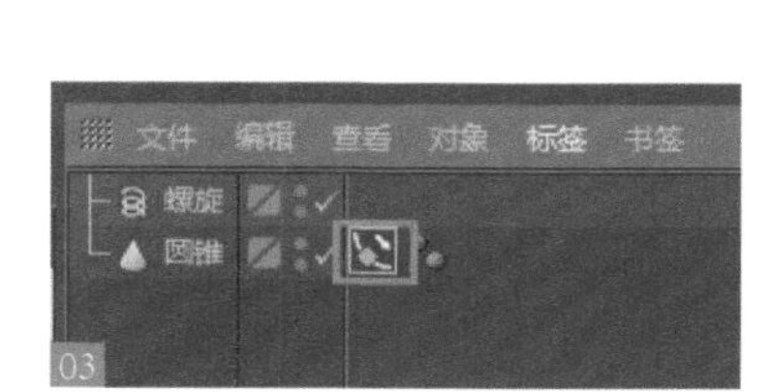

03

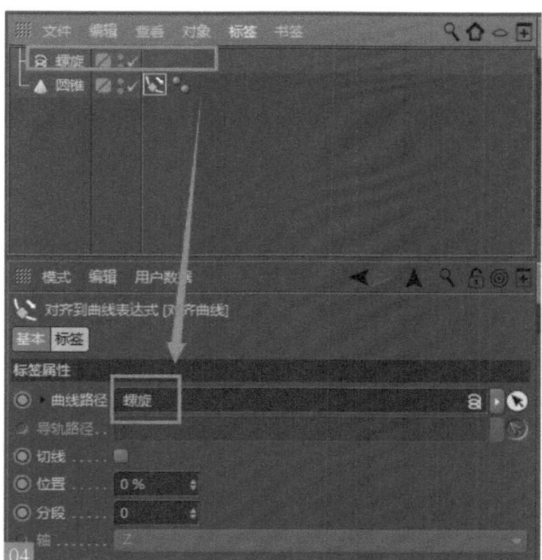

04

03 此时圆锥移动到了螺旋曲线上，通过位置和轴向，可以控制圆锥的位移以及圆锥的方向05。使用参数前面的按钮可控制动画。

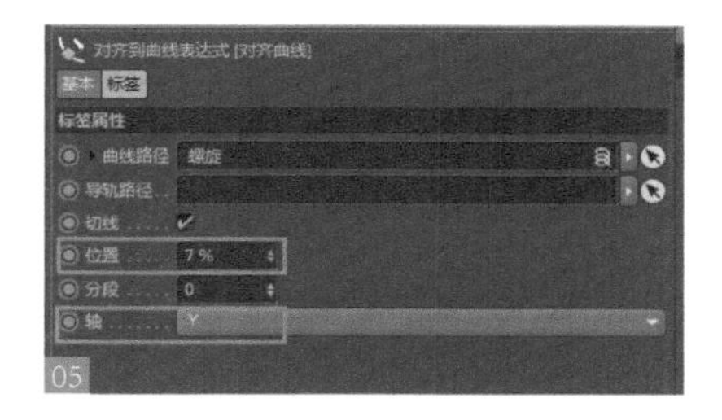

05

7.4.2 C4D 震动动画

扫码看本节视频

震动动画可以让物体在一定的时间范围内进行脉冲式震动，可以利用位置、尺寸和旋转这三个属性编辑震动效果。

01 继续刚才的案例，在对象面板选择圆锥，单击鼠标右键，在弹出的快捷菜单中选择“CINEMA 4D 标签 > 震动”命令06。此时在圆锥后方出现了“震动”标签，选择该标签，在参数面板可以对震动的频率和震动方式进行编辑07。

06

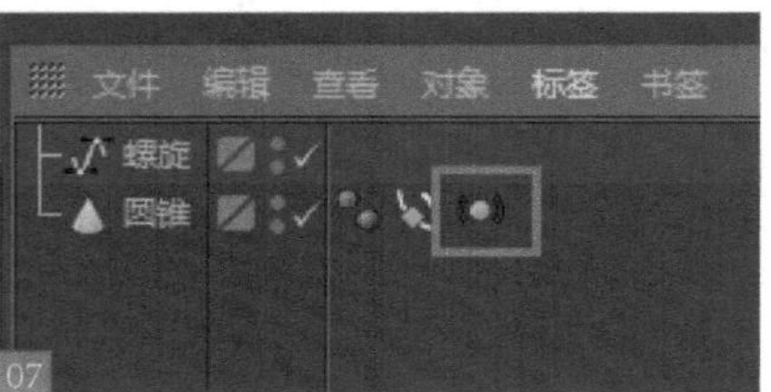

07

02 在启用位置区域可对震动的抖动位置（XYZ 三个轴向）进行调节，物体可上下左右随机抖动，抖动的范围可控。启用缩放区域可对物体的随机缩放进行控制。启用旋转可让物体震动时产生随机方向的旋转08。这里要注意的是，如果让圆锥在沿螺旋体运动的同时进行抖动，则两个标签的顺序不能颠倒，必须先用“对齐曲线”标签，再用“抖动”标签09。

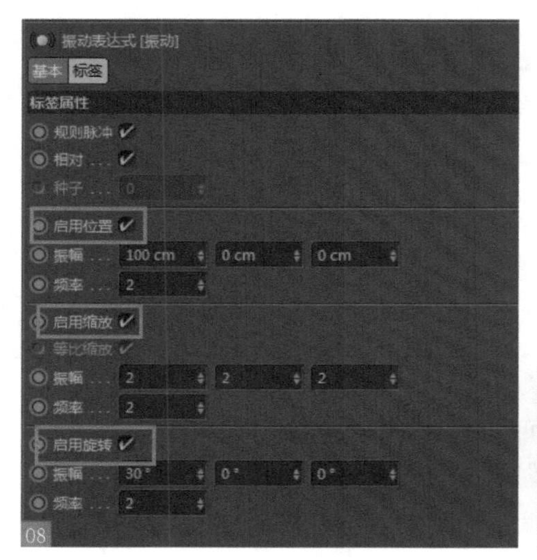

08

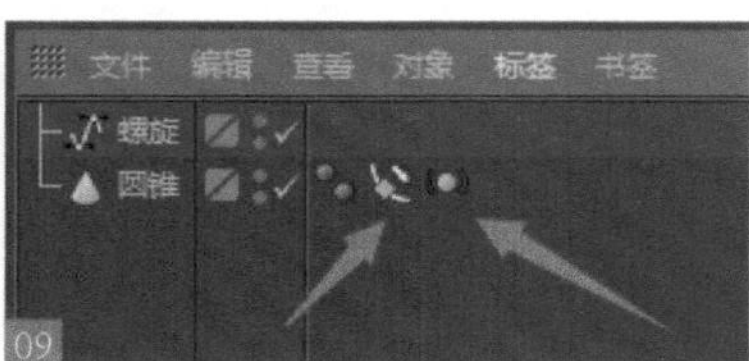

09

在C4D中，制作动画的方式非常多，有刚体柔体动力学、毛发、布料、粒子、运动图形和效果器等方式，还有各种表达式动画，我们将在后面详细介绍这些动画知识。

7.5 运动图形

C4D 的运动图形是一大特色，所谓运动图形就是通过对对象进行克隆、矩阵、分裂和破碎等操作，并给这些操作附加更多的效果器，这些效果器包括继承、随机和延迟等。

运动图形是 C4D 特有的动画模块，运动图形种类有 8 种01，分别是克隆、矩阵、分裂、破碎、实例、文本、跟踪对象和运动样条。利用这些运动图形可以将对象进行参数化动态编辑，如破碎等。编辑后给对象再添加效果器02，形成更复杂的动画效果，如添加随机、延迟和退散等动作。

7.5.1 克 隆

扫码看本节视频

通过对对象进行克隆，可以批量复制物体，对物体的布局进行参数化调整。

01 新建一个立方体，按 <Alt> 键的同时给立方体添加“克隆”效果03。此时克隆以父级存在04。

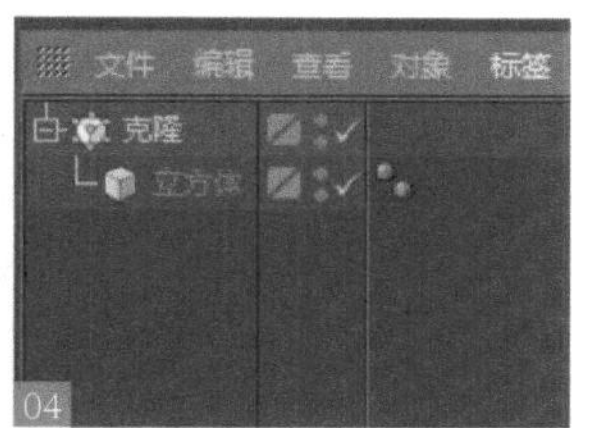

02 在克隆的参数面板，设置“数量”为 10，Y 轴的“位置”为 300cm 05。目前立方体以 Y 轴为方向，间隔 300cm 复制 10 个立方体 06。将“模式”由“线性”改为“网格排列”，默认情况下立方体以 3×3×3 的方式排列 07。

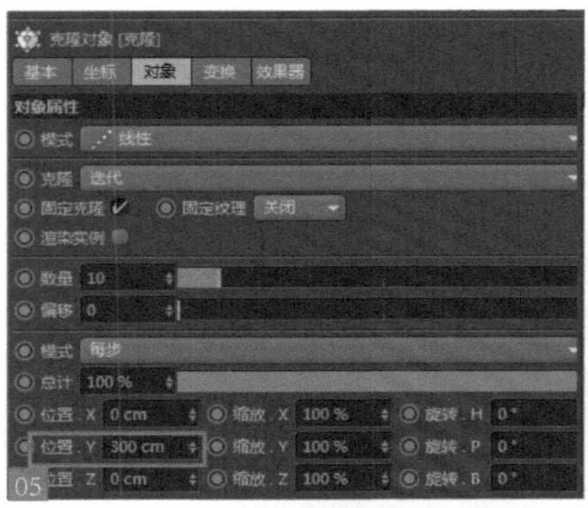

05

06

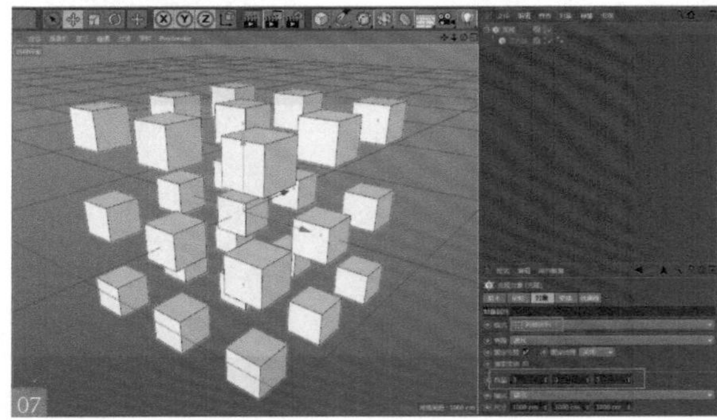
07

03 修改数量值可以得到更多的立方体排列组合 08。在变换面板修改位置、缩放或旋转值，可得到不同的变换效果。此时每个立方体的变换都是相同的 09。

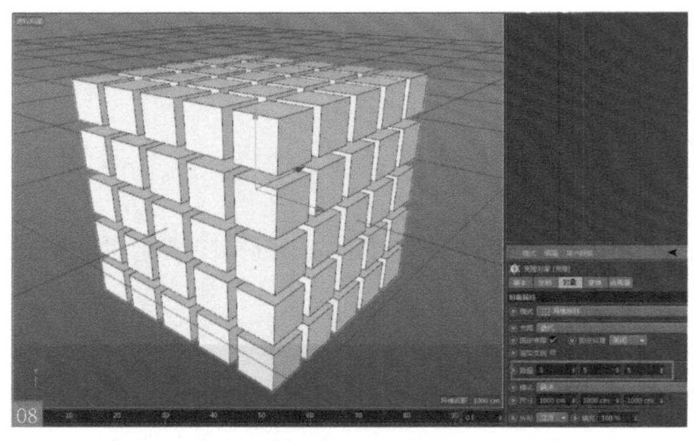
08

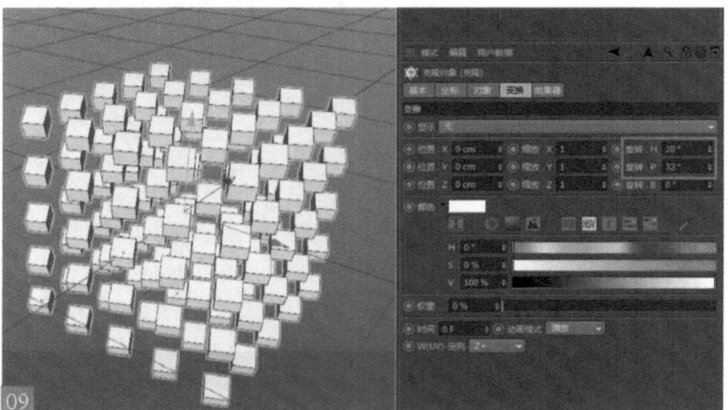
09

7.5.2 添加效果器

扫码看本节视频

在这个案例中，克隆是运动图形，随机是效果器，当它们两个结合在一起，可以制作出很特别的动画效果。下面我们来继续进行操作。

01 选择主菜单“运动图形 > 效果器 > 随机”命令10，给克隆添加随机效果器，此时随机效果器自动添加到了克隆面板中11。

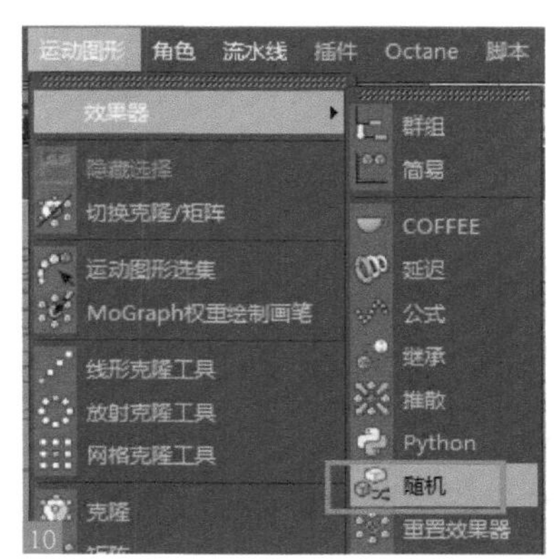

10

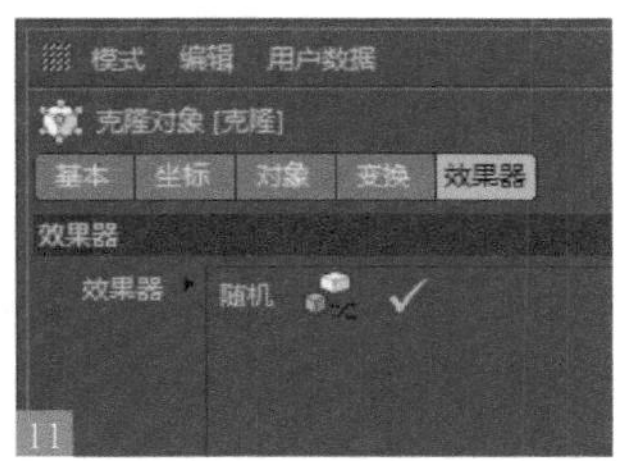

11

02 调节效果器参数面板的位置、缩放和旋转等参数，可得到相应的随机效果12，在克隆的对象页面修改模式为“放射”，可以看到立方体组合成了放射状排列。克隆方式可以转嫁到其他模型上，在场景中导入一只小狗模型13。

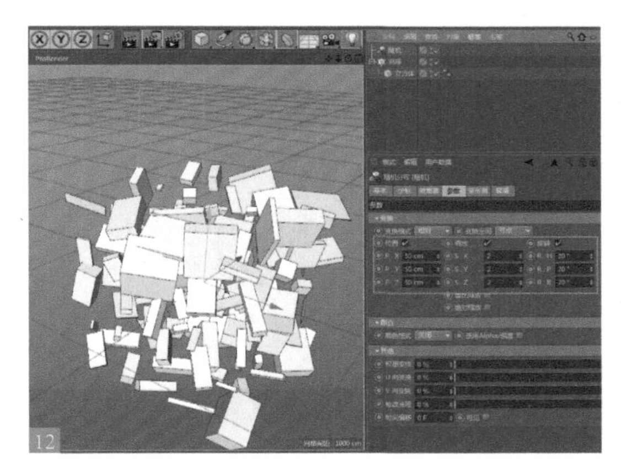
12

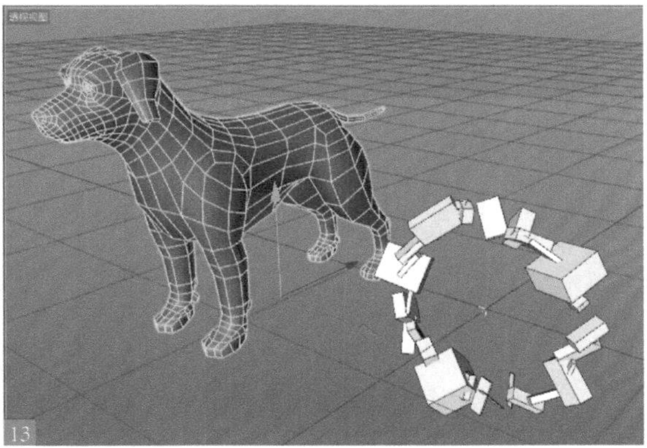
13

03 在克隆的对象页面修改模式为“对象”，将小狗模型拖动到对象栏中14，隐藏小狗模型，并改变立方体尺寸可以得到很有意思的画面效果15。

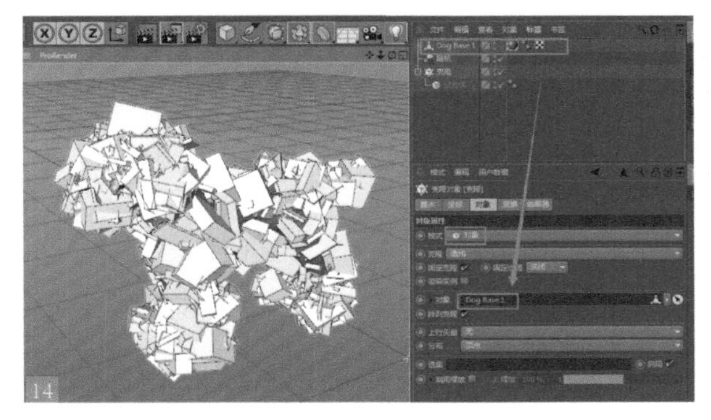
14

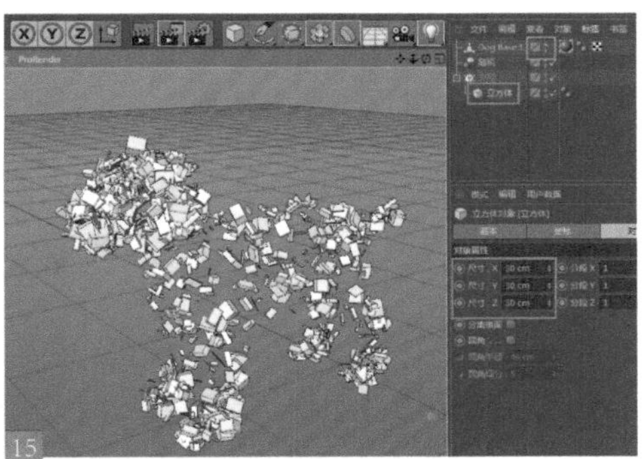
15

7.6 动力学

在 C4D 中，刚体和柔体动力学是一大特色，通常用于模拟自然界中的重力、风力和其他动力特征。C4D 软件对于刚体和柔体的计算是非常准确的，能够制作出非常逼真的动力学效果。

7.6.1 刚体动力学

扫码看本节视频

刚体动力学顾名思义就是物体产生反弹碰撞，不会产生变形，只会产生散开，调节弹跳和摩擦等相关参数可以控制扩散效果。

01 新建一个球，按 <Alt> 键的同时给球体添加克隆效果。设置克隆参数。通过网格排列、数量和尺寸，将克隆体改变成 3×3×3 的方式排列 01 。在球体下方建立一个平面，当成地面 02 。

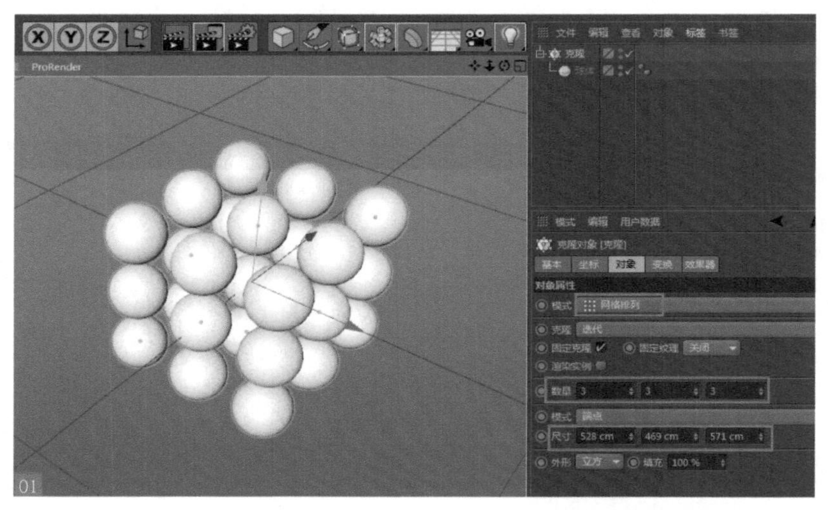

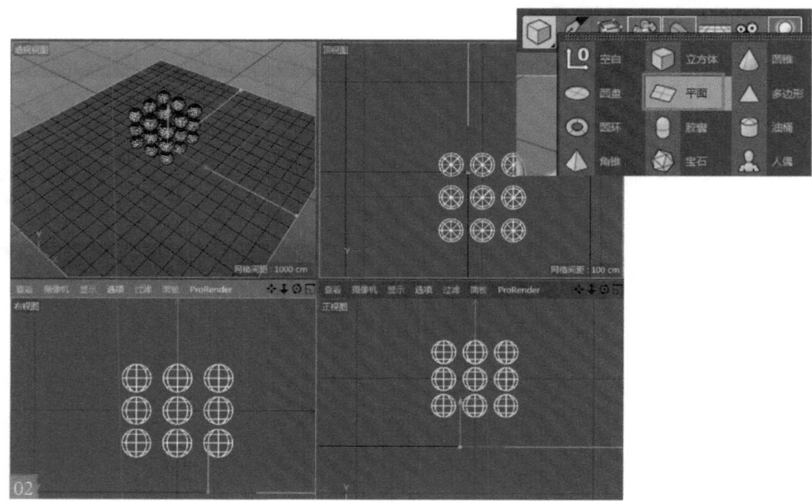

02 在对象面板右击平面，在弹出的快捷菜单中选择“碰撞体”命令03，地面被当成碰撞体，设置“外形”为“静态网格”（地面碰撞时保持不动）04。

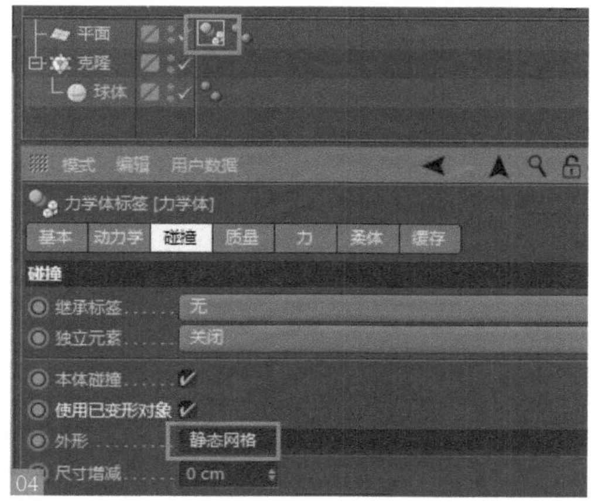

03 在对象面板右击克隆，在弹出的快捷菜单中选择“刚体”命令05，克隆被当成刚体，按▷按钮播放动画，系统会自动计算刚体动力学。此时克隆会自动下落，直到落在地面上停下。目前是这些球体作为一个整体在进行动力学计算06。

04 在对象面板选择克隆后面的刚体标签，在参数面板设置“继承标签”为“应用标签到子级”，“独立元素”为“全部”07，按▷按钮播放动画，我们看到克隆的每个子级球体都作为个体单独进行动力学计算08。

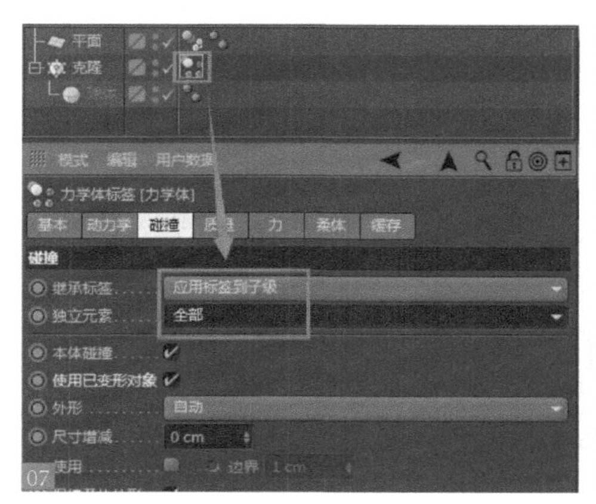

利用刚体标签我们可以制作出很多有意思的动力学动画。用户可以设置参与碰撞的物体是静止还是被撞开，还可以设置复杂物体是否有子级参与动力学计算。

7.6.2 柔体动力学

扫码看本节视频

柔体动力学顾名思义就是物体产生柔软的反弹碰撞，物体本身会产生变形，这相当于是刚体动力学的升级版。

01 继续操作刚才的案例，将克隆的标签删除，重新给克隆添加“柔体”标签09，此时地面的碰撞标签还在，按▷按钮播放动画，此时明显运算速度比计算刚体动力学时慢了。克隆碰到地面后，这些球体作为一个整体进行了挤压变形10。

09

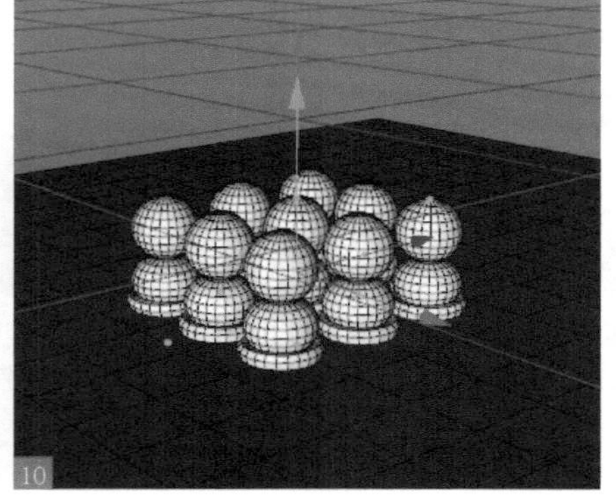
10

02 在对象面板选择克隆后面的“柔体”标签，在参数面板设置“继承标签”为“应用标签到子级”，“独立元素”为“全部”11，将时间滑块移动到第 0 帧，按▷按钮播放动画，我们看到克隆的每个子级球体都作为个体单独进行动力学计算。这与刚体动力学的原理是一样的12。

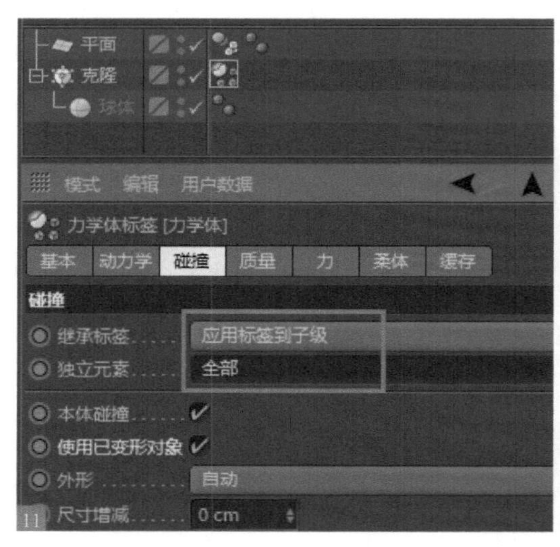

11

12

03 在参数面板中刚体和柔体有很多共同之处，参数前面有◎动画设置按钮的都可以单独产生动画效果。比如，可以给动力学的开启和关闭制作动画，让动力学效果在某一帧才开始相关计算，尤其是在制作碰撞破碎的效果时，这个功能非常好用13。

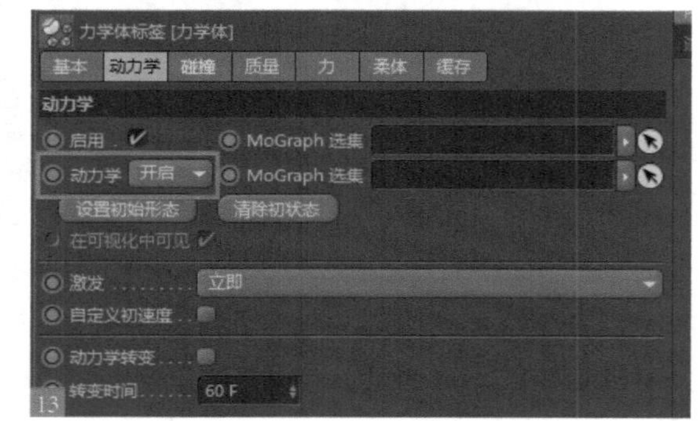

13

▶▶▶ Chapter

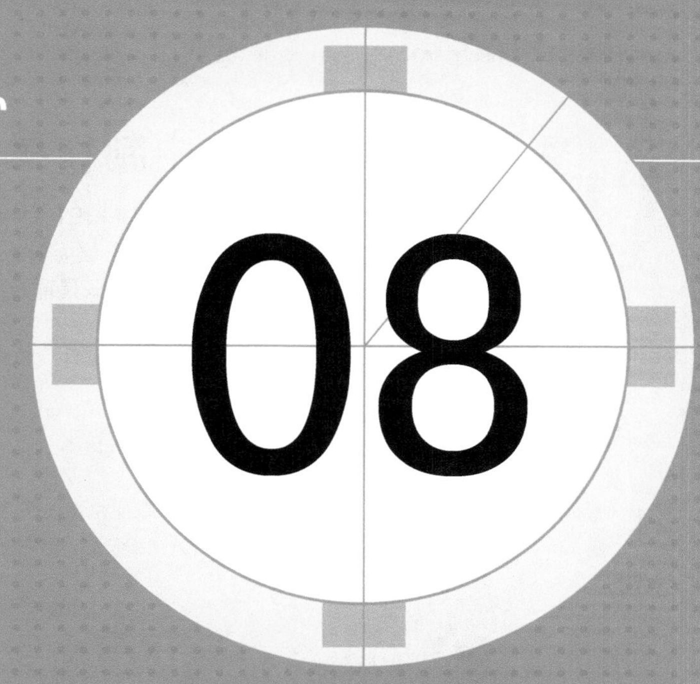

第 8 章　机器人跳舞动画

本例通过骨骼捆绑与角色动画制作相结合的方法，详细展示了机器人动画和场景动画的关键帧制作全流程。对于变形和位置动画，关键帧是最好的解决方案之一。

8.1 在 AI 中制作星球的场景分层

下面我们将在 AI 和 PS 中制作分层文件，分层后即可在 AE 中对层进行动画设置。分层场景的背景可以是一张大图，在 AE 中展示前景人物原地运动时，只是背景移动，让人感觉像是人物在运动。

扫码看本节视频

下面要处理人物和场景的分层。

01 启动 AI 软件，选择主菜单“文件 > 打开”命令，或按 <Ctrl+O> 快捷键，打开本书配套资源“场景 .ai”。场景中的人物和背景目前需要进行分类和分层，然后再导入 AI 中进行动画设置。分层是个非常重要的工作 01。

01

02 展开图层面板，单击图层按钮将该图层的物体选择，可以按 <Ctrl> 键进行多选 02。选择所有的云层后，按 <Ctrl+X> 快捷键剪切云朵，单击图层面板下方的按钮新建图层，将其命名为“云” 03。按 <Shift+Ctrl+V> 快捷键将剪切的云朵原位粘贴到新建图层中。这样我们就完成了云朵图层的分层操作。

02

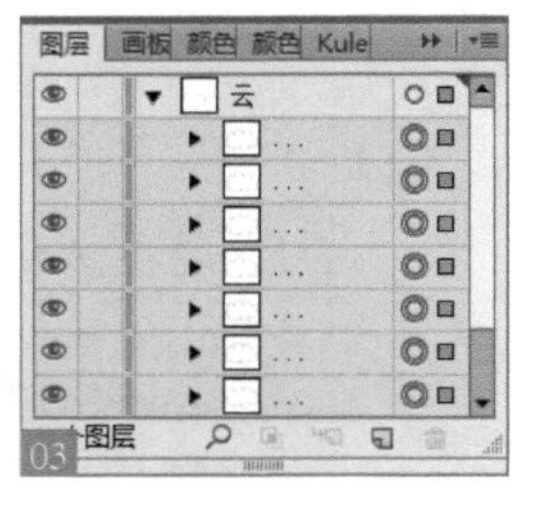

03

03 继续将场景中的建筑和背景分别进行分层，命名图层为“建筑”和“背景”04。

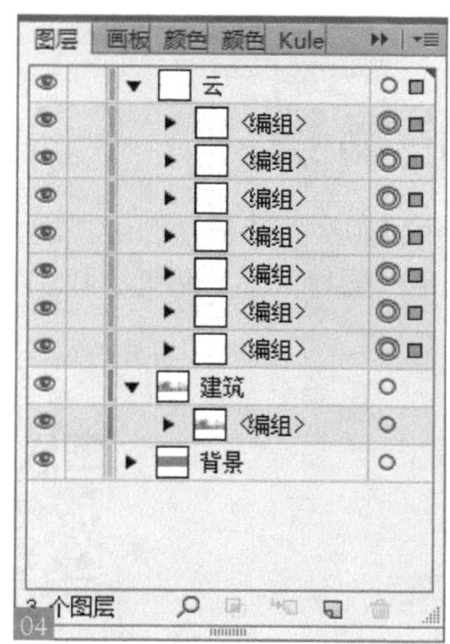

04

04 选择主菜单“文件 > 文档设置”命令，打开文件设置对话框，单击“编辑画板”按钮，画面将出现调整框，利用调整框将画幅拉宽。画面拉宽后，场景都纳入范围内了。在工具栏随便单击一个工具按钮，即可退出编辑画板模式，按 <Ctrl+S> 快捷键保存文件05。

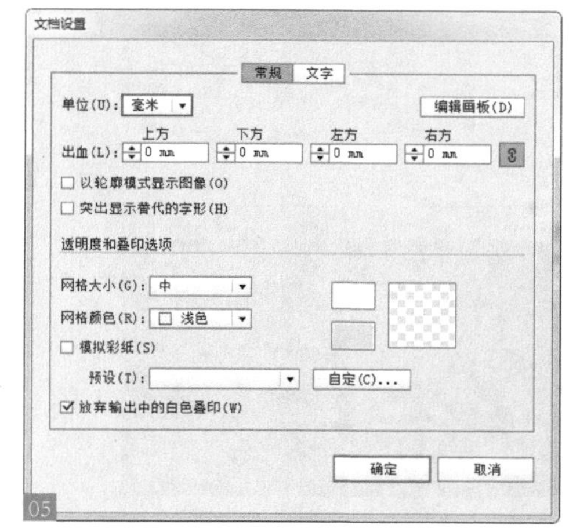

05

05 下面给人物进行分层处理，打开“机器人 .psd”分层文件，将场景中人物分为头、身体、左大臂、左小臂、左手、右大臂、右小臂、右手、左大腿、左小腿、左脚、右大腿、右小腿和右脚06。

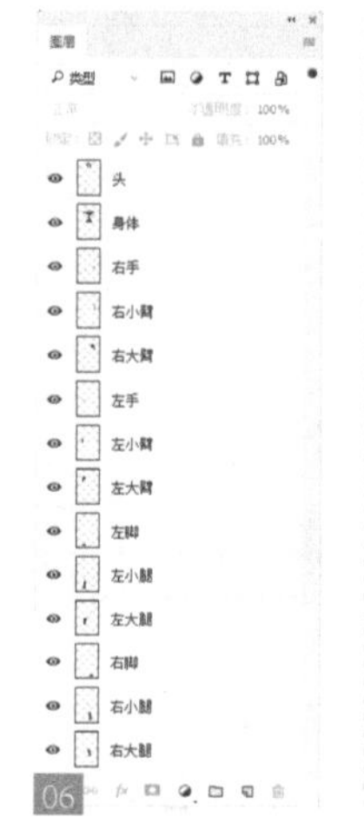

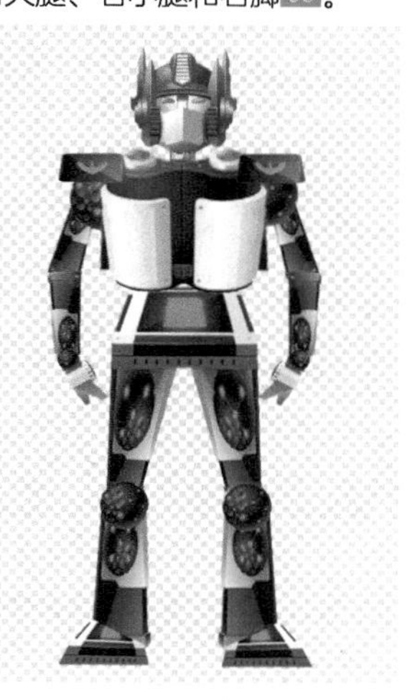
06

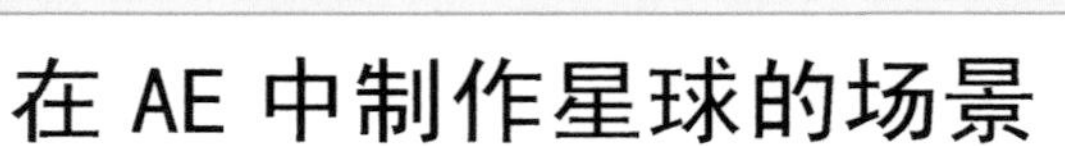

在 AE 中制作星球的场景

下面我们将在 AE 中制作场景的分层，从而让各个图层实现父子级链接并制作相应动画效果。制作角色时要将头部、胳膊、腿和躯干分别分层，让图层与插件对应。

8.2.1 将 AI 文件导入 AE

扫码看本节视频

下面将在AE中对AI文件进行画面导入。

01 启动 AE，选择菜单中的“合成 > 新建合成”命令，新建一个合成，将其命名为“MG 动画”。将“场景 .ai”文件导入项目窗口01。

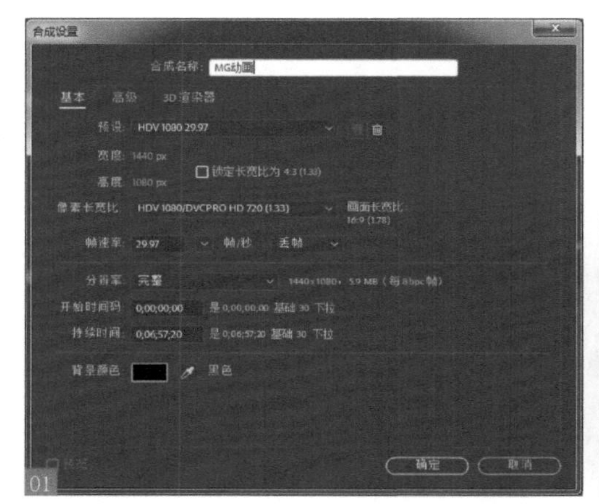

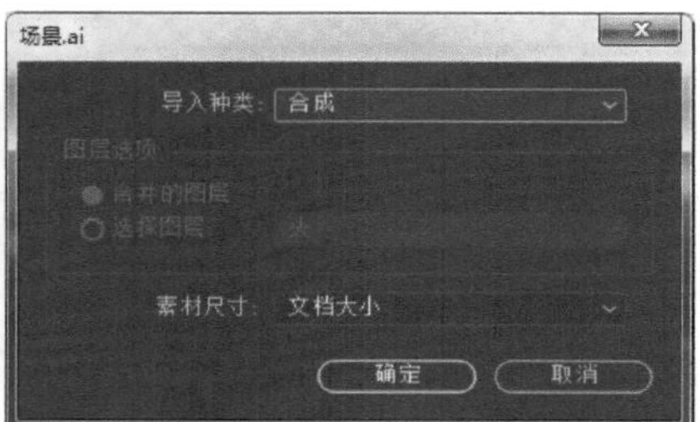

02 将场景和机器人合成文件分别拖动到时间线窗口，并缩放大小，让高度与合成窗口相匹配02。

03 双击时间线窗口的场景合成文件，将其展开可以看到刚才在 AI 中进行的分层03。

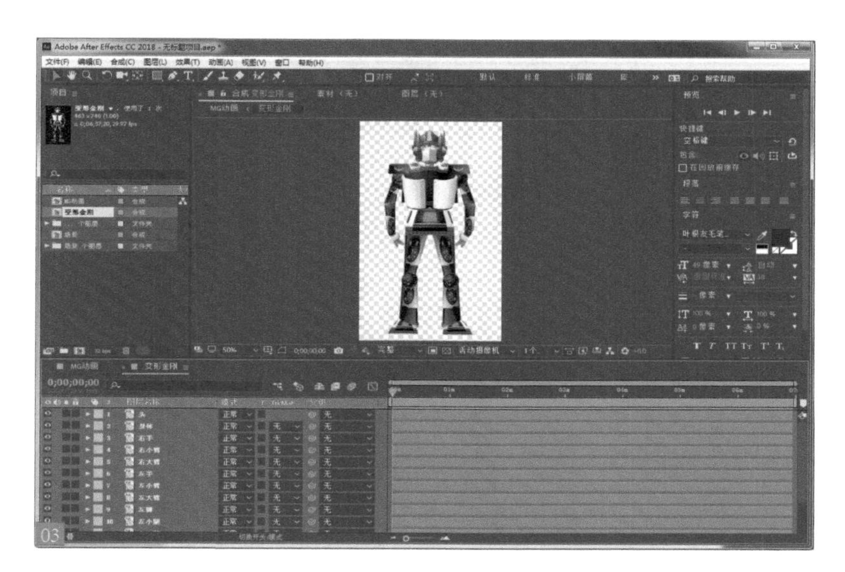

03

扫码看本节视频

8.2.2 设置机器人关节的旋转轴心

下面设置关节的旋转轴心，默认前提下轴心在整个画面的中心点，要想旋转人体的关节就要将旋转轴心设置到人体关节上，要想旋转头部就要将旋转轴心设置到人体脖子上。

01 选择头的分层，单击按钮，将头的轴心移动到脖子上04。

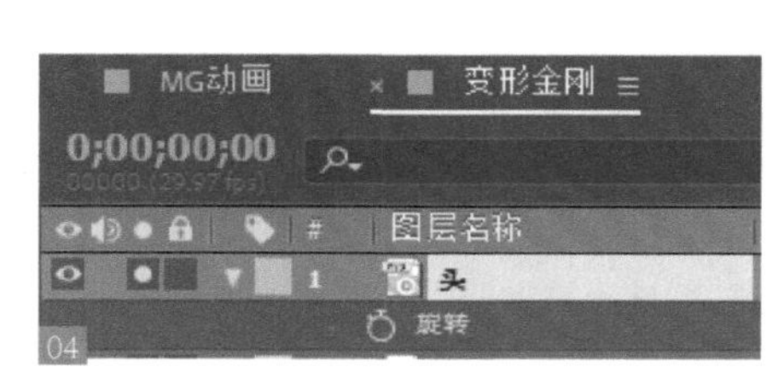

04

02 选择左脚和右脚的分层，单击按钮，将它们的轴心移动到脚踝上05。

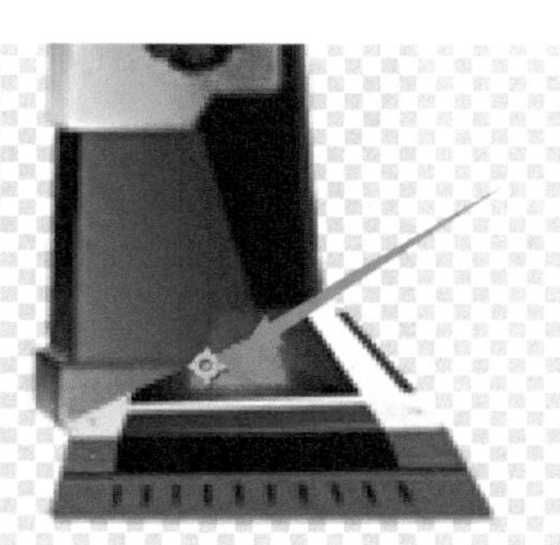

05

03 按照人体关节的轴心规律，分别将它们的轴心移动到相应的位置上06。

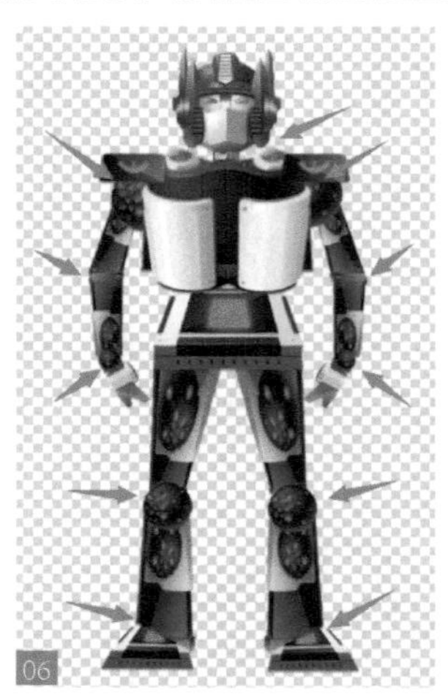
06

8.2.3 设置机器人关节的父子层级

扫码看本节视频

下面设置关节的父子层级，默认前提下每个分层是独立的，要将手链接到小臂，小臂链接到大臂，大臂链接到身体，脚链接到小腿，小腿链接到大腿，大腿、头分别链接到身体，这一系列操作还要区分左右。

01 选择头的分层，按住该图层右边的◎按钮不放，移动到身体图层，此时将有一条蓝色直线相连，松开鼠标左键即可实现父子级链接。此时头部后面的父级列表将显示身体图层07。

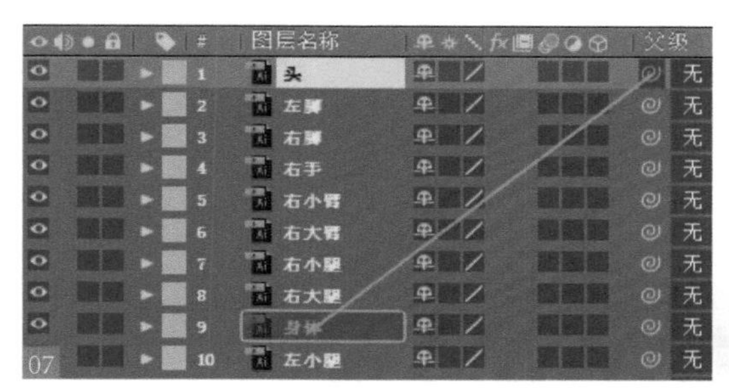

07

02 利用同样的方法先将将左手链接到左小臂，左小臂链接到左大臂，左大臂链接到身体。旋转右大腿，可以看到整条右腿一起旋转08。

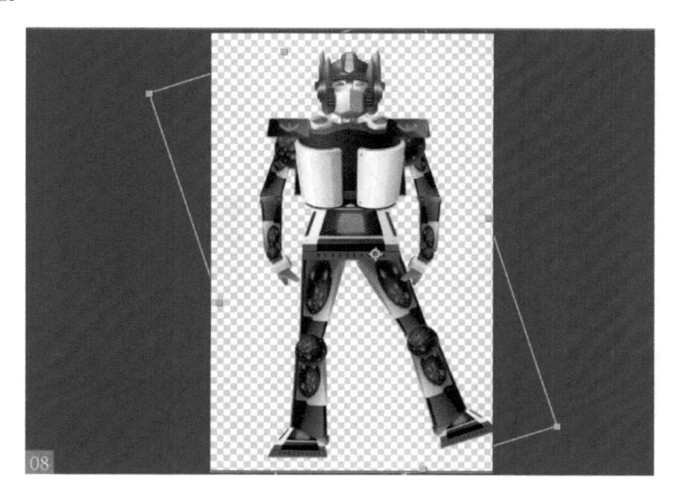
08

03 用同样的方法将四肢都进行父子级链接，并将它们的父级链接到身体。除了身体，其他部位都有了父级 09。

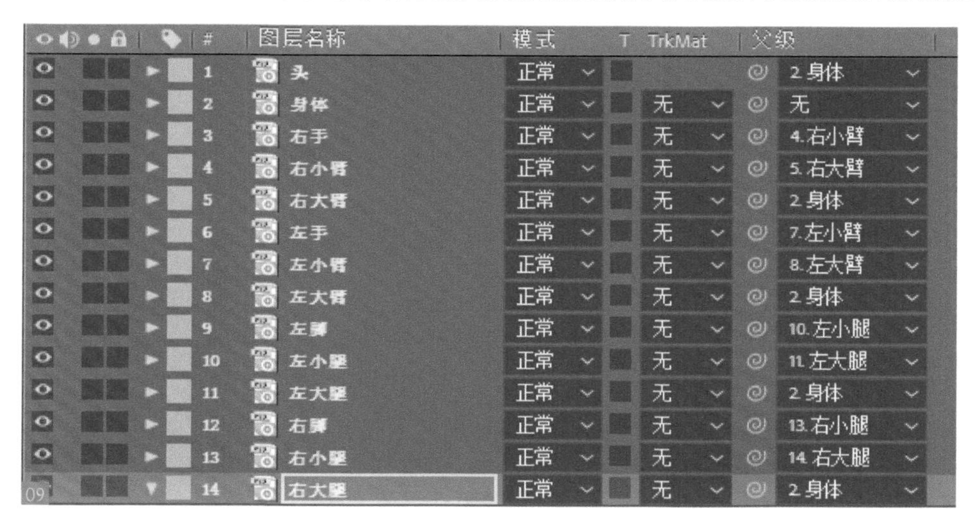

09

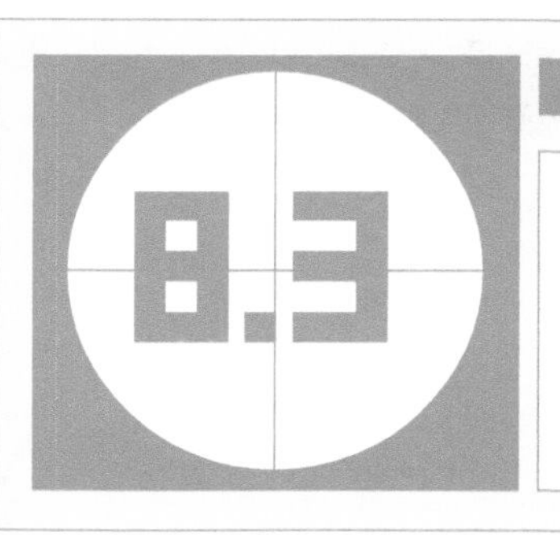

在 Duik 插件中制作机器人的捆绑

下面我们将在 Duik 插件中制作场景的 IK 反向动力学链接，并设置控制器范围。这个操作技巧在第 6 章中已经详细介绍过了，唯一需要注意的是细心。机器人的肢体和人物角色的肢体是一一对应的。

8.3.1 用 Duik 插件设置机器人的关节

扫码看本节视频

下面使用Duik设置关节绑定，用IK反向动力学控制人体动画。

01 选择主菜单“窗口 >Duik”命令，打开 Duik 插件对话框 01。

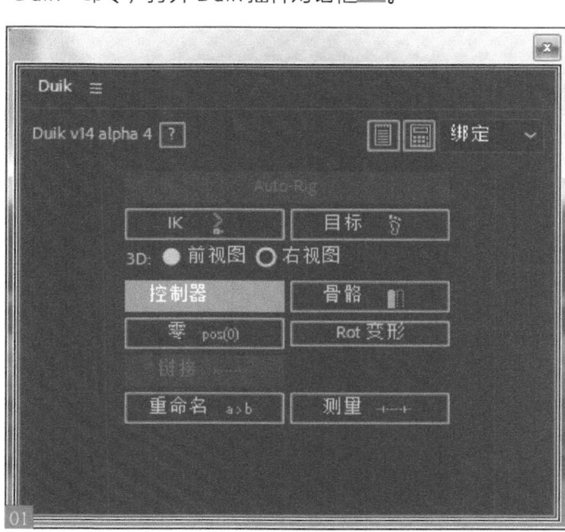

01

02 在时间线窗口选择左手图层，单击控制器按钮，此时时间线新建了一个 C_ 左手的层，此时左手会出现一个控制器范围框 02。拖动节点，将范围框缩小（范围框可控制手的影响范围）03。

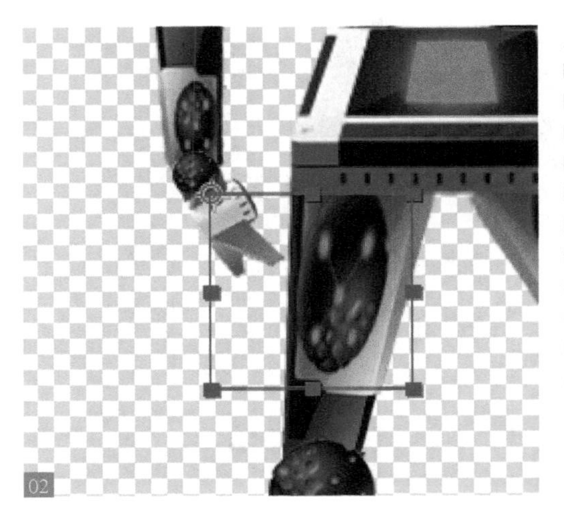
02

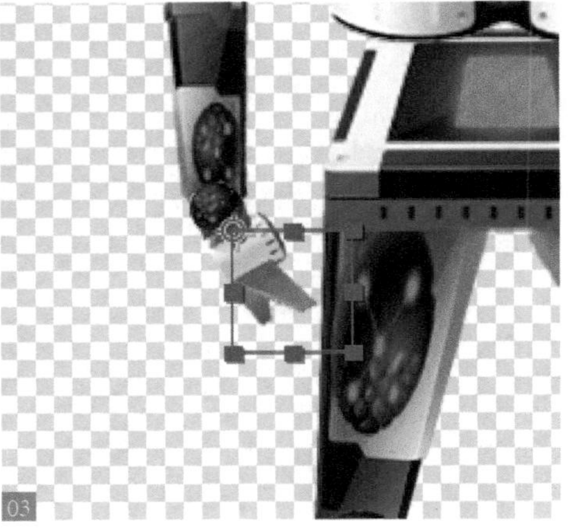
03

03 选择右手图层，单击控制器按钮。之后选择左脚图层，单击控制器按钮。再选择右脚图层，单击控制器按钮。这样就新生成了四个图层。分别将范围框缩小，让四肢的末端影响范围不要重叠到其他关节即可 04。

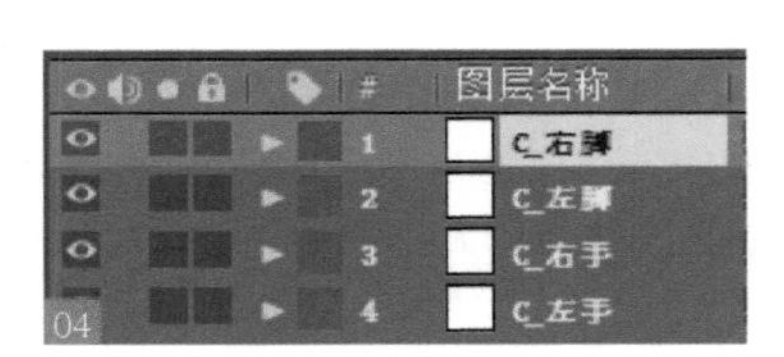

04

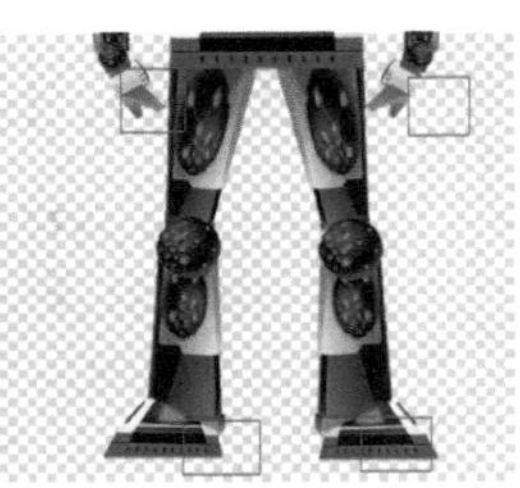

8.3.2 设置机器人的反向动力学关节

扫码看本节视频

下面设置关节的IK反向动力学控制。

01 在时间线窗口按顺序分别选择左手、左小臂、左大臂和 C_ 左手层，然后单击 Duik 插件窗口的 IK 按钮，完成左臂的反向动力学设置。试着移动左手控制器，当左手移动时小臂和大臂也跟着移动 05。

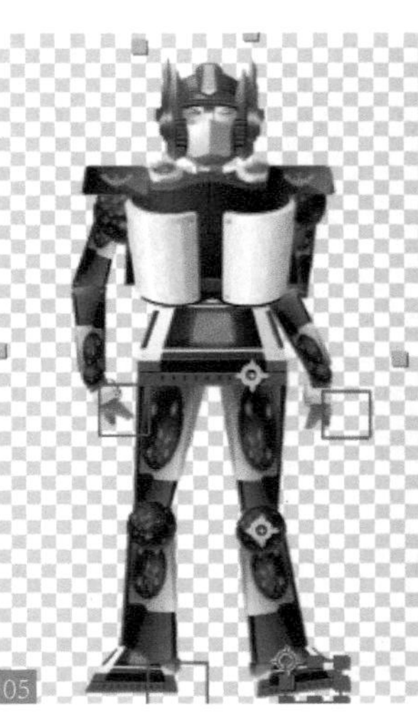
05

02 此时会发现图层中原来的左手图层被隐藏了，多出来一个左手 goal 图层，这个图层是个固定图层，手不会随着动态旋转，可以将其删除并将原来的左手图层显示出来（单击眼睛图标即可显示）06。

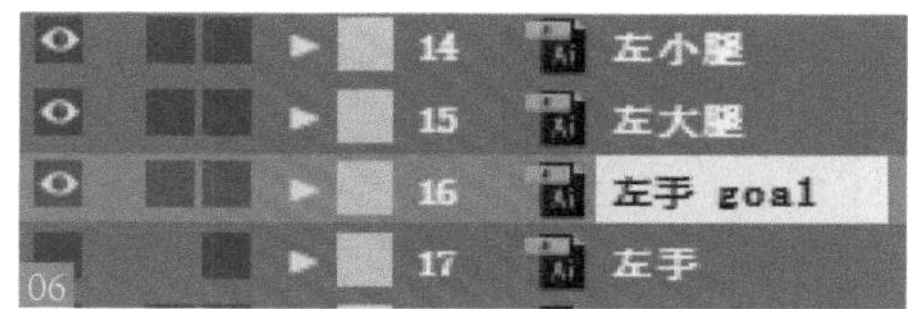

06

03 利用同样方法，在时间线窗口按顺序分别选择右手、右小臂、右大臂和 C_ 右手层，然后单击 Duik 插件窗口的 IK 按钮，完成右臂的反向动力学设置。之后选择左脚、左小腿、左大腿和 C_ 左脚层，然后单击 Duik 插件窗口的 IK 按钮，完成左脚的反向动力学设置。再选择右脚、右小腿、右大腿和 C_ 右脚层，然后单击 Duik 插件窗口的 IK 按钮，完成右腿的反向动力学设置。完成后分别删除左脚 goal 图层、右脚 goal 图层和右手 goal 图层，显示左脚、右脚和右手图层。

04 试着移动控制器范围框，会看到反向动力学的存在，但是关节有时候是反向弯曲的 07，这在作图时插件无法甄别腿部往哪边折叠。单击左脚 _C 图层，打开效果控件面板，勾选复选框 IK Orientation 08，就会产生正确的反向关节弯曲了 09。用同样方法给右脚也设置反向弯曲。至此完成了机器人反向动力学关节的捆绑。关闭 Duik 窗口即可。

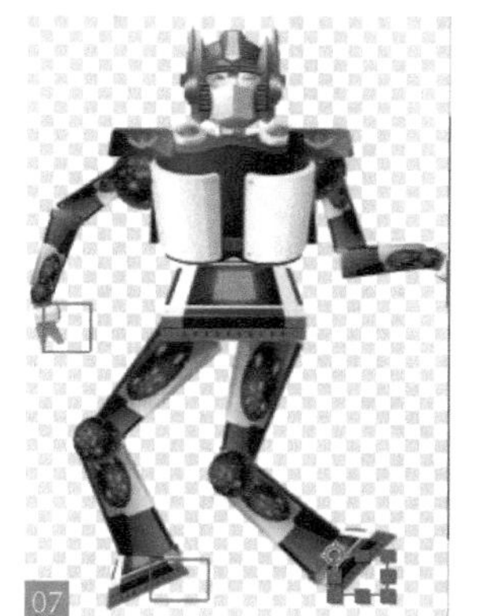
07

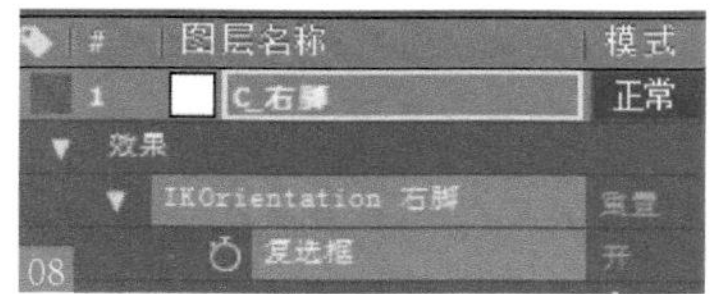

08

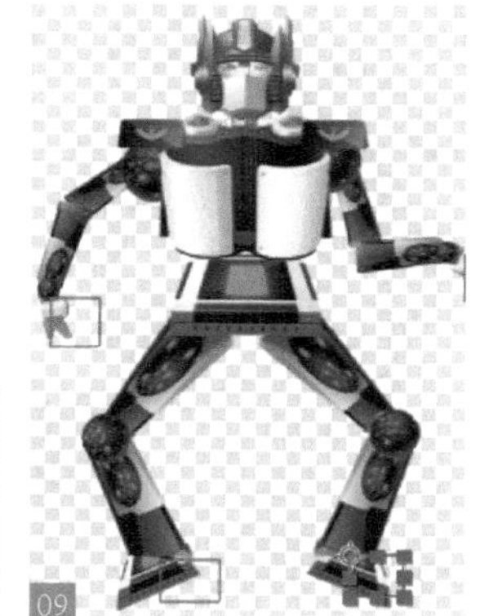
09

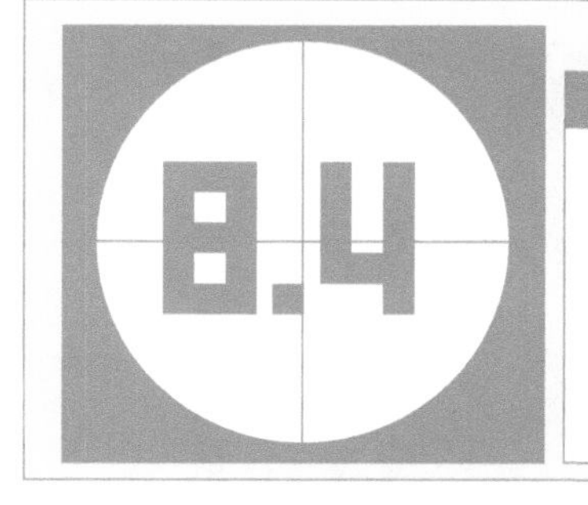

8.4 在 AE 中制作机器人的跳舞动画

下面我们将在 AE 中制作机器人的舞蹈动画，跳舞动画将是一个循环动态。至于如何设计舞蹈动作，相信每个动画设计师都有自己的想法，可以借鉴生活中的相关经验。

扫码看本节视频

8.4.1 设置机器人的姿势

下面设置机器人的跳舞姿势，主要调节位置和旋转等参数。

01 在时间线窗口将时间移动到第 0 帧。选择 4 个控制器图层，按 <P> 键打开它们的位置参数，单击按钮设置动画起始，设置身体和头部的位置和旋转等参数，之后单击按钮设置动画起始 01。

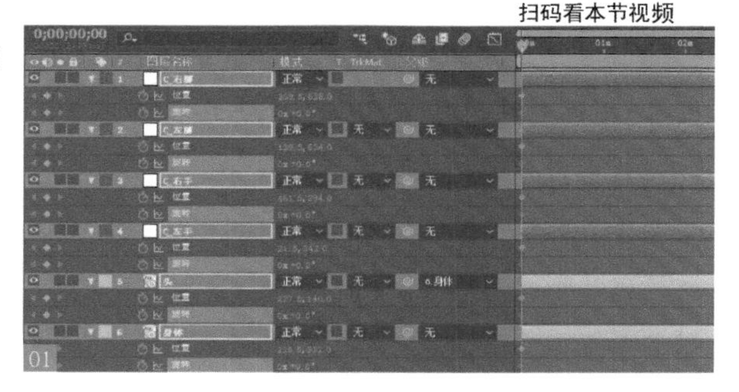
01

02 移动到不同的时间段（第 0、1、2 秒分别制作动画）02，移动控制器范围框，制作机器人的跳舞动态 03。

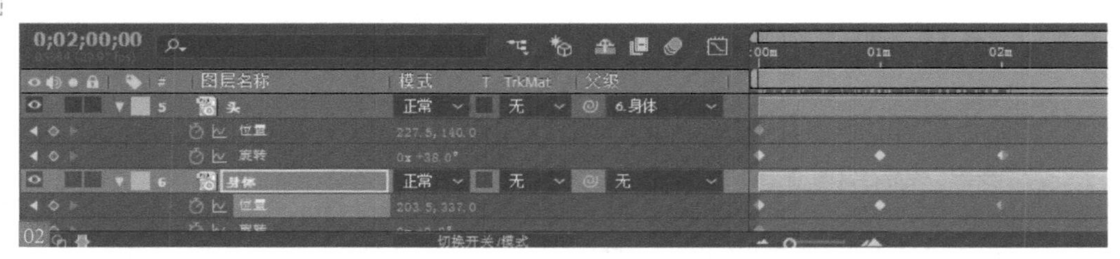

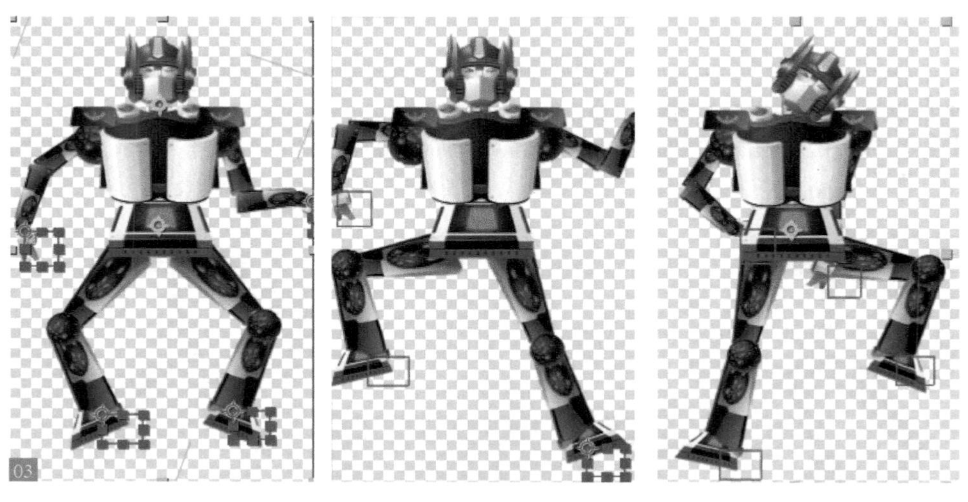

03 移动到动画结束帧的第 3 秒，将第 0 帧的所有关键帧复制并粘贴到结束帧，这样就形成了一个 5 秒的循环跳舞姿势 04。

04 按 <Ctrl+A> 快捷键全选图层，连续按 <U> 键，直到显示所有关键帧，框选这些关键帧。按 <Alt> 键的同时拖动最后一个关键帧可以缩放动画的时长，如果觉舞蹈动作太快，可以拉长时间到第 5 秒结束，这样跑步动作能够显得慢一些。

05 按 <F9> 键给所有关键帧进行缓和处理，播放动画会发现动作舒缓了很多，过渡也自然了。此时所有关键帧从◆菱形变成了⧗沙漏形 05。

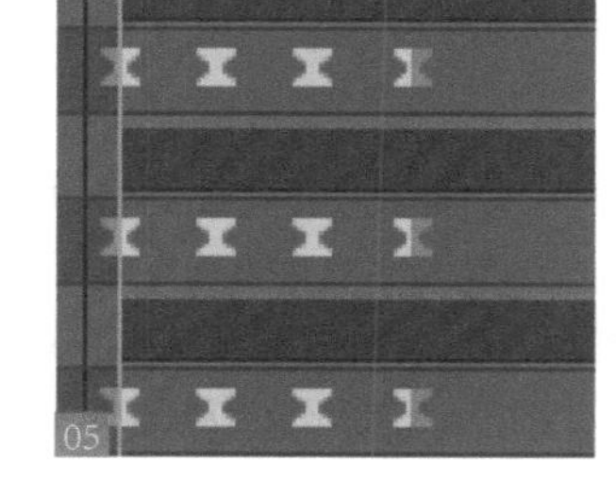

8.4.2 让背景云朵飘动

扫码看本节视频

下面制作云朵飘动的动画。

01 回到场景合成，选择云图层，按 <P> 键打开它们的位置参数，单击按钮设置位置动画起始 06。

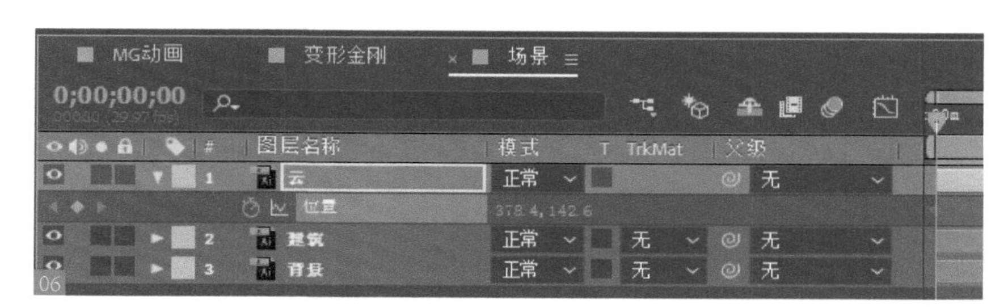

02 在第 0 帧处设置云朵位置，在末尾帧处设置建筑位置向后移动 07。

03 设置建筑的颜色动画。选择建筑图层，之后选择“效果 > 风格化 > 发光”命令，给建筑物设置发光滤镜 08。

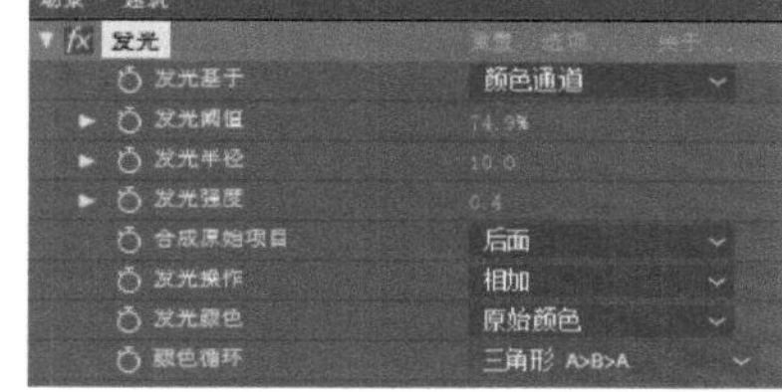

04 读者可尝试在不同的时间段设置不同的发光强度，至此动画制作完成。